U0341684

高职高专"十二五"规划教材

矿山安全与防灾

王洪胜　包丽娜　主编

北　京

冶金工业出版社

2017

内 容 提 要

本书主要内容包括：矿山安全管理的基本技能和基本方法，矿山生产主要危险源的危害与预防，矿山企业生产防水、防火及水灾、火灾的救援，含硫矿床开采灾害的防治，深井开采岩爆的预测与防治，尾矿库灾害的预防，矿山生产事故的发生原因、申报、救援及处理，我国矿产资源的安全战略及可持续发展。

本书为高等职业教育金属矿开采技术专业教材，也可供矿山企业技术人员、管理人员、安全生产监督人员及采矿相关专业如矿山地质、矿山测量、选矿技术、矿山机电、矿井通风与安全专业的师生参考。

图书在版编目(CIP)数据

矿山安全与防灾/王洪胜，包丽娜主编 . —北京：冶金工业
出版社，2011.8（2017.6重印）
高职高专"十二五"规划教材
ISBN 978-7-5024-5640-5

Ⅰ.①矿… Ⅱ.①王… ②包… Ⅲ.①矿山安全—高等
职业教育—教材 Ⅳ.①TD7

中国版本图书馆 CIP 数据核字（2011）第 144966 号

出 版 人　谭学余
地　　　址　北京市东城区嵩祝院北巷 39 号　邮编　100009　电话　(010)64027926
网　　　址　www.cnmip.com.cn　电子信箱　yjcbs@cnmip.com.cn
责任编辑　马文欢　刘晓飞　美术编辑　李　新　版式设计　葛新霞
责任校对　卿文春　责任印制　牛晓波
ISBN 978-7-5024-5640-5
冶金工业出版社出版发行；各地新华书店经销；北京印刷一厂印刷
2011 年 8 月第 1 版，2017 年 6 月第 2 次印刷
787mm×1092mm　1/16；12.5 印张；300 千字；189 页
27.00 元

冶金工业出版社　投稿电话　(010)64027932　投稿信箱　tougao@cnmip.com.cn
冶金工业出版社营销中心　电话　(010)64044283　传真　(010)64027893
冶金书店　地址　北京市东四西大街 46 号(100010)　电话　(010)65289081(兼传真)
冶金工业出版社天猫旗舰店　yjgycbs.tmall.com
（本书如有印装质量问题，本社营销中心负责退换）

前　言

本书是根据中国冶金教育学会和教育部高职高专矿业类教学指导委员会"十二五"规划，为金属矿开采技术专业编写的教材。

随着采矿生产技术的成熟，矿山企业生产活动的重点由技术向管理转变，由于矿山企业工作环境的特殊性，安全工作就显得更加重要。矿山企业作为高危行业，主要体现在其工作环境受到时间和空间限制，在发生火、水、电、爆炸、机械等事故时会对企业工作人员及设备造成严重伤害，随着国家和企事业单位对生产安全重视程度的不断提高，就需要从理论和实践等多方面对即将从事矿业类工作的学生、一线生产管理人员进行必要的培训，不仅要让他们知道，安全是涉及个人、企业乃至国家的大事，是对生命的责任和保障，是企业生存发展、员工家庭幸福的前提和基础，同时还要让他们知道事故发生的机理、事故发生前的各种预兆及预防措施、事故发生后的处理和自救方法。安全问题也是企业的效益问题，发生安全事故，轻者造成财产损失，重者造成人员伤亡，不仅影响员工的正常生产生活，而且会给企业造成严重的经济负担，因此，个人和企业都要加强安全意识，加强安全知识的学习及对安全事故预防与处理的能力。

本书首先总体介绍了矿山安全生产的职责、安全教育的重要性、矿山安全检查的方法和步骤、矿山事故产生原因及主要危险源。然后，具体讲述了矿山水灾、矿山火灾、含硫矿床开采时的自燃、深井岩爆、尾矿库溃坝等主要事故及其发生的机理、发生前的预兆、事故发生时救助措施和方法、日常生产预防管理等内容。最后，对事故发生原因进行了探讨和讲述，深入地分析了事故发生的直接原因和间接原因，提出了避免或降低事故的解决办法和管理原则，以及事故发生后申报、救援、处理的程序和步骤。本书从导致矿山安全事故的危险源入手，较系统地介绍了各类矿山事故，为矿业类学生了解和掌握矿山生产过程中可能出现的危险事故、事故发生机理、预防措施及日常管理提供了依据，同时也为矿山工作人员提供了参考和帮助。

参加本书编写的有吉林电子信息职业技术学院王洪胜、包丽娜、陈国山、王铁富、吕国成、包丽明。其中，陈国山编写第5、6章，王洪胜编写第3、4

章，包丽娜编写第1、2章，王铁富编写第7章，吕国成编写第8章，包丽明编写第9章。本书由陈国山教授制定编写大纲并统稿，王洪胜、包丽娜担任主编，陈国山、王铁富担任副主编。

衷心希望广大读者对书中不足之处提出宝贵意见及建议。

编　者
2011 年 5 月

目 录

1 矿山安全管理

1.1 安全管理

1.1.1 安全管理基本知识

1.1.1.1 基本概念

安全 安全是指不受威胁，没有危险、危害、损失。安全是人类的整体与生存空间的环境资源和谐相处，互相不伤害，不存在危险、危害的隐患。安全是在人类生产过程中，将系统的运行状态对人类的生命、财产、环境可能产生的损害控制在人类能接受水平以下的状态。

危险 危险是指某一系统、产品（设备）或操作的内部和外部的一种潜在的状态，其发生可能造成人员伤害、职业病、财产损失、作业环境破坏。危险的特征在于其危险可能性的大小与安全条件和概率有关。危险概率则是指危险发生（转变）事故的可能性即频度或单位时间危险发生的次数。危险的严重度或伤害、损失或危害的程度则是指每次危险发生导致的伤害程度或损失大小。

危害 危害是指可能造成人员伤亡、疾病、财产损失、工作环境破坏的根源或状态。

事故 事故是人（个人或集体）在为实现某种意图而进行的活动过程中，突然发生的、违反人的意志的、迫使活动暂时或永久停止的事件。它是发生在人们生产、生活活动中的意外事件，一般会造成死亡、疾病、伤害、损坏或者其他损失。

事故主要特点有：

（1）事故是一种发生在人类生产、生活活动中的特殊事件，人类的任何生产、生活活动过程中都可能发生事故。

（2）事故是一种突然发生的、出乎人们意料的意外事件。由于导致事故发生的原因非常复杂，往往包括许多偶然因素，因而事故的发生具有随机性质。在一起事故发生之前，人们无法准确地预测在什么时候、什么地方发生什么样的事故。

（3）事故是一种迫使进行着的生产、生活活动暂时或永久停止的事件。事故中断、终止人们正常活动的进行，必然给人们的生产、生活带来某种形式的影响。因此，事故是一种违背人们意志的事件，是人们不希望发生的事件。

安全生产 是为预防生产过程中发生人身、设备事故，形成良好劳动环境和工作秩序而采取的一系列措施和活动。进一步释义，所谓"安全生产"，就是指在生产经营活动中，为避免造成人员伤害和财产损失的事故而采取相应的事故预防和控制措施，以保证从业人员的人身安全，保证生产经营活动得以顺利进行的相关活动。

1.1.1.2 安全管理概述

安全管理是管理科学的一个重要分支，是从全局的高度，做出周密的规划协调和控制，按照安全管理的指导方针、规章制度等对各部门及人员的安全要求，它是为实现安全目标而进行的有关决策、计划、组织和控制等方面的活动；主要运用现代安全管理原理、方法和手段，分析和研究各种不安全因素，从技术上、组织上和管理上采取有力的措施，解决和消除各种不安全因素，防止事故的发生。

安全管理的定义　安全管理是企业管理的一个重要组成部分，它是以安全为目的，进行有关安全工作的方针、决策、计划、组织、指挥、协调、控制等职能，合理有效地使用人力、财力、物力、时间和信息，为达到预定的安全防范而进行的各种活动的总和。

安全管理的主要内容　安全管理的范畴包括安全生产和劳动保护两大方面。安全管理的主要内容是为贯彻执行国家安全生产的方针、政策、法律和法规，确保生产过程中的安全而采取的一系列组织措施。

安全管理的基本任务　安全管理的基本任务是发现、分析和消除生产过程中的各种危险，防止发生事故和职业病，避免各种损失，保障员工的安全健康，从而推动企业生产的顺利发展，为提高经济效益和社会效益服务。

安全管理的目标　安全管理的目标是减少和控制危害，减少和控制事故，尽量避免生产过程中由于事故所造成的人身伤害、财产损失、环境污染以及其他损失。

安全管理的基本对象　安全管理的基本对象是企业的员工，涉及企业中的所有人员、设备设施、物料、环境、财务、信息等各个方面。具体内容包括成立安全生产管理机构、配备安全生产管理人员、建立安全生产责任制、制定安全生产管理制度、安全生产策划、进行安全教育培训、建立安全生产档案等。

安全管理的基本特征：

（1）长期性。安全问题存在于生产活动的始终，因此，安全管理活动贯穿于一切生产活动之中，是一项经常性、长期性的工作。

（2）预防性。安全管理活动的任务是保护职工的人身安全和身心健康，保障设备财产不遭受损失，为职工创造一个良好的工作环境。因此，预防为主是其立足点，搞好预防性工作，不仅体现在采取一系列技术措施及管理措施上，还体现在观念的转变及对人进行预防性安全教育上。

（3）全员性。保证企业能够安全地生产，这是一项与企业全员的行为和切身利益密切相关的工作，必须靠企业的全员来保证。事故率是一个综合性的指标，事故率的高低，体现了企业的综合管理水平，而不仅仅是安全管理人员的事情。因此，全员参与安全管理便构成了安全管理的基础。

（4）重要性。安全问题之所以重要，就在于它遍及生产活动的每一个角落，同时又牵涉千千万万个家庭。一起重大事故，不仅使企业蒙受经济损失，还会在广大职工心灵上蒙上一层阴影。良好的安全生产环境和秩序，有利于促进经济的繁荣，保证广大职工安居乐业，更快地把经济搞上去。因此，安全管理十分重要，它与企业的经济效益有直接的联系。

1.1.1.3　安全管理的原理与原则

安全管理是企业管理的重要组成部分。下述的几种适用于安全管理的原理及其相关原则，有其特别性。

A　预防原理

安全管理工作应当以预防为主，即通过有效的管理和技术手段，防止人的不安全行为和物的不安全状态出现，从而使事故发生的概率降到最低，这就是预防原理。实际上，要预防全部的事故发生是十分困难的，因此，采取充分的善后处理对策也是必要的。安全管理应该坚持"预防为主，善后为辅"的科学管理方法。

(1) 偶然损失原则。事故所产生的后果（人员伤亡、健康损害、物质损失等）以及后果的大小如何，都是随机的，是难以预测的。反复发生同类事故，并不一定产生相同的后果，这就是事故损失的偶然性。根据事故损失的偶然性，可得到安全管理上的偶然损失原则：无论事故是否造成了损失，为了防止事故损失的发生，唯一的办法是防止事故再次发生。这个原则强调在安全管理实践中，一定要重视各类事故包括险肇事故，只有连险肇事故都控制住，才能真正防止事故损失的发生。

(2) 因果关系原则。因果关系就是事物之间存在着一事物是另一事物发生的原因这种关系。掌握事故的因果关系，砍断事故因素的环链，就消除了事故发生的必然性，就可能防止事故发生。事故的必然性中包含着规律性。从事故的因果关系中认识必然性，发现事故发生的规律性，变不安全条件为安全条件，把事故消灭在早期起因阶段，这就是因果关系原则。

(3) 3E原则。造成人的不安全行为和物的不安全状态的主要原因可归结为四个方面：技术的原因、教育的原因、身体和态度的原因以及管理的原因。针对这四个方面的原因，可以采取三种防止对策，即工程技术对策、教育对策和法制对策。这三种对策就是所谓的3E原则。3E原则在应用时，首先是工程技术，然后是教育训练，最后才是法制。

(4) 本质化原则。所谓本质上实现安全化（本质安全化）指的是：设备、设施或技术工艺含有内在的能够从根本上防止发生事故的功能，它包含三个方面的内容：1）失误–安全功能；2）故障–安全功能；3）前两种安全功能应该是设备、设施本身固有的，即在它们的规划设计阶段就被纳入其中，而不是事后补偿的。本质安全化是安全管理预防原理的根本体现，也是安全管理的最高境界，实际上目前还很难做到，但是我们应该坚持这一原则。

B　强制原理

采取强制管理的手段控制人的意愿和行动，使个人的活动、行为等受到安全管理要求的约束，从而实现有效的安全管理，这就是强制原理。安全管理更需要强制性，这是基于事故损失的偶然性、人的"冒险"心理以及事故损失的不可挽回性等三个方面的原因。

在执行强制原理时必须坚持安全第一原则。安全第一就是要求在进行生产和其他活动的时候把安全工作放在一切工作的首要位置。这是安全管理的基本原则，也是我国安全生产方针的重要内容。该原则强调，必须把安全生产作为衡量创业工作好坏的一项基本内容，作为一项有"否决权"的指标，不安全不准进行生产。要坚持安全第一原则，就要建立和健全各级安全生产责任制，从组织上、思想上、制度上切实把安全工作摆在首位，常抓不懈，形成"标准化、制度化、经常化"的安全工作体系。

1.1.1.4　安全管理的基础理论

A　马斯洛的需要层次论

人的需要是指人体某种生理或心理上的不满足感，它可使人产生行动的动机。人在某一时刻最强烈的需要被称为强势需要，它产生主导动机并直接导致人采取行动。美国心理学家马斯洛将人的需要由低到高归纳为生理需要、安全需要、社会需要、尊重需要、求知需要、审美需要、自我实现需要等七个层次。在一般情况下，只有当某低层次的需要相对满足之后，其上一级需要才能转化为强势需要，这就是"需要层次理论"。

马斯洛的需要层次理论是国内外许多管理理论的重要基础，对企业安全生产管理具有一定的指导意义。应用时注意以下几点：

(1) 注意调查分析本企业职工需要层次结构的状况，为安全管理提供科学的依据；

(2) 针对不同层次的需要，提出相应的安全管理措施；

(3) 注意职工需要层次结构的变化，适时调整满足职工需要的管理方法；

(4) 把职工的安全需要与其他需要作为一个需要体系综合考虑，以提高安全管理的有效性。

B　双因素理论

1957 年，美国心理学家赫茨伯格提出的"激励因素－保健因素"理论，简称双因素理论。他将人的行动动机因素分为与工作的客观情况有关的保健因素和与工作有内在联系的激励因素两大类。保健因素的满足只能防止职工对工作的不满。激励因素的改善却可激发职工的积极性并产生满足感。

与需要层次论比较，保健因素相当于人的较低层次的需求（生理、安全和社交的需要），激励因素相当于人的较高层次的需要（尊重、自我实现的需要）。在企业的安全管理中，首先应重视保健因素的满足，在此基础上，再充分利用激励因素对职工进行安全生产的激励作用。要将企业安全生产的近期目标和发展规划以不同的形式反馈给职工，以增强职工对企业安全生产的信心。同时要正确区分两类因素，做到因人而异，并防止激励因素向保健因素的转化。

C　强化理论

强化理论又称为矫正理论，它是由美国心理学家斯金纳提出来的。此理论强调人的行为与影响行为的环境刺激之间的关系，认为管理者可以通过不断改变环境的刺激来控制人的行为。强化包括正强化、负强化和自然消退三种类型。其中正强化是用于加强所期望的个人行为；负强化和自然消退的目的是为了减少和消除不期望发生的行为。三者相互联系、相互补充，构成了强化的体系，并成为一种制约或影响人的行为的特殊环境因素。

在实际应用中应以正强化为主，慎重采用负强化（尤其是惩罚）手段，注意强化的时效性，同时因人制宜，采用不同的强化方式，利用信息反馈增强强化效果，以便强化机制协调运转并产生整体效应。

D 挫折理论

挫折理论主要揭示人的动机行为受阻而未能满足需要时的心理状态，并由此而导致的行为表现，力求采取措施将消极性行为转化为积极性、建设性行为。挫折的形成是由于人的认知与外界刺激因素相互作用失调所致，是一种普遍存在的心理现象，它的产生是不以人的主观意志为转移的。挫折感因人而异，即使客观上挫折情境相似，不同的人对挫折的感受也会不同，所受的打击程度也就不同。挫折一方面可增加个体的心理承受能力，使人猛醒，吸取教训，改变目标或策略，从逆境中重新奋起；另一方面也可使人们处于不良的心理状态中，出现负向情绪反应，并采取消极的防卫方式来对付挫折情境，从而产生不安全的行为反应。

在企业安全生产活动中，应重视挫折问题，采取下述措施：

（1）帮助职工用积极的行为适应挫折，如合理调整无法实现的行动目标；

（2）改变受挫折职工对挫折情境的认识和估价，以减轻挫折感；

（3）通过培训提高职工工作能力和技术水平，增加个人目标实现的可能性，减少挫折的主观因素；

（4）改变或消除易于引起职工挫折的工作环境，减少挫折的客观因素；

（5）开展心理保健和咨询，消除或减弱挫折心理压力。

E 期望理论

1964 年，佛隆提出了管理中的期望理论。此理论的基本点是：人的积极性被激发的程度，取决于他对目标价值估计的大小和判断实现此目标概率大小的乘积，用公式表示为：

$$激励水平(M) = 目标效价(V) \times 期望值(E)$$

式中，目标效价是指个人对某一工作目标对自身重要性的估价；期望值是指个人对实现目标可能性大小的主观估计。一般说来，目标效价和期望值都很高时，才会有较高的激励力量；只要效价和期望值中有一项不高，则目标的激励力量就不大。对于企业来说，需要的是职工在工作中的绩效；而对于职工来说，关注的则是与劳动付出有关的报酬。

期望理论明确地提出职工的激励水平与企业设置的目标效价和可实现的概率有关，这对企业采取措施调动职工的积极性具有现实的意义。首先，企业应重视安全生产目标的结果和奖酬对职工的激励作用。其次，要重视目标效价与个人需要的联系。同时，要通过宣传教育引导职工认识安全生产与其切身利益的一致性，提高职工对安全生产目标及其奖酬效价的认识水平。最后，企业应通过各种方式为职工提高个人能力创造条件，以增加职工对目标的期望值。

F 公平理论

公平理论是美国心理学家 1965 年提出的。它的基本要点是：人的工作积极性不仅与个人实际报酬多少有关，而且与人们对报酬的分配是否感到公平更为密切。

在企业安全管理中，应该重视公平理论所揭示的职工安全工作行为动机的激发与职工的公平感的联系，预防不公平感给职工在安全生产中带来的消极影响。

1.1.1.5 安全生产监督原理

与经济发展相适应，安全生产工作管理体制也在不断地调整。20 世纪 90 年代以前，与当时的计划经济管理模式相适应，我国采取了"国家监察，行业管理，群众监督"的管理体制，特别强调了各个经济管理部门"管理生产必须管理安全"的思想，调动了各方面的积极性，解决了安全与生产"两张皮"的问题。但随着我国经济体制改革的深化和社会主义市场经济体制的逐步建立，国有企业走向市场，企业形式多样化，并成为自主经营、自负盈亏、自我发展、自我约束的主体，经济管理部门的行政管理职能逐步削弱，国家确立了"企业负责，行业管理，国家监察，群众监督"的安全生产管理体制，进一步明确了企业是安全生产工作的主体，为建立"政府、企业、工会"三方协调管理机制定下了基础，在全国范围内掀起了以政府、部门、企业主要领导为第一责任人的安全生产责任制，安全生产工作责任到人、重大问题有专门领导负责解决的局面基本形成。

国务院已于 2001 年 3 月 17 日成立了国务院安全生产委员会。同时组建国家安全生产监督管理局。明确规定国家安全生产监督管理局是综合管理全国安全生产工作、履行国家安全生产监督管理职能的行政机构，由国家经贸委负责管理。将原由国家经贸委承担的安全生产监督管理职能，划给国家安全生产监督管理局。2005 年初，国家安全生产监督管理局更名为国家安全生产监督管理总局，升格为正部级，同时接管卫生部门负责的作业场所职业卫生监督管理职责。

安全生产监督管理的方式主要有国家监察和群众监督两种基本方式。

首先是实行强制的国家安全生产监察。国家安全生产监察是指国家授权行政部门设立的监察机构，以国家名义并运用国家权力，对企业、事业和有关机关履行劳动保护职责、执行劳动安全卫生政策和安全生产法规的情况，依法进行的监督、纠正和惩戒工作，是一种专门监督，是以国家名义依法进行的具有高度权威性、公正性的监督执法活动。长期以来，劳动安全卫生监察的行政主管是国家安全生产监督管理总局。

群众监督是我国安全法制管理的重要方面。群众监督是指在工会的统一领导下，监督企业、行政和国家有关劳动保护、安全技术、职业健康等法律、法规、条例的贯彻执行情况，参与有关部门关于安全生产和安全生产法规、政策的制定，监督企业安全技术和劳动保护经费落实和正确使用情况，对安全生产提出建议等。

1.1.2　矿山安全生产管理

1.1.2.1　矿山企业安全管理任务

矿山企业安全管理的任务，是以"安全第一、预防为主、综合治理"为指导，贯彻落实党和国家有关矿山安全生产的方针、政策、法律、法规和标准，坚持"以人为本"的原则，依靠科技创新和管理创新，努力消除和控制矿山生产经营过程中的各种危险因素和不良行为，不断地改善劳动条件，最大限度地减少伤亡事故，保护职工身体健康、生命安全和财产不受损失，促进矿山企业生产建设和改革的顺利发展，确保企业经济效益和社会稳定。

1.1.2.2　矿山企业安全管理内容

（1）贯彻执行国家有关矿山安全生产工作的方针、政策、法律、法规和标准；

（2）设置矿山安全管理机构或配备专职安全管理人员，建立健全矿山企业安全管理网络，保持安全管理人员队伍的相对稳定性；

（3）建立健全以安全生产责任制为核心的各项安全生产管理制度；

（4）加强安全生产宣传教育和技术培训，做好职工安全教育、技术培训和特种作业人员持证上岗工作；

（5）矿山建设工程项目必须有安全设施，并经"三同时"审查、验收，使新、改、扩建工程具备安全生产条件和较高的抗灾能力；

（6）制定和落实安全技术措施计划，确保矿山企业劳动条件不断改善；

（7）进行矿山安全科学技术研究，积极推广各种现代安全技术手段和管理方法，控制生产过程中的危险因素，改进安全设施，消除事故隐患，不断提高矿山抗灾能力；

（8）采用职业安全健康管理体系标准，推行职业安全健康管理体系认证，提高矿山企业的安全管理水平；

（9）制定事故防范措施和灾害预防、应急救援预案并组织落实；

（10）搞好职工的劳动保护工作，按规定向职工发放合格的劳动防护用品；

（11）做好女职工和未成年工的劳动保护工作；

（12）做好职工伤亡事故和职业病管理，执行伤亡事故报告、登记、调查、处理和统计制度，对接尘接毒职工进行定期身体检查，建立职工健康档案，按照规定参加工伤社会保险。

矿山安全管理的经常性工作包括对物的管理和对人的管理两个方面。其中，对物的安全管理包括如下内容：

（1）矿山开拓、开采工艺，提升运输系统、供电系统、排水压气系统、通风系统等的设计、施工，生产设备的设计、制造、采购、安装，都应该符合有关技术规范和安全规程的要求，其必要的安全设施、装置应该齐全、可靠；

（2）经常进行检查和维修保养设备，使之处于完好状态，防止由于磨损、老化、腐蚀、疲劳等原因降低设备的安全性；

（3）消除生产作业场所中的不安全因素，创造安全的作业条件。

对人的安全管理的主要内容为：

（1）制定操作规程、作业标准，规范人的行为，让人员安全而高效地进行操作；

（2）为了使人员自觉地按照规定的操作规程、标准作业，必须经常不断地对人员进行教育和训练。

1.1.2.3 矿山企业安全生产管理制度

矿山安全管理制度是指为贯彻《安全生产法》、《矿山安全法》及其他安全生产法律、法规、标准，有效地保护矿山职工在生产过程中的安全健康，保障矿山企业财产不受损失而制定的安全管理规章制度。《矿山安全法》规定矿山企业必须建立健全安全生产责任制，对职工进行安全教育培训，向职工发放劳动防护用品；矿山企业职工必须遵守有关矿山安全的法律、法规和企业规章制度；工会依法对矿山安全工作进行监督。因此，为了保护劳动者在劳动过程中的安全与健康，根据本单位的实际情况，依据有关法律、法规和规章的要求，矿山企业应该建立健全安全生产管理制度。具体有：

（1）安全生产责任制度；

（2）安全目标管理制度；

（3）安全例会制度；

（4）安全检查制度；

（5）安全教育培训制度；

（6）设备管理制度；

（7）危险源管理制度；

（8）事故隐患排查与整改制度；

（9）安全技术措施审批制度：

（10）劳动防护用品管理制度；

（11）事故管理制度；

（12）应急管理制度；

（13）安全奖惩制度；

（14）安全生产档案管理制度等。

1.2 矿山安全生产职责与安全教育

1.2.1 概述

安全生产是关系国家和人民群众生命财产安全、关系经济发展和社会稳定的大事，各地区、各有关部门（行业）和企业务必把这项工作列入重要议事日程，切实抓紧抓好。要按照"企业负责、行业管理、国家监察、群众监督和劳动者遵章守纪"的总要求，以及"管生产必须管安全"、"谁主管谁负责"的原则，建立健全安全生产领导责任制并实行严格的目标管理。

各企业要严格按照国家关于安全生产的法律、法规和方针政策，制定详尽周密的安全生产计划，健全各项规章制度和安全操作规程，落实全员安全生产责任制。各级劳动行政部门要认真履行安全生产的综合管理职能和行使国家监察的职权。地方各级人民政府都应制定安全生产规划并纳入国民经济和社会发展的总体规划，认真研究解决本地区安全生产的重大问题。各有关部门（行业）应切实加强对本部门（行业）及所属单位安全生产的管理工作。要根据本部门（行业）实际，制定安全生产中、长期规划和年度工作计划并认真组织实施。要坚决贯彻执行国家关于安全生产的法律、法规和方针政策，制定和实施本部门（行业）的安全生产规章、规程及技术规范。各地区、各有关部门（行业）要十分重视群众监督、新闻舆论监督和社会监督对安全生产工作的促进作用。

企业建立安全生产责任制的具体作用有：

（1）建立安全生产责任制可以使企业各方面人员在生产中分担安全责任，职责明确，分工协作，共同努力做好安全工作，防止和克服安全工作中的混乱、互相推诿、无人负责的现象，把安全工作与生产工作从组织领导上统一起来。

（2）建立安全生产责任制可以更好地发挥企业安全专职机构的作用，使各方面职责明确地共同搞好安全工作。这既是对安全工作的加强，又是对安全专职机构工作职责的明确，使业务工作走上正轨，克服工作忙乱、不务正业的现象，更好地发挥企业安全专职机构作为领导在安全工作上的助手和安全生产的组织者的作用。

（3）建立安全生产责任制，对于进行事故调查、处理，分清责任，吸取教训，改进工作都有积极作用。

安全教育的目的是提高职工安全意识和安全素质，防止产生不安全行为，减少人为失误。通过安全知识教育和技能培训，使职工增强安全意识，熟悉和掌握有关的安全生产法律、法规、标准和安全生产知识和专业技术技能，熟悉本岗位安全职责，提高安全素质和自我防护能力，控制和减少违章行为，做到安全生产。

《矿山安全法》规定，矿山企业必须对职工进行安全教育、培训；未经安全教育、培训的，不得上岗作业。矿山企业安全生产的特种作业人员必须接受专门培训，经考核合格取得操作资格证书的，方可上岗作业。

《金属非金属矿山安全规程》（GB 16423—2006）规定，矿山企业应对职工进行安全生产教育和培训，保证其具备必要的安全生产知识，熟悉有关的安全生产规章制度和安全操作规程，掌握本岗位的安全操作技能。未经安全生产教育和培训合格的，不应上岗作业。矿长应具备安全专业知识，具有领导安全生产和处理矿山事故的能力，并经依法培训合格，取得安全任职资格证书。所有生产作业人员，每年至少接受20学时的在职安全教育。新进地下矿山的作业人员，应接受不少于72学时的安全教育，经考试合格后，由老工人带领工作至少4个月，熟悉本工种操作技术并经考核合格，方可独立工作。新进露天矿山的作业人员，应接受不少于40学时的安全教育，经考试合格，方可上岗作业。调换工种的人员，应进行新岗位安全操作的培训。采用新工艺、新技术、新设备、新材料时，应对有关人员进行专门培训。

参加劳动、参观、实习人员，入矿前应进行安全教育，并有专人带领。特种作业人员，应按照国家有关规定，经专门的安全作业培训，取得特种作业操作资格证书，方可上岗作业。作业人员的安全教育培训情况和考核结果，应记录存档。

安全生产教育培训的基本内容有：

（1）思想教育。思想教育是安全教育的首要内容，包括思想认识教育和劳动纪律教育。思想认识教育主要是提高各级管理人员和职工群众对安全生产工作重要性的认识，使其懂得安全生产工作对促进经济建设的意义，增强其责任感。劳动纪律教育主要是使管理人员和职工懂得严格遵守劳动纪律对实现安全生产的重要性，提高遵守劳动纪律的自觉性，保障安全生产。

（2）法规政策教育。安全生产法律法规和政策是安全生产方针的具体体现，要采取各种措施和形式大力宣传，认真贯彻执行，以提高各级领导和广大职工的政策水平，增强安全生产意识，减少伤亡事故和职业病。

（3）安全知识和技能教育。安全知识和技能教育包括生产技术知识、安全技术知识和专业安全技能。生产技术知识是指矿山企业的基本生产概况、生产技术过程、作业方法或工艺流程、产品的结构性能，各种生产设备的性能和知识，以及装配、包装、运输、检验等知识。安全技术知识是指矿山企业内特别危险的设备和区域及其安全防护的基本知识和注意事项，有关机电安全知识，采矿、边坡、尾矿库、排土场、炸药库、危险化学品仓库、起重提升、吊车及矿内运输的有关安全知识，有毒、有害作业的防护，防火知识，防护用品的正确使用方法以及伤亡事故和职业危害的报告办法等。专业安全技能是指职工从事某一工种所应具备的专门的安全生产技能及本岗位应知应会的内容。

（4）典型事故案例教育。典型事故案例是结合本企业或外企业的事故教训进行教育，通过典型事故教育可以使各级领导和职工看到违章行为、违章指挥给人民生命和国家财产造成的损失，提高安全意识，从事故中吸取教训，防止类似事故发生。

1.2.2　矿山主要负责人的职责与培训

生产经营单位主要负责人是指有限责任公司或者股份有限公司的董事长、总经理，其他生产经营单位的厂长、经理、（矿务局）局长、矿长（含实际控制人）等。

1.2.2.1　矿山主要负责人的职责

（1）认真贯彻执行《安全生产法》、《矿山安全法》和国家的安全生产方针、政策、法令、法规中其他有关矿山安全生产的规定。

（2）领导本企业安全生产管理工作，对全矿安全生产工作全面负责。

（3）根据需要配备安全管理人员，建立、健全本单位的各级人员的安全生产责任制，组织制定本单位安全生产规章制度和安全操作规程。

（4）采取有效措施，改善职工劳动条件，保证安全生产所需的材料、设备、仪器和劳动防护用品的及时供应；督促、检查本单位的安全生产工作，采取措施及时消除生产安全事故隐患。

（5）主管安全培训工作，对职工进行安全教育培训。

（6）制定矿山灾害的预防及生产安全事故应急救援预案并组织实施。

（7）及时、如实地向安全生产监督管理部门和企业主管部门报告矿山事故并积极组织抢险。

1.2.2.2　矿山主要负责人的培训

培训目的　通过培训，使培训对象熟悉矿山安全的有关法律、法规、规章和国家标准，掌握矿山安全管理、安全技术理论以及实际安全管理技能，了解职业卫生防护和应急救援知识，具备一定的矿山安全管理能力，达到《金属非金属矿山主要负责人安全考核标准》的要求。

时间要求　《生产经营单位安全培训规定》规定煤矿、非煤矿山、危险化学品、烟花爆竹等生产经营单位主要负责人和安全生产管理人员安全资格培训时间不得少于48学时；每年再培训时间不得少于16学时。

培训内容　培训内容主要包括国家安全生产方针、政策和有关安全生产的法律、法规、规章及标准；安全生产管理基本知识、安全生产技术、安全生产专业知识；重大危险源管理、重大事故防范、应急管理和救援组织以及事故调查处理的有关规定；职业危害及其预防措施；国内外先进的安全生产管理经验；典型事故和应急救援案例分析等。具体内容如下：

（1）安全管理方面。

1）金属非金属矿山安全生产概况，包括金属非金属矿山安全生产形势以及安全生产的特点，国外有关矿山安全生产情况。

2）安全生产方针、政策和有关矿山安全法律、法规、标准、规范，主要包括《安全生产法》、《矿山安全法》、《职业病防治法》、《矿产资源法》、《劳动法》、《刑法》、《矿山安全法实施条例》、《民用爆炸物品管理条例》以及《金属非金属矿山安全规程》、《爆破安全规程》等。

3）矿山安全管理的目的、意义和任务。

4）采矿业准入制度，包括《矿山开采许可证》、《工商营业执照》、主要负责人《安全资格证书》、职业安全卫生"三同时"（建设项目中职业安全与卫生技术措施和设施，应与主体工程同时设计、同时施工、同时投入使用）管理制度等。

5）矿山主要安全管理制度、主要负责人的安全生产职责。

6）伤亡事故管理与工伤保险，包括常见事故的原因分析、事故责任的认定，制定预防措施的方法和程序、工伤的认定、工伤待遇等。

7）矿山从业人员的安全生产责任、权利与义务。

8）现代安全管理技术，包括安全目标管理、危险辨识、安全评价等。

9）案例分析与讨论。

（2）安全技术理论方面。

1）矿山地质安全，包括矿床的基本概念，矿岩的基本性质及其与矿山安全生产的关系，矿床地质构造、水文地质及其对矿山安全生产的影响，矿山地质环境与地质灾害，矿山开采对矿山地质工程的要求，案例分析与讨论。

2）露天矿山开采安全，包括露天矿山开采安全生产基本条件，露天矿山采矿方法和采矿工艺安全管理要求，露天矿山防尘防毒、防排水与防火管理要求，露天矿山边坡管理，露天矿山典型事故案例分析与讨论。

3）地下矿山开采安全，包括地下开采安全生产基本条件，井巷工程安全管理要求，常用采矿方法及其安全管理要求，矿山地压管理，地下矿山回采工艺、凿岩、铲装、运输与提升安全管理要求，地下矿山通风与防尘防毒管理要求，地下矿山防排水与防灭火管理要求，地下矿山典型事故案例分析与讨论。

4）矿山爆破安全，包括爆炸基本理论，常用爆破器材及起爆方法，露天矿山爆破方法，地下矿山爆破方法，爆破作业安全管理，爆破安全技术，爆破器材储存、运输、使用、销毁的安全管理规定，矿山爆破典型事故案例分析与讨论。

5）矿山机电安全管理，包括矿山电气安全、矿山机械安全、矿山机电事故案例分析与讨论。

6）矿山工业场地与地面生产系统安全管理，包括地面生产系统和工业场地安全要求、排土场安全、尾矿库安全、有关事故案例分析与讨论。

（3）矿山事故的应急预案与应急处理。

1）矿山事故应急救援的原则，包括定义、目的、任务、基本形式、组织、主要救护装备和设施及实施。

2）矿山重大灾害事故应急救援预案的编制，包括基本要求、编制程序、主要内容、编写提纲。

3）矿山事故报告和上报程序。

4）矿山事故应急处理，包括火灾事故、透水事故、冒顶片帮事故、中毒窒息事故、滑坡与坍塌事故的应急处理。

　　5）案例分析与讨论。

　　（4）矿山职业危害及其预防以及职业病管理。

　　（5）实际安全管理技能。各种实际安全管理要领和实际管理技能如下：

　　1）贯彻执行国家安全生产方针、政策和法律、法规、标准的程序和要点。

　　2）组织矿山安全生产的程序和方法。

　　3）主持制定安全生产管理规章制度的程序和方法。

　　4）组织安全检查和隐患整改的基本程序和方法。

　　5）制定重大事故应急救援预案的程序和基本内容。

　　6）组织、指挥矿山事故抢险救灾工作的步骤和技术要求。

　　7）伤亡事故调查处理的程序和方法。

　　（6）再培训内容。

　　1）有关安全生产的法律、法规、标准。

　　2）有关采矿业新技术、新工艺、新设备及其安全技术要求。

　　3）矿山安全生产管理经验。

　　4）矿山典型事故案例分析与讨论。

1.2.2.3　主要负责人的任职资格

　　《安全生产法》规定危险物品的生产、经营、贮存单位以及矿山、建筑施工单位的主要负责人和安全生产管理人员，应当经有关主管部门对其安全生产知识和管理能力考核合格后方可任职。

　　《矿山安全生产法实施条例》要求矿长必须经过考核，具备安全专业知识，具有领导安全生产和处理矿山事故的能力。

　　《金属非金属矿山安全质量标准化企业考评办法及标准》要求主要负责人应通过有关主管部门的考核，取得有效的安全生产资格，资格证书的时效性和任职单位与实际相符合。

1.2.3　矿山安全生产管理人员的职责与培训

　　生产经营单位安全生产管理人员是指生产经营单位分管安全生产的负责人、安全生产管理机构负责人及其管理人员，以及未设安全生产管理机构的生产经营单位专、兼职安全生产管理人员等。

　　金属非金属矿山应按照《安全生产法》的规定，设置安全生产管理机构和配备安全生产管理人员。

　　安全生产管理机构是指矿山企业中专门负责安全生产监督管理的内设机构，其工作人员都是专职安全生产管理人员。安全生产管理机构的作用是落实国家有关安全生产的法律法规，组织生产经营单位内部各种安全检查活动，负责日常安全检查，及时整改各种事故隐患，监督安全生产责任制的落实等。它是矿山企业安全生产的重要组织保证。

　　根据矿山企业的危险性、规模大小等因素来配备专、兼职安全生产管理人员。

　　专职安全生产管理人员，应由不低于中等专业学校毕业（或具有同等学力）、具有必要的安全生产专业知识和安全生产工作经验、从事矿山专业工作五年以上并能适应现场工作环境的人员担任。

根据我国的安全管理体制，企业负责自己的安全管理，即实行自主安全、自我约束、自我管理的安全管理机制，企业必须根据自己的生产经营特点，建立适合本企业的安全生产责任制的运行机制，做到"六不"：规则使其不能、教育使其不违、监督使其不易、严惩使其不敢、明赏使其不怠、信息使其不误。

1.2.3.1 矿山安全生产管理人员的职责

A 主管安全生产的企业副职安全生产责任

主管安全生产的企业副职领导是指副矿长、副经理、副董事长、副局长，其安全生产职责如下：

（1）从生产及设备管理上对安全工作负直接领导责任。

（2）要有计划、均衡地安排生产，在组织编制生产计划的同时，编制安全生产、劳保工作计划，要与生产计划一起安排下达、组织实施。

（3）领导制定安全生产和改善劳动条件的规划，务必使生产区域达到国家安全卫生标准的要求，搞好文明生产。

（4）组织安全生产大检查，及时组织消除重大安全隐患，安全工作要与生产工作同时计划、布置、检查、总结、评比。

（5）组织制定或修订各工种的安全操作规程，制定全员安全生产责任制。

（6）组织实施全员安全培训和教育计划。

（7）组织对发生的伤亡事故、职业病和职业中毒等安全事故进行分析，提出处理意见，并组织实施。

B 总工程师的安全生产责任

（1）对本矿的安全环保和工业卫生工作在技术上负全面责任，直接领导安全技术部门积极开展安全技术工作。

（2）根据安全生产方针和国家技术政策，组织研究生产及安全工作中新技术的采用和革新项目的试验。

（3）组织、领导制定、审批各种安全规章制度和防止事故、防尘毒的技术措施。

（4）发生伤亡和重大未遂事故时，要亲临现场指挥抢救，参加调查分析，并负责采取有效措施消除事故隐患。

（5）参加全矿的安全大检查及有关专业性检查，对检查出的重大问题，要及时组织制订有效措施加以解决。

（6）经常检查生产现场的作业条件、工艺流程、操作方法，发现问题从技术上采取针对性措施，确保安全生产。

（7）负责按"三同时"原则和安全防尘、环境保护有关规定组织有关部门审批各种工程设计，组织施工和进行工程验收。

（8）组织生产、地测、安全有关部门根据生产单位提出的安全隐患问题制定整改计划，提供技术支持，并负责检查和验收。

C　矿工会主席的安全生产责任

（1）积极宣传教育员工执行安全生产政策法规及各项安全制度。

（2）参加矿、工区安全大检查、安全例会等安全活动。

（3）深入工区，抓好员工的安全培训、考核、评定、原始记录、安全标准化班组等一系列安全活动。

（4）审定、推荐矿安全生产先进集体、先进个人，不断总结安全生产经验和教训。

（5）根据上级规定和要求为员工办好健康疗养，参加保险，硅肺普查，充分维护员工劳动保护、安全生产的合法权利。

（6）深入工作现场督促有关单位改进劳动条件和环境，了解员工关于安全生产的反映和要求，收集员工安全生产合理化建议，协助解决生产中的安全隐患。

D　安全管理部门的职责

（1）当好矿山企业领导在安全生产工作方面的助手和参谋，协助矿山企业领导做好安全生产工作。

（2）对矿山安全法律、法规、规程、标准及规章制度的贯彻执行情况，会同各单位进行监督检查，协同生产单位及时解决检查出的问题。

（3）制定和审查本企业的安全生产规章制度，审查各单位安全规章制度，制订全矿性的安全环保工作计划和安全环保技术措施计划，并督促贯彻执行。

（4）组织审查改善劳动条件、消除危险源、清除安全隐患，经常进行现场检查，及时掌握危险源动态，研究解决事故隐患和存在的安全问题，遇到有危及人身安全的紧急情况，应采取应急措施，有权指令先行停止生产，后报告领导研究处理。

（5）参加新建、扩建、改建工程及新产品、新工艺设计的审查和验收工作，提出有关安全方面的意见和要求。

（6）组织推动安全生产宣传教育和培训工作；组织进行全矿性的安全训练及新工人入矿的矿级安全教育，督促各单位做好经常性的安全教育和新工人参加生产前的安全教育，指导各单位做好业务保安工作。定期进行经验交流、分析提高。

（7）参加伤亡事故的调查处理，对伤亡事故和职业病进行统计分析和报告，并提出防范措施，监督贯彻执行。

（8）制定劳动防护用品管理制度，监督劳动防护用品的供给和使用。

（9）领导矿（工区）专职安全员和班组兼职安全员，指导工段、班组安全员的工作，改进和提高安全员工作水平，发动群众搞好安全工作。

（10）定期开展对提升、运输、采矿、通风、爆破以及易燃物品、矿区交通运输、机电设备、降温防护的检查，发现问题及时处理，并提出预防措施和改进意见。

E　安全部门负责人的安全生产责任

（1）协助主管矿长认真贯彻执行党和国家的劳动保护法令、制度、规范、标准和矿安全生产各项制度，并检查、督促各基层单位执行情况，及时向领导汇报。

（2）协助主管矿长组织全矿性的安全大检查，对检查出来的安全隐患，组织有关部门采取有效措施，并督促其实施。

（3）负责安全部门工作，拟定矿安全工作计划，对安全管理人员的安全管理技术、业务工作进行指导，提高安全管理的水平。

（4）主持召开安全部门会议，督促和检查安全管理人员的工作及任务完成情况，计划和解决工作中的重大问题，研究布置下一步工作。

（5）负责全矿的安全事故统计分析工作，并参加对重大交通、火灾、设备事故的检查处理工作。

（6）组织人员深入一线调查研究、了解、发现事故隐患，及时处理，把隐患消灭在萌芽之中，确保生产顺利进行。

（7）起草安全生产责任制，落实经济责任制，健全考核办法，并监督执行。

（8）明确年度安全生产奋斗目标，加强班组标准化管理，组织好现场安全检查。

（9）参加和组织开展各种形式的安全活动，参加各类分析会，负责调查工作。

（10）做好各种记录、台账的填写工作，负责工伤报表、工伤介绍信和下发安全指令书。

F　矿山安全员的岗位责任

（1）安全员是安全生产法规、规范、规章的执行者，贯彻安全生产方针、政策，并指导工区（班组）的专兼职安全员的工作。

（2）组织学习有关安全生产的规章制度，监督检查工人遵守规章制度和劳动纪律，督促工区（班）长严格执行安全管理制度和安全技术操作规程。

（3）经常检查设备设施和工作地点的安全状况，值班安全员负责本班全矿安全生产的监督、巡回检查，对问题进行改进、处理。

（4）发现危及人身安全的紧急情况时，停止其作业，并立即报告，对技术难度大的重大问题及时汇报，由安全部门、技术部门决定处理、解决的方案。

（5）参与本单位制定、修改有关安全技术规程和安全生产管理制度。

（6）监督、教育职工正确使用个人防护用品，检查生产过程中存在的违反安全规程和操作规程的行为，及时纠正。

（7）负责职工安全教育工作，对安全规程规定的人员进行三级安全教育。

（8）负责工伤事故、职业病的管理。协助制定矿山重大事故应急救援预案，协助分析伤亡事故原因，制定防范措施。

1.2.3.2　矿山安全生产管理人员的培训

矿山安全生产管理人员培训的目的、培训时间及培训内容等要求与矿山主要负责人培训的要求基本一致，可参考"1.2.2.2 矿山主要负责人的培训"相关内容，在此不再叙述。

1.2.4　其他从业人员的职责与培训

生产经营单位其他从业人员是指除主要负责人、安全生产管理人员和特种作业人员以外，该单位从事生产经营活动的所有人员，包括其他负责人、其他管理人员、技术人员和各岗位的工人以及临时聘用的人员。

1.2.4.1　其他从业人员的安全职责

A　生产调度部门安全生产责任

（1）负责监督、执行矿安全生产的决定和计划，协助矿长、安全部门监督、检查矿属各单位及各操作岗位执行安全操作规程的情况。

（2）随时掌握全矿安全生产的状态及环节，协调安全与生产的关系，确保安全，促进生产。

（3）经常深入现场，了解并提出解决生产中安全隐患的技术措施和建议，供矿长和安全部门参考。

（4）负责安全事故的抢救与现场处理的指挥与实施。

（5）发生事故后及时向上级有关部门汇报。

B　生产调度部门负责人安全生产责任制

（1）负责全矿日常安全生产的指挥与协调，平衡矿属各单位安全与生产的关系，做到全矿安全有保障，生产有秩序。

（2）经常深入现场，了解生产各环节存在的安全问题，协助安全科监督、检查矿属各单位安全工作，帮助、督促工区解决安全生产的关键和抢险工程的组织与管理。

（3）发生事故后，负责事故现场抢救与处理的组织与联络。

（4）参加矿属各单位周一安全活动日。

（5）参加矿组织的周一安全大检查。

（6）参加矿有关部门主持的安全、设备、交通事故分析会。

C　生产单位负责人的安全生产职责

（1）贯彻执行安全生产规章制度，对本采区职工在生产过程中的安全健康负全面责任。

（2）合理组织生产，在计划、布置、检查、总结、评比生产的各项活动中都必须包括安全工作。

（3）经常检查现场的安全状况，及时解决发现的隐患和存在的问题。

（4）经常向职工进行安全生产知识、安全技术、规程和劳动纪律教育，提高职工的安全生产思想认识和专业安全技术知识水平。

（5）负责提出改善劳动条件的项目和实施措施。

（6）对本采区伤亡事故和职业病登记、统计、报告的及时性和正确性负责，分析原因，拟定改进措施。

（7）对特殊工种工人组织训练，并必须经过严格考核合格后，持合格证方能上岗操作。

D　生产技术部门安全生产责任

（1）认真贯彻执行上级有关安全生产环境保护的政策、法令及各项安全生产环境保护的政策、法令及各项安全规章制度，并组织所属单位的技术人员对安全技术知识进行学习，检查执行情况。

（2）在计划、布置、检查、总结、评比生产工作时，要同时计划、布置、检查、总结、评比安全工作，在编制计划、工程设计及施工管理中，认真贯彻"三同时"的原则。

（3）在进行工程设计时要全面考虑安全生产的有关事宜（安全环保技术措施、施工顺序、安全注意事项等），在设计、施工、验收等技术工作中做到"三同时"，并负责监督实施。

（4）认真参加日常生产调度会议，检查、掌握安全生产及作业计划执行情况。协助安全管理人员做好施工过程中安全生产及安全技术操作规程执行情况的监督与管理。

（5）协助检查各单位爆破器材的加工、运输、使用、保管、发放、销毁等情况，从技术上解决爆破方面的不安全因素，会同安全部门对爆破人员进行安全技术知识教育和爆破权的审批等管理工作。

（6）按时参加矿部组织的安全大检查，对检查出重大隐患一时解决不了又需要资金的要将其列入工程计划并组织实施，负责组织有关抵制、测量、采矿、掘进、爆破方面的专业安全检查，发现问题及时提出整改意见。

（7）对有关单位提出的井巷、采场检查意见要及时向总工程师汇报，对隐患部位及时进行检查，提出技术改进措施。

（8）负责督促、检查各工区工程的设计与施工情况，提高作业质量，贯彻正规文明生产。

E　技术人员安全生产责任

（1）认真执行采掘技术政策、采矿规程和安全生产规章制度，加强技术管理，从技术上对安全工作负责。

（2）根据本矿职工提出的有关安全技术方面的合理化建议，从生产技术上改进设计和施工管理。

（3）在矿长主持下参加安全检查活动并从技术上解决不安全问题，提出改善作业条件的意见。

（4）在编制计划和进行设计时，必须有安全防尘措施及安全注意事项的说明。

（5）加强施工指导，在本职范围内杜绝无计划、无设计、无审批手续、无地质资料、无测量放线施工。

（6）对与安全有关的情况（如空区、断裂、岩石性质与四邻关系等）要详细标明并用文字说明。

（7）负责检查井巷掘进及采矿工程质量的验收，必须按设计、计划验收，对矿山资源和保安矿柱的设置有监督、检查的责任。

（8）加强关键工程、关键部位的安全管理，与生产单位紧密配合。

F　班组长、工段长安全生产职责

（1）组织矿工学习安全操作规程和矿山企业及本采区的有关安全生产规定，教育工人严格遵守劳动纪律，按章作业。

（2）经常检查本工段、班组矿工使用的机器设备、工具和安全卫生装置，以保持其安全状态良好。

（3）对本工段、班组作业范围内存在的危险源进行日常监控管理和检查。

（4）整理工作地点，以保持清洁文明生产。

（5）组织工段、班组安全生产竞赛与评比，学习推广安全生产经验。

（6）及时分析伤亡事故原因，吸取教训，提出改进措施。

（7）有权拒绝上级的违章指挥。

G　工人安全生产责任

（1）自觉遵守矿山安全法律、法规及企业安全生产规章制度和操作规程，不违章作业，并要制止他人违章作业。

（2）接受安全教育培训，积极参加安全生产活动，主动提出改进安全工作的意见。

（3）有权对本单位安全生产工作中存在的问题提出批评、检举、控告。

（4）有权拒绝违章指挥和强令冒险作业。

（5）发现隐患或其他不安全因素应立即报告，发现直接危及人身安全的紧急情况时，有权停止作业或采取应急措施后撤离作业现场，并积极参加抢险救护。

H　其他职能部门人员安全生产责任

（1）熟悉矿山安全生产的有关法律、法规、规章和国家标准，了解矿山生产的基本生产工艺，掌握矿山企业安全生产的一般知识和规章制度。

（2）熟悉本职工作（材料员、工资员、定额员、成本员等）与矿山生产环节的关系，掌握与本职工作相关的采矿工艺、材料消耗、岗位特点、设备性能。

（3）在工作中严格贯彻矿山安全生产的法规、规章、劳动规程，积极支持矿山企业把安全生产、环境保护放在第一位。

（4）具备深入采矿现场的安全知识，参加安全教育培训，达到深入现场相应的要求。

（5）经常深入现场调查研究，熟悉生产情况，听取现场工作人员的意见和建议，改善自己工作。

（6）将本职工作与安全生产紧密结合，树立安全第一的思想。

1.2.4.2　其他从业人员培训

A　三级安全教育

新工人（临时工、合同工、劳务工、轮换工、协议工）、参观人员、实习学生、其他入矿人员需要进行三级安全教育，三级安全教育是指矿、坑口（车间）和班组分别进行安全教育。

矿级安全教育是矿部负责对新入矿的工人，在没有分配至班组或工作地点之前进行的入矿安全教育。新进矿山的井下作业职工，接受安全教育、培训时间不得少于 72 学时；新进露天矿的职工接受安全教育、培训时间不得少于 40 学时。教育培训结束时，经考试合格后，方可分配到岗位工作。

教育的主要内容有：国家矿山安全法律、法规、规程；本矿山企业安全生产的一般知识和规章制度；安全生产状况和特殊危险地点及注意事项；一般电气、机械和采区安全知识及防火防爆知识；伤亡事故教训等。教育的方法可根据本矿山企业生产特点、机械设备的复杂情况、新入矿工人的数量多少等情况，采取不同的方法进行。如讲课、会议、座谈、演练、参观展览、安全影视、看录像等。

坑口（车间）教育是坑口（车间）负责人对新分配到坑口（车间）的工人进行采场安全生产教育。主要内容有：采区规章制度和劳动纪律；采场危险地区及事故隐患、有毒有害作业的防治情况及安全规定；采场安全生产情况及问题；曾发生事故的原因分析及防范措施等。教育方法一般由采场安全员讲解，实地参观、进行直观教育。

班组安全教育是工段长、班组长对新工人或调动工作的工人，到了固定岗位开始工作前的安全教育。新的井下作业职工，在接受了安全教育、培训，经考试合格后，必须在有安全工作经验的师傅带领下工作满 4 个月，并再次经考核合格，方可独立作业。教育的主要内容有：本工段或班组的安全生产概况、工作性质、职责范围及安全操作规程；工段、班组的安全生产守则及交接班制度；本岗位易发生的事故和尘毒危害情况及其预防和控制方法；发生事故时的安全撤退路线和紧急救灾措施；个人防护用品的使用和保管。教育的方法采用讲解、示范等师傅带徒弟的方法。

B 特种作业人员教育培训

特种作业，是指容易发生事故，对操作者本人、他人的安全健康及设备、设施的安全可能造成重大危害的作业。特种作业人员，是指直接从事特种作业的从业人员。

特种作业人员必须经专门的安全技术培训并考核合格，取得《中华人民共和国特种作业操作证》后，方可上岗作业。安全生产监督管理部门负责特种作业人员的安全技术培训、考核、发证、复审工作。

特种作业操作证每3年复审1次，特种作业人员在特种作业操作证有效期内，连续从事本工种10年以上，严格遵守有关安全生产法律法规的，经原考核发证机关或者从业所在地考核发证机关同意，特种作业操作证的复审时间可以延长至每6年1次。

特种作业人员的培训考核、发证、复审工作必须符合《特种作业人员安全技术培训考核管理规定》。

金属非金属矿山特种作业有：

(1) 金属非金属矿井通风作业，指安装井下局部通风机，操作地面主要扇风机、井下局部通风机和辅助通风机，操作、维护矿井通风构筑物，进行井下防尘，使矿井通风系统正常运行，保证局部通风，以预防中毒窒息和除尘等的作业。

(2) 尾矿作业，指从事尾矿库放矿、筑坝、巡坝、抽洪和排渗设施的作业，适用于金属非金属矿山的尾矿作业。

(3) 金属非金属矿山安全检查作业，指从事金属非金属矿山安全监督检查，巡检生产作业场所的安全设施和安全生产状况，检查并督促处理相应事故隐患的作业。

(4) 金属非金属矿山提升机操作作业，指操作金属非金属矿山的提升设备运送人员、矿石、矸石和物料，及负责巡检和运行记录的作业。

(5) 金属非金属矿山支柱作业，指在井下检查井巷和采场顶、帮的稳定性，撬浮石，进行支护的作业。

(6) 金属非金属矿山井下电气作业，指从事金属非金属矿山井下机电设备的安装、调试、巡检、维修和故障处理，保证机电设备安全运行的作业。

(7) 金属非金属矿山排水作业，指从事金属非金属矿山排水设备日常使用、维护、巡检的作业。

(8) 金属非金属矿山爆破作业，指在露天和井下进行爆破的作业。

C 从业人员培训

这里的从业人员指金属非金属矿山除主要负责人、安全生产管理人员和特种作业人员以外的其他从业人员。

a 培训目的

通过培训，使培训对象了解我国安全生产方针、有关法律法规和规章，了解矿山作业的危险、职业危害因素，熟悉从业人员安全生产的权利和义务，掌握金属非金属矿山安全生产基本知识，安全操作规程，个人防护、避灾、自救与互救方法，事故应急措施，安全设施和个人劳动防护用品的使用和维护，以及职业病预防知识等，具备与其从事作业场所和工作岗位相应的知识和能力。

b 培训内容

（1）矿山安全生产法律法规：安全生产方针、政策；基本安全生产法律制度；矿山主要安全技术规程、标准；农民工、女职工和未成年工的保护；从业人员安全生产的法律责任、权利和义务。

（2）矿山安全管理：安全管理的概念、目的和任务；主要安全生产管理制度，矿山企业安全管理机构、安全生产管理人员及职责；本单位的安全生产情况，安全生产规章制度和劳动纪律；矿山作业场所常见的危险、职业危害因素；安全设备设施、劳动防护用品的使用和维护要求；工伤保险知识。

（3）露天开采安全：露天矿山基本概念，露天开采工艺概况，露天开采的基本安全要求；露天开采作业安全要求，包括凿岩、爆破、铲装、运输、破碎作业过程中存在的主要危险、职业危害因素及其操作安全要求，以及边坡安全管理要求；露天矿山常见事故征兆及防范措施；典型事故案例。

（4）地下开采安全：地下矿山基本概念，地下矿山生产系统、工艺流程概况，地下开采基本安全要求；井巷工程施工安全要求，包括井巷工程施工过程中存在的主要危险、职业危害因素，凿岩、爆破、出渣、通风、支护和顶板管理安全要求以及溜井管理要求；回采作业安全要求，包括凿岩、爆破、出矿作业过程中存在的危险、职业危害因素以及安全要求，顶班及采空区管理要求；提升、运输作业存在的主要危险、职业危害因素及其安全要求；井下通风、防尘防毒、防排水、防灭火基本要求；地下矿山常见事故征兆及防范措施；典型事故案例。

（5）爆破安全：爆破基本知识，包括爆破的概念、爆破器材、起爆方法、矿山爆破方法；爆破器材和爆破作业管理制度；爆破有害效应及爆破安全防范措施；常见爆破事故防范措施；典型事故案例。

（6）排土场和尾矿库安全：排土场安全生产要求，包括排土场的概念，常见病害，安全作业要求，典型事故案例；尾矿库安全生产要求，包括尾矿库的概念，常见事故、病害及其防范措施，典型事故案例。

（7）机电安全：用电安全；矿内提升运输安全；机械操作安全；典型事故案例。

（8）职业病防治：职业危害、职业病、职业禁忌症的概念；尘肺病及其他矿山常见的职业危害及防范措施；健康监护要求；职业病预防的权利和义务。

（9）事故应急处置、自救与现场急救：事故报告及现场紧急处置（包括火灾、透水、冒顶片帮、中毒窒息、滑坡坍塌等事故的应急处置）；防险、避灾、自救与互救方法；创伤急救；典型事故案例。

c 培训时间

金属非金属矿山从业人员的培训时间，露天矿山（小型露天采石场）不少于40学时，地下矿山不少于72学时。

d 日常安全教育

要使全体职工重视和真正实现安全生产，应对职工进行日常的经常性安全生产教育。矿山企业每年应对职工进行不少于20学时的在职安全教育。日常安全教育主要内容和形式包括：学习有关安全生产法规、文件，矿山企业规章制度、安全操作规程，开展各种形式的安全活动、班前会、每周安全活动日等；召开事故分析会、安全交流会，特别是典型经验交流会和典型事故教训分析会；开展安全生产竞赛，利用安全教育室举办安全展览，播放安全电影、录像等。

e　其他人员的安全教育

在采用新工艺、新技术、新设备、新材料时，要进行新的操作方法、操作规程、安全管理制度和防护方法的教育。

职工调换工种或离岗一年以上重新上岗时，必须进行相应的车间级或班组级安全教育。

f　各级管理干部、安全员安全教育

各级管理干部、安全员的安全教育由矿山企业负责进行。教育内容是：国家矿山安全法律、法规、规程和标准；本企业的安全生产规章制度、安全生产特点和安全生产技术知识；本企业、本单位及本人所管辖范围内的生产过程中，主要危险区域、危险源、职业危害以及容易引起事故和职业病的类别及触发条件；预防事故、职业病的对策和措施。同时，还应学习与掌握发生灾害时，防止灾害扩大、减少损失的措施。教育可采用脱产学习、集中学习或现场演示、座谈、讨论、看文件等方式。

1.3　安全生产检查

安全检查是消除隐患、防止事故、改善劳动条件的重要手段，是矿山企业安全生产管理工作的一项重要内容。通过安全检查可以及时发现矿山企业生产过程中的危险因素及事故隐患和管理上的缺欠，以便有计划地采取措施，保证安全生产。

1.3.1　安全检查的内容

安全检查的内容有：

（1）查思想。检查各级领导对安全生产的思想认识情况，以及贯彻落实"安全第一，预防为主"方针和"三同时"等有关情况。

（2）查制度。检查矿山企业中各项规章制度的制定和贯彻执行情况。

（3）查管理。检查各采场、工段、班组的日常安全管理工作的进行情况，检查生产现场、工作场所、设备设施、防护装置是否符合安全生产要求。

（4）查隐患和整改。检查重大危险源监控和事故隐患整改的落实情况及存在的问题。

（5）查事故处理。检查企业对伤亡事故是否及时报告、认真调查、严肃处理。

1.3.2　安全检查的形式

安全检查可分为日常性检查、定期检查、专业性检查、专题安全检查、季节性检查、节假日前后的检查和不定期检查。

（1）日常性检查即经常性的、普遍的检查。班组每班次都应在班前、班后进行安全检查，对本班的检查项目应制定检查表，按照检查表的要求规范地进行。专职安全人员的日常检查应该有计划，针对重点部位周期性地进行。

（2）定期检查即矿山企业主管部门每年对其所管辖的矿山至少检查一次，矿部每季至少检查一次，坑口（车间）、科室每月至少检查一次。定期检查不能走过场，一定要深入现场，解决实际问题。

（3）专业性检查即由矿山企业的职能部门负责组织有关专业人员和安全管理人员进行的专业或专项安全检查。这种检查专业性强，力量集中，利于发现问题和处理问题，如采场冒顶、通风、边坡、尾矿库、炸药库、提升运输设备等的专业安全检查等。

（4）专题安全检查即针对某一个安全问题进行的安全检查，如防火检查、尾矿库安全度汛情况检查、"三同时"落实情况的检查、安措费及使用情况的检查等。

（5）季节性检查即根据季节特点为保障安全生产的特殊要求所进行的检查。如夏季多雨，要提前检查防洪防汛设备，加强检查井下顶板、涌水量的变化情况；秋冬季天气干燥，要加强防火检查。

（6）节假日前后的检查包括节假日前进行安全综合检查，落实节假日期间的安全管理及联络、值班等要求，节假日后要进行遵章守纪的检查等。

（7）不定期检查指在新、改、扩建工程试生产前以及装置、机器设备开工和停工前、恢复生产前进行的安全检查。

1.3.3　安全检查的要求

安全检查的要求有：

（1）不同形式的安全检查要采用不同的方法。安全生产大检查，应由矿山企业领导挂帅，有关职能部门及专业人员组成检查组，发动群众深入基层，紧紧依靠职工，坚持领导与群众相结合的原则，组织好检查工作。安全检查可以通过现场实际检查，召开汇报会、座谈会、调查会以及个别谈心、查阅资料等形式，了解不安全因素、生产操作中的异常现象等方法进行。

（2）做好检查的各项准备工作，其中包括思想、业务知识、法规政策和物资准备等。

（3）明确检查的目的和要求，既要严格要求，又要防止一刀切，要从实际出发，分清主、次矛盾，力求实效。

（4）把自查与互查有机结合起来，基层以自查为主，企业内相应部门间要互相检查，取长补短，相互学习和借鉴。

（5）坚持查改结合，检查不是目的，只是一种手段，整改才是最终目的，一时难以整改的，要采取切实有效的防范措施。

（6）建立安全检查网络、危险源分级检查管理制度。

（7）安全检查要按安全检查表法进行，实行安全检查的规范化、标准化。在制定安全检查表时，应根据检查表的用途和目的具体确定安全检查表的种类。安全检查表的主要种类有设计用安全检查表、厂级安全检查表、车间安全检查表、班组及岗位安全检查表、专业安全检查表等。

（8）建立检查档案，结合安全检查表的实施，逐步建立健全检查档案，收集基本的数据，掌握基本安全状况，实现事故隐患及危险点的动态管理，为及时消除隐患提供数据，同时也为以后的安全检查及隐患整改奠定基础。

1.3.4 安全生产检查表

1.3.4.1 露天采矿安全检查表实例（见表1-1）

表1-1 金属非金属矿山安全检查表（露天开采）

矿山企业名称：　　　　　　　　　　　　　　　　　　　　检查时间：　年　月　日

序号	检查项目	检查内容	依据标准	检查方法	检查结果
1	规章制度	(1) 安全生产责任制。 1) 主要负责人、分管负责人、安全生产管理人员责任制； 2) 职能部门责任制； 3) 岗位安全生产责任制	GB 16423—2006 4.1	查看人员任命文件及有关资料，有制度汇编并上墙	
		(2) 安全生产有关制度。 1) 安全检查制度； 2) 职业危害（粉尘、有毒有害气体等）预防制度； 3) 安全教育培训制度； 4) 生产安全事故管理制度； 5) 危险源监控和安全隐患排查制度； 6) 设备安全管理制度； 7) 安全生产档案管理制度； 8) 安全生产奖惩制度等； 9) 安全活动日制度； 10) 安全目标管理制度； 11) 安全技术审批制度； 12) 安全办公会议制度； 13) 值班和交接班制度	《安全生产法》第17条 GB 16423—2006 4.1	查看有关文件资料，制度编汇成册	
		(3) 作业规程及操作规程，包括采剥和排土作业规程，爆破工、凿岩工、挖掘机工、装载机工、空压机工、焊工、电工、场内机动车辆、现场安全管理人员操作规程	《安全生产法》第17条	查看有关文件资料，制度上墙，制度编汇成册	

序号	检查项目	检查内容	依据标准	检查方法	检查结果
2	安全投入	(1) 有安全投入计划，并按计划实施。 (2) 缴纳风险抵押金	《安全生产法》第18条	查安全投入计划和使用情况记录	
3	安全机构及人员	(1) 依法设置安全生产管理机构或配备专职安全管理人员	GB 16423—2006 4.2	检查安全生产管理机构设置或人员任命文件，以及合法有效证件	
		(2) 各队、班组应设立专（兼）职安全员，跟班作业 (3) 主要负责人要定期跟班现场检查	GB 16423—2006 4.3	查看安全员任命文件及跟班检查记录。主要负责人下井检查记录	
4	安全教育和培训	(1) 主要负责人必须取得安全资格证书。分管安全、生产、技术的负责人也应经过安全培训取得安全资格证书	《安全生产法》第20条	查看有效证书	
		(2) 安全生产管理人员资格证书	《安全生产法》第20条	查看有效证书	
		(3) 特种作业人员资格证书（爆破操作员、爆破押运员、爆破管理员、爆破安全员、电工、金属焊接（切割）工、压力容器操作工、场内机动车辆司机等特种作业人员）	GB 16423—2006 4.4	查持证上岗情况	
		(4) 从业人员安全教育培训	GB 16423—2006 4.4	查看入厂三级教育卡片，培训计划、记录及考核结果	
5	工伤保险	依法参加工伤保险或与工伤保险赔付同等数额的其他保险，为所有从业人员缴纳保险费	《安全生产法》第43条	查看缴纳保险费用的证明	
6	劳动防护	为从业人员提供符合国家标准或行业标准的劳动防护用品，并监督、教育从业人员正确佩带使用（安全帽、防尘口罩、安全带、防护服、胶鞋、手套等）	《安全生产法》第37条	按标准发放，建立发放台账，检查台账	
7	"三同时"审批	改建、扩建建设项目依法履行"三同时"审批手续	《非煤矿矿山建设项目安全设施设计审查与竣工验收办法》	查看有关审批材料	

序号	检查项目	检查内容	依据标准	检查方法	检查结果
8	应急救援	（1）有滑坡、洪水、泥石流等事故的应急救援预案，并定期进行演练	GB 16423—2006 4.8	查看应急救援预案及演练记录	
		（2）对存在的各类事故隐患，及时进行整改，并有登记、整改和处理的档案。对暂时无法完成整改的，必须有切实可行的监控和预防措施	《非煤矿矿山安全生产许可证实施办法》第5条	查档案、措施	
		（3）要害岗位、重要设备和设施及危险区域，应严加管理，应对露天边坡、排土场、爆破器材库等危险源登记建档，有检测、监控和防范措施	《非煤矿矿山安全生产许可证实施办法》第5条	查档案、措施	
9	技术资料	有具有资质设计单位设计的开采设计和附图。图纸包括地质地形图、采剥工程年末图、防排水系统及排水设备布置图	GB 16423—2006 4.15	查看设计及生产图件	
10	采场和边坡	（1）露天开采应遵循自上而下的开采顺序，分台阶开采，并坚持"采剥并举，剥离先行"的原则	GB 16423—2006 5.1.2	查现场	
		（2）台阶高度必须符合有关规定的要求，其中最大开采高度小于50m、年开采总量小于50万吨的小型露天采石场，应当自上而下分层、按顺序开采，分层高度根据岩性确定，浅眼爆破时分层高度不超过6m，中深孔爆破时分层高度不超过20m。分层凿岩平台宽度不得小于4m。最终边坡角最大不得超过60°	《小型露天采石场安全生产暂行规定》	查现场	
		（3）台阶开采高度。 1）台阶高度不大于最大挖掘高度的1.5倍（爆破后机械铲装）； 2）台阶高度不大于最大挖掘高度（不爆破机械铲装）； 3）坚硬稳固岩石台阶高度不大于6m（人工开采）； 4）松软岩石台阶高度不大于3m（人工开采）； 5）砂状岩石台阶高度不大于1.8m（人工开采）	GB 16423—2006 5.2.1.1	查现场	
		（4）非工作阶段的最终坡面角和最小工作平台的宽度，应在设计中规定	GB 16423—2006 5.2.1.3	查设计及现场	
		（5）露天采场各作业水平上、下台阶之间的超前距离，应在设计中明确规定。不应从下部不分台阶掏采。采剥工作面不应形成伞檐、空洞等	GB 16423—2006 5.2.5.7	查看现场	
		（6）边坡浮石清除完毕前，其下方不应生产；人员和设备不应在边坡底部停留	GB 16423—2006 5.2.5.8	查看现场	

序号	检查项目	检查内容	依据标准	检查方法	检查结果
11	爆破作业	（1）爆炸物品的生产、储存、购买、运输、使用符合《民用爆炸物品管理条例》规定，有严格的管理、领用和清退登记制度	《民用爆破物品安全管理条例》	查制度、台账	
		（2）露天爆破作业，必须按审批的爆破设计书或爆破说明进行。爆破设计书应由单位主要负责人批准	《爆破安全规程实施手册》	检查爆破设计和审批手续	
		（3）实行定时爆破制度，确定危险区的边界，明确爆破时的警戒范围，并设置明显的标志和岗哨，有明确的警戒信号	《爆破安全规程实施手册》	现场查看警戒线	
		（4）露天爆破作业必须遵守GB 6722 和 GB 13349。爆破作业现场必须设置坚固的人员避炮设施，其设置地点、结构及拆移时间，应在采掘计划中规定，并经矿长或总工程师批准	GB 16423—2006 5.1.21	现场查看避炮设施	
12	穿孔作业	移动钻机电缆和停、切、送电源时，应严格穿戴好高压绝缘手套和绝缘鞋，使用符合安全要求的电缆钩；跨越公路的电缆，应埋设在地下。钻机发生接地故障时，应立即停机，同时任何人均不应上、下钻机。打雷、暴雨、大雪或大风天气，不应上钻架顶作业。不应双层作业。高空作业时，应系好安全带	GB 16423—2006 5.2.2.4	现场检查	
13	铲装作业	（1）挖掘机作业时，悬臂和铲斗下面和工作面附近，不应有人停留。 （2）挖掘机、前装机铲装作业时，铲斗不应从车辆驾驶室上方通过。装车时，汽车司机不应停留在司机室踏板上或有落石危险的地方。 （3）推土机发动时，机体下面和近旁不应有人作业或逗留。推土机行走时，人员不应站在推土机上或刮板架上。发动机运转且刮板抬起时，司机不应离开驾驶室。 （4）推土机作业时，刮板不应超出平台边缘。推土机距离平台边缘小于5m时，应低速运行。推土机不应后退开向平台边缘	GB 16423—2006 5.2.3.3、5.2.3.12、5.2.4.4、5.2.4.2	现场检查	

序号	检查项目	检查内容	依据标准	检查方法	检查结果
14	防洪排水	有完善的防洪措施。对开采境界上方汇水影响安全的，应当设置截水沟；有可能滑坡的，应当采取防洪排水措施	GB 16423—2006 5.9.1.1、5.9.1.2、5.9.1.3	现场查看及应急措施	
15	排土场	排土场位置的选择，应保证排弃土岩时不致因滚石、滑坡、塌方等威胁采矿场、工业场地（厂区）、居民点、铁路、道路、输电网线和通信干线、耕种区、水域、隧洞、旅游区、固定标志及永久性建筑等的安全。其安全距离应在设计中规定	GB 16423—2006 5.7.2	查看图纸对照现场	
16	电气安全	（1）在电源线路上断电作业时，该线路的电源开关把手，应加锁或设专人看护，并悬挂"有人作业，不准送电"的警示牌	GB 16423—2006 5.8.1.7	现场查看	
		（2）安装在室外的落地配电变压器，四周应设置安全围栏，围栏高度不低于 0.1m，围栏距变压器的外廓净距不应小于 0.8m，各侧悬挂"有电危险，严禁入内"的警告牌。变压器底座基础应高于当地最大洪水位，但不得低于 0.3m	DL/T 499—2001 3.2.4	现场查看	
		（3）电气设备和装置的金属框架或外壳、电缆和金属包皮、互感器的二次绕组，应按有关规定进行保护接地	GB 16423—2006 5.8.5.1	现场查看	
		（4）采场内的架空线路宜采用钢芯铝绞线，其截面积应不小于 35mm^2。排土场的架空线路宜采用铝绞线。由分支线向移动式供电设备供电，应采用矿用橡套软电缆	GB 16423—2006 5.8.6.9	现场检查	
		（5）采矿场和排土场低压电力网的配电电压，宜采用 380V 或 380/220V。手持移动式电气设备电压，应不高于 220V	GB 16423—2006 5.8.6.13	现场查看	
		（6）向低压移动设备供电的变压器，其中性点宜采用非直接接地方式；向固定式设备供电的变压器，应采用中性点直接接地方式	GB 16423—2006 5.8.6.11	现场查看	

序号	检查项目	检 查 内 容	依 据 标 准	检查方法	检查结果
16	电气安全	(7) 电气设备可能被人触及的裸露带电部分,必须设置保护罩或遮栏及警示标志	GB 16423—2006 5.8.1.5	现场查看	
		(8) 移动式电气设备,应使用矿用橡套电缆	GB 16423—2006 5.8.2.1	现场查看	
		(9) 配电箱不采用可燃材料制作。室外安装的配电箱采用防尘、防雨型	GB 50254—96 2.0.6	现场查看	
		(10) 露天矿照明使用电压,应为220V;行灯或移动式电灯的电压,应不高于36V;在金属容器和潮湿地点作业,安全电压应不超过12V;380/220V 的照明网络,熔断器或开关应安装在火线上,不应装在中性线上	GB 16423—2006 5.8.4.4、5.8.4.6	现场查看	
		(11) 露天矿采矿场和排土场的高压电力网的配电电压,应采取6kV 或 10kV。当有大型采矿设备或采用连续开采工艺并经技术经济比较合理时,可采用其他等级的电压	GB 16423—2006 5.8.6.1	现场查看	
17	运输	道路运输: (1) 双车道的路面宽度,应保证会车安全。陡长坡道的尽端弯道,不宜采用最小平曲线半径。弯道处的会车视距若不能满足要求,则应分设车道。急弯、陡坡、危险地段应有警示标志。 (2) 装车时,不应检查、维护车辆;驾驶员不应离开驾驶室,不应将头和手臂伸出驾驶室外。 (3) 卸矿平台应有足够的调车宽度。卸矿地点应设置牢固可靠的挡车设施,并设专人指挥。挡车设施的高度应不小于该卸矿点各种车辆最大轮胎直径的2/5	GB 16423—2006 5.3.2.3、5.3.2.11、5.3.2.12	查看设计及现场	

序号	检查项目	检查内容	依据标准	检查方法	检查结果
17	运输	溜槽、平硐溜井运输： （1）应合理选择溜槽的结构和位置。从安全和放矿条件考虑，溜槽坡度以45°~60°为宜，应不超过65°。溜槽底部接矿平台周围应有明显警示标志，溜矿时人员不应靠近，以防滚石伤人。 （2）溜井的卸矿口应设挡墙，并设明显标志、良好照明和安全护栏，以防人员和卸矿车坠入。机动车辆卸矿时，应有专人指挥。 （3）溜井上、下口作业时，无关人员不应在附近逗留。操作人员不应在溜井口对面或矿车上撬矿。溜井发生堵塞、塌落、跑矿等事故时，应待其稳定后再查明事故的地点和原因，并制定处理措施；事故处理人员不应从下部进入溜井	GB 16423—2006 5.3.3.1、5.3.3.5、5.3.3.9	现场检查	
		斜坡卷扬运输： （1）斜坡轨道与上部车场和中间车场的连接处，应设置灵敏可靠的阻车器。 （2）斜坡轨道应有防止跑车装置等安全设施。 （3）斜坡卷扬运输的机电控制系统应有限速保护装置、主传动电动机的短路及断电保护装置、过卷保护装置、过速保护装置、过负荷及无电压保护装置、卷扬机操纵手柄与安全制动之间的联锁装置、卷扬机与信号系统之间的闭锁装置等	GB 16423—2006 5.3.6.1、5.3.6.2、5.3.6.4	现场检查	
		其他运输形式，严格遵守 GB 16423—2006 中5.3 的规定	GB 16423—2006 5.3		
检查总体结论			检查人员签字：	被检查单位主要负责人签字：	

1.3.4.2　地下采矿安全检查表实例（见表1-2）

表1-2　金属非金属矿山安全检查表（地下开采）

矿山企业名称：　　　　　　　　　　　　　　　　　　　　检查时间：　　年　月　日

序号	检查项目	检查内容	依据标准	检查方法	检查结果
1	安全管理制度	（1）安全生产责任制。 1）主要负责人、分管负责人、安全生产管理人员责任制； 2）职能部门责任制； 3）岗位安全生产责任制	GB 16423—2006 4.1	查看人员任命文件及有关资料，有制度汇编并上墙	
		（2）安全生产有关制度。 1）安全检查制度； 2）职业危害（粉尘、有毒有害气体等）预防制度； 3）安全教育培训制度； 4）生产安全事故管理制度； 5）危险源监控和安全隐患排查制度； 6）设备（指主提升机、绞车、主扇、局扇、水泵、电机车等）安全管理制度； 7）安全生产档案管理制度； 8）安全生产奖惩制度等； 9）安全活动日制度； 10）安全目标管理制度； 11）安全技术审批制度； 12）安全办公会议制度； 13）值班和交接班制度； 14）爆炸物品的储存、购买、运输、使用和清退登记制度	《安全生产法》第17条 GB 16423—2006 4.1	查看有关文件资料，制度编汇成册	
		（3）作业安全规程。 包括掘进作业规程和采矿作业规程（掘进、运输、通风、顶板管理、采矿、压气、供电、供排水、尾矿库等作业规程）	《非煤矿山企业安全生产许可证实施办法》第5条	查看有关文件资料，组织学习记录。制度编汇成册	
		（4）操作规程。 包括主提升机司机、爆破工、凿岩工、金属焊接（切割）工、信号工、空压机工、通风工、绞车操作工、输送机操作工、罐笼推车工、电工、矿井供排水工、现场安全检查工和厂内机动车司机操作规程。	《安全生产法》第17条	查看有关文件资料，制度编汇成册	
2	安全投入	（1）有安全投入计划，并按计划实施。 （2）交纳风险抵押金。	《安全生产法》第18条	查安全投入计划和使用情况记录	
3	安全机构及人员	（1）依法设置安全生产管理机构或配备专职安全管理人员	GB 16423—2006 4.2	检查安全生产管理机构设置或人员任命文件，以及合法有效证件	
		（2）各队、班组应设立专（兼）职安全员，跟班作业。 （3）主要负责人要定期跟班下井检查	GB 16423—2006 4.3	查看安全员任命文件及跟班检查记录、主要负责人下井检查记录	

序号	检查项目	检查内容	依据标准	检查方法	检查结果
4	安全培训	(1) 主要负责人必须取得安全资格证书。分管安全、生产、技术的负责人也应经过安全培训取得安全资格证书	《安全生产法》第20条	查看有效证书	
		(2) 安全生产管理人员安全资格证书	《安全生产法》第20条	查看有效证书	
		(3) 特种作业人员资格证书（爆破操作员、爆破押运员、爆破管理员、爆破安全员、信号工、电工、金属焊接（切割）工、矿井供排水工、风机操作工、绞车操作工、压力容器操作工和企业厂内机动车司机等特种作业人员）	GB 16423—2006 4.4	查持证上岗情况	
		(4) 从业人员安全教育培训	GB 16423—2006 4.4	查看入厂三级教育卡片、培训计划、记录及考核结果	
5	工伤保险	依法参加工伤保险或与工伤保险赔付同等数额的其他保险，为所有从业人员缴纳保险费	《安全生产法》第43条	查看缴纳保险费用的证明	
6	职业危害场所检测	(1) 跟班作业安全员要携带检测仪器。(2) 矿井总进、排风量每季度测定一次。(3) 矿井空气中有毒有害气体的浓度，应每月测定一次。(4) 凿岩工作面应每月测定两次，其他工作面每月测定一次。(5) 含放射性元素的作业地点，粉尘浓度应每月至少测定三次；氡及其子体浓度，应每周测定一次，浓度变化较大时，每周测定三次	GB 16423—2006 7.15、7.17、7.18	有合格的风压、风量、粉尘、有毒有害气体等检测仪表，查看登记档案和检测检验记录	
7	劳动防护	为从业人员提供符合国家标准或行业标准的劳动防护用品，并监督、教育从业人员正确佩带使用（安全帽、防尘口罩、安全带、防护服、胶鞋、手套等）	《安全生产法》第37条	按标准发放，建立发放台账，检查台账	
8	"三同时"审批	改建、扩建建设项目依法履行"三同时"审批手续	《非煤矿矿山建设项目安全设施设计审查与竣工验收办法》	查看有关审批材料	
9	设备设施检验检测	竖（斜）井提升设备、压力容器等特种设备以及爆破器材库等易发生事故的场所、设施、设备有登记档案和检测检验和检修记录	《安全生产法》第29、30条	查看有效的检验报告，矿山内部检测检验检修记录	
10	应急救援	(1) 有透水、冒顶片帮（特别是大面积冒顶）、火灾、中毒窒息及坠井等事故的应急救援预案，并定期演练	GB 16423—2006 4.8	查看应急救援预案	
		(2) 建立专职或兼职应急救援组织，也可与邻近的事故应急救援组织签订救护协议，配备必要的应急救援器材、设备（通信电话、急救车辆、急救箱、自救器等）	GB 16423—2006 4.20	查看有关文件资料及器材、设备	

序号	检查项目	检查内容	依据标准	检查方法	检查结果
11	技术资料	有具有资质的设计单位设计的开采设计。图纸包括矿区地形地质和水文地质图，井上、井下对照图，中断平面图，通风系统图，提升运输系统图，风、水管网系统图，充填系统图，井下通信系统图，井上、井下配电系统图和井下电气设备布置图，绘制避灾线路图	GB 16423—2006 4.16	查看有资质的设计及图件	
12	安全出口	（1）每个矿井至少有两个独立的直达地面的安全出口，安全出口的间距不得少于30m。每个生产水平（中段），均应至少有两个便于行人的安全出口并应同通往地面的出口相通	GB 16423—2006 6.1.1.3	检查符合要求的安全出口	
		（2）装有两部在动力上互不依赖的罐笼设备，且提升机均为双回路供电的竖井，可作为安全出口而不必设梯子间。其他竖井作为安全出口时，应有装备完好的梯子间。 竖井梯子间应符合下列要求： 1）梯子的倾角不大于80°； 2）上下相邻两个梯子平台的垂直距离不大于8m； 3）上下相邻平台的梯子孔要错开，平台梯子孔的长和宽，分别不小于0.7m和0.6m； 4）梯子上端高出平台1m，下端距井壁不小于0.6m； 5）梯子宽度不小于0.4m，梯蹬间距不大于0.3m； 6）梯子间与提升间应全部隔开	GB 16423—2006 6.1.1.4、6.1.1.6	检查是否符合规程要求	
		（3）行人的运输斜井应设人行道。人行道应符合下列要求： 1）人行道的有效宽度不小于1.0m； 2）人行道的有效净高不小于1.9m； 3）斜井坡度为10°~15°时应设人行踏步，15°~35°时应设踏步及扶手，大于35°时应设梯子； 4）运输物料的斜井，车道与人行道之间，应设置坚固的隔墙	GB 16423—2006 6.1.1.7	检查是否符合规程要求	
		（4）行人的水平运输巷道应设人行道，其有效净高不得小于1.9m，有效宽度不小于1.0m。斜井坡度为10°~15°时设人行踏步，15°~35°时设踏步及扶手，大于35°时设梯子。 有轨运输的斜井，车道与人行道之间宜设坚固的隔离设施；未设隔离设施的，提升时不应有人员通行	GB 16423—2006 6.1.1.8	检查是否符合规程要求	
		（5）井巷的分道口应有路标，注明其所在地点及通往地面出口的方向。所有井下作业人员，均应熟悉安全出口	GB 16423—2006 6.1.1.3	检查各分道口的标志和照明	

序号	检查项目	检查内容	依据标准	检查方法	检查结果
13	通风防尘	(1) 矿井应建立机械通风系统。对于自然通风压较大的矿井，当风量、风速和作业场所空气质量能够达到规程中6.4.1的规定时，允许暂时用自然通风替代机械通风	GB 16423—2006 6.4.2.1	检查通风系统，检测风量、风速和作业场所空气质量	
		(2) 井下各用风地点风速、风量和风质必须满足安全规程要求。 1) 井下采掘作业面进风的空气成分，$\varphi(O_2) \geqslant 20\%$，$\varphi(CO_2) < 0.5\%$（体积）； 2) 井下供风量不得小于4m³/（min·人）； 3) 硐室风速不小于0.15m/s； 4) 掘进巷道和巷道型采场风速不小于0.25m/s； 5) 电耙道和二次破碎巷道风速不小于0.5m/s	GB 16423—2006 6.4.1.1、6.4.1.5	现场检测或查看检测记录等资料	
		(3) 井下炸药库，应有独立的回风道，充电硐室空气中氢气的含量，应不超过0.5%（按体积计算），井下所有机电硐室都应供给新鲜风流	GB 16423—2006 6.4.2.6	现场检查并检测	
		(4) 掘进工作面和通风不良采场，应安装局部通风设备。局扇应有完善的保护装置	GB 16423—2006 6.4.4.1	查看现场	
		(5) 局部通风的风筒口与工作面的距离：压式通风应不超过10m；抽出式通风应不超过5m；混合式通风，压入风筒的出口应不超过10m；抽出风筒的入口应滞后压入风筒的出口5m以上	GB 16423—2006 6.4.4.2	检查现场局部通风的风筒口与工作面的距离	
		(6) 报废的井巷和硐室的入口，应及时封闭。封闭之前，入口处应设有明显标志，禁止人员入内。报废的竖井、斜井和平巷，地面入口周围还应设有高度不低于1.5m的栅栏，并标明原来井巷的名称	GB 16423—2006 6.1.6.5	查看明显警示标志和不低于1.5m的栅栏	
		(7) 风筒应吊挂平直、牢固，接头严密，避免车碰和炮崩，并应经常维护，以减少漏风，降低阻力	GB 16423—2006 6.4.4.5	查看现场	
		(8) 凿岩必须采取湿式作业。湿式作业有困难的地方应采取干式捕尘或有效防尘措施	GB 16423—2006 6.4.5.1	查看水箱、水管、防护用具和现场	

序号	检查项目	检查内容	依据标准	检查方法	检查结果
14	提升运输	（1）用于升降人员和物料的罐笼的安装和运行必须符合 GB 16423—2006 中 6.3.2 和 6.3.3 的规定	GB 16423—2006 6.3.2、6.3.3	现场检查	
		（2）提升系统的各部分，包括提升容器、连接装置、防坠器、罐耳、罐道、阻车器、罐座、摇台、装卸矿设施、天轮和钢丝绳，以及提升机各部分，包括卷筒、制动装置、深度指示器、防过卷装置、限速器、调绳装置、传动装置、电动机和控制设备以及各种保护装置和闭锁装置等，每天应由专职人员检查一次，每月应由矿机电部门组织有关人员检查一次；发现问题应立即处理，将检查结果和处理情况记录存档	GB 16423—2006 6.3.3.23	查看检查记录和现场设备	
		（3）提升矿车的斜井，应设常闭式防跑车装置，并经常保持完好。 斜井上部和中间车场，须设阻车器或挡车栏。阻车器或挡车栏在车辆通过时打开，车辆通过后关闭。斜井下部车场须设躲避硐	GB 16423—2006 6.3.2.6	查看现场	
		（4）竖井提升运输有防过卷和防坠等安全保护装置	GB 16423—2006 6.3.3.21	查看现场	
		（5）提升运输信号设施齐全、灵敏、可靠，安全标志齐全	GB 16423—2006 6.3.3.26	现场检查	
		（6）提升设备必须有能独立的工作制动和紧急制动的系统，其操作系统必须设在司机操作台	GB 16423—2006 6.3.5.13	检查深度指示器、刹车装置及检修记录	
		（7）提升钢丝绳定期检测	GB 16423—2006 6.3.4.2	查看记录	
15	防排水	（1）矿井井口的标高必须高于当地历史最高洪水位 1m 以上，并有防止地表水进入井口的措施	GB 16423—2006 6.6.2.3	对照设计资料检查现场	
		（2）对接近水体而又有断层通过或与水体有联系的可疑地段，必须有探放水措施	GB 16423—2006 6.6.3.4	查看有无探放水作业规程和探放水记录	
		（3）水文地质条件复杂的矿山，应在关键巷道内设置防水门，防止泵房、中央变电所和竖井等井下关键设施被淹	GB 16423—2006 6.6.3.3	查看资料和现场	
		（4）井下主要排水设备，至少应由同类型的三台泵组成，其中任一台的排水能力，必须能在 20h 内排出一昼夜的正常涌水量；两台同时工作时，能在 20h 内排出一昼夜的最大涌水量。井筒内应装设两条相同的排水管，其中一条工作，一条备用	GB 16423—2006 6.6.4.1	查看资料和现场排水设备	

序号	检查项目	检查内容	依据标准	检查方法	检查结果
16	爆破作业	(1) 民用爆炸物品的储存、使用要取得公安机关的许可证	《民用爆破物品安全管理条例》	查看现场和资料记录	
		(2) 井下爆破作业，必须按审批的爆破设计书或爆破说明进行。爆破设计书应由单位主要负责人批准	《爆破安全规程实施手册》	检查爆破设计和审批手续	
		(3) 爆破前必须有明确的声、光警戒信号，与爆破无关的人员必须撤离作业地点	《爆破安全规程实施手册》	查看爆破安全员工作记录	
		(4) 爆破后，爆破员和安全员必须按规定的等待时间进入爆破地点，检查有无冒顶、危石、支护破坏和盲炮，如有以上现象应及时处理，经当班安全员确认安全后，方可进入作业地点。 (5) 有相邻作业单位的爆破，要提前按协议规定做好信息沟通	《爆破安全规程实施手册》	检查当年事故记录，现场抽查爆破员和安全员业务知识	
17	保安矿柱	应严格保持矿柱（含顶柱、底柱和间柱等）的尺寸、形状和直立度，应有专人检查和管理，以保证其在整个利用期间的稳定性	GB 16423—2006 6.2.1.4	对照图纸检查现场	
18	采掘作业	(1) 在不稳固的岩层中掘进井巷，应进行支护。在松软或流沙岩层中掘进，永久性支护至掘进工作面之间，应架设临时支护或特殊支护	GB 16423—2006 6.1.5.1	查看现场	
		(2) 井巷断面能满足行人、运输、通风和安全设施、设备的安装、维修及施工的需要	GB 16423—2006 6.1.1.7、6.1.1.8、6.1.1.9	查看图纸及现场	
		(3) 竖井与各中段的连接处，应有足够的照明和设置高度不小于1.5m的栅栏或金属网，并设置阻车器，进出口设栅栏门。栅栏门只准在通过人员或车辆时打开。井筒与水平大巷连接处，应设绕道，人员不得通过提升间。天井、溜井、地井和漏斗口，应设有标志、照明、护栏或格筛、盖板等防坠措施	GB 16423—2006 6.1.7.1、6.1.7.2	查看现场	
19	供配电	(1) 矿山工程的一级负荷应由两个电源供电	GB 50070—94 2.0.4	查看设计图纸及现场	
		(2) 地面上中性点直接接地的变压器或发电机严禁直接向井下供电	GB 50070—94 3.1.3	查看设计图纸及现场	

序号	检查项目	检 查 内 容	依据标准	检查方法	检查结果
19	供配电	（3）井下各级配电标称电压，应遵守下列规定： 1）高压网络的配电电压，应不超过10kV。 2）低压网络的配电电压，应不超过1140V。 3）照明电压，井下运输巷道、井底车场应不超过220V；采掘工作面、出矿巷道、天井和天井至回采工作面之间，应不超过36V；行灯电压应不超过36V。 4）手持式电气设备电压，应不超过127V。 5）电机车牵引网络电压，采用交流电源时应不超过380V；采用直流电源时应不超过550V	GB 16423—2006 6.5.1.2	现场查看	
		（4）电气线路： 1）水平巷道或倾角45°以下的巷道，应使用钢带铠装电缆； 2）竖井或倾角大于45°的巷道，应使用钢丝铠装电缆； 3）移动式电力线路，应采用井下矿用橡套电缆； 4）井下信号和控制用线路，应使用铠装电缆。 5）井下固定敷设的照明电缆，如有机械损伤可能，应采用钢带铠装电缆	GB 16423—2006 6.5.2.1	现场查看	
		（5）不应将电缆悬挂在风、水管上；电缆上不准悬挂任何物件。电缆与风、水管平行敷设时，电缆应敷设在管子的上方，其净距应不小于300mm	GB 16423—2006 6.5.2.6	现场检查	
		（6）巷道内的电缆每隔一定距离和在分路点上，应悬挂注明编号、用途、电压、型号、规格、起止地点等的标志牌	GB 16423—2006 6.5.2.8	现场检查	
		（7）井下所有作业地点、安全通道和通往作业地点的人行道，都应有照明	GB 16423—2006 6.5.5.1	现场查看	
		（8）无爆炸危险的矿井，应采用矿用一般型或带防水灯头的普通型灯具	GB 50070—94 3.5.5	现场查看	
		（9）井下所有电气设备的金属外壳及电缆的配件、金属外皮等都应接地	GB 16423—2006 6.5.6.1	现场查看	
		（10）接地装置所用的钢材必须镀锌或镀锡。接地装置的连接线应采取防腐措施	GB 16423—2006 6.5.6.8	现场查看	
		（11）对重要线路和重要工作场所的停电和送电，以及对700V以上的电气设备的检修，须持有主管电气工程技术人员签发的工作票，方准进行作业。配电箱不采用可燃材料制作。室外安装的配电箱采用防尘、防雨型	GB 16423—2006 6.5.7.3	查看有关记录	

序号	检查项目	检查内容	依据标准	检查方法	检查结果
20	空气压缩机	(1) 定期检测合格方可使用。 (2) 安全阀、压力调节器、断水（油）保护装置	GB 50029—2003 3.0.14	查看定期检验证明	
21	消防措施	(1) 地面防火，应遵守 GB 16423—2006 中 5.9.2 的规定	GB 16423—2006 6.7.1.1	现场查看	
		(2) 井下主要进风巷道、进风井筒及其井架和井口建筑物，主要扇风机房和压入式辅助扇风机房，风硐及暖风道，井下电机室、机修室、变电室、变电所、电机车库、炸药库和油库等，均应用非可燃性材料建筑，室内应有醒目的防火标志和防火注意事项，并配备相应的灭火器材	GB 16423—2006 6.7.1.5	现场查看	
检查总体结论			检查人员签字：	被检查单位主要负责人签字：	

1.3.4.3 尾矿库安全管理检查表和尾矿库安全生产基本条件安全检查表实例（见表1-3、表1-4）

表1-3 尾矿库安全管理检查表

企业名称：　　　　　　　　　　　　　　　　　　　　　　　检查时间：

序号	检查内容	检查标准或依据	法规依据	检查方法	检查结果	执法建议
1	依法建设	依法立项审批，履行建设项目审批、核准或备案手续	《矿山安全法实施条例》第6条	查建设项目审批、核准或者备案文件		
		尾矿库的勘察、设计、安全评价、施工及施工监理等应当由具有相应资质的单位承担	《尾矿库安全监督管理规定》第10条	查看资质证书		
		可行性研究阶段，由具有资质的安全评价机构进行安全预评价	《非煤矿矿山建设项目安全设施设计审查与竣工验收办法》第8条	查安全预评价报告书及其备案文件		

序号	检查内容	检查标准或依据	法规依据	检查方法	检查结果	执法建议
1	依法建设	初步设计应按规定编制安全专篇；尾矿库建设项目应当进行安全设施设计并经审查合格，方可施工。安全设施的设计应由具有资质的设计单位承担，并经安全生产监督管理部门审查同意；有重大变更的，应经原设计单位同意，并报原审查部门审查同意	《尾矿库安全监督管理规定》第13条《非煤矿矿山建设项目安全设施设计审查与竣工验收办法》第3、5、14、15、21条	查安全设施设计审查合格及设计修改的有关文件、资料		
		投入生产或使用前，由具有资质的安全评价机构进行安全验收评价	《非煤矿矿山建设项目安全设施设计审查与竣工验收办法》第8条	查安全验收评价报告书及其备案文件		
		建设项目竣工投入生产或者使用前，必须依照有关法律、行政法规的规定对安全设施进行验收，验收合格后，方可投入生产和使用	《安全生产法》第27条	查安全验收批复文件资料		
		尾矿库应当每三年至少进行一次安全评价	《尾矿库安全监督管理规定》第18条	查阅安全现状评价报告资料		
2	证照齐全	生产经营单位应当按照《非煤矿矿山企业安全生产许可证实施办法》的有关规定，为其尾矿库申请领取安全生产许可证。未依法取得安全生产许可证的尾矿库，不得生产运行	《尾矿库安全监督管理规定》第16条	查安全生产许可证照及其有效性		
		生产经营单位主要负责人、安全管理人员安全资格证、各类特种作业人员的资格证书	《矿山安全法》第26、27条	查证书及其有效性		
3	规章制度	生产经营单位负责组织建立、健全尾矿库安全生产责任制，制定完备的安全生产规章制度和操作规程，实施安全管理。规章制度主要包括：安全奖惩制度、安全隐患排查治理制度、安全检查制度、安全教育培训制度、工伤事故上报与事故调查制度	《尾矿库安全监督管理规定》第5条	检查是否建立安全生产责任制度；查阅制度和规程的制定情况		

序号	检查内容	检查标准或依据	法规依据	检查方法	检查结果	执法建议
4	管理机构	生产经营单位应当配备相应的安全管理机构或者安全管理人员，并配备与工作需要相适应的专业技术人员或者具有相应工作能力的人员	《尾矿库安全监督管理规定》第6条	查安全机构和安全管理人员是否设（配）置；查人员培训教育与资格证书		
		车间应设置专职或兼职安全员；班组应设置兼职安全员	《选矿安全规程》第4.2条	查安全机构和安全员设（配）置情况		
5	工程档案资料	生产经营单位应当建立尾矿库工程档案，特别是隐蔽工程的档案，并长期保管。尾矿库施工应当执行有关法律、法规和国家标准、行业标准的规定，严格按照设计施工，做好施工记录，确保工程质量。尾矿库工程建设档案包括：地形测量、工程地质及水文地质勘察、设计、施工及竣工验收、监理、安全预评价及安全验收评价、审批等文件、图纸、资料	《尾矿库安全监督管理规定》第8条 《尾矿库安全技术规程》第12.2条	查档案资料是否建立和保存		
		尾矿库生产运行档案包括：年度计划、生产记录（入库尾矿量、堆坝高程、库内水位）、坝体位移及浸润线观测记录、安全隐患检查记录及处理、事故及处理、安全现状评价等	《尾矿库安全技术规程》第12.3条	查生产运行档案资料		
		尾矿库初步设计应编制安全专篇，并包括：尾矿库区存在的安全隐患及对策；尾矿库初期坝和堆积坝的稳定性分析；尾矿库动态监测和通信设备配置的可靠性分析；尾矿库的安全管理要求	《尾矿库安全技术规程》第5.2.5条	查初步设计资料及内容是否俱全		
		编制年、季作业计划和详细运行图表，统筹安排和实施尾矿输送、分级、筑坝和排洪的管理工作	《尾矿库安全技术规程》第6.1.2条	查有无年、季作业计划资料		

序号	检查内容	检查标准或依据	法规依据	检查方法	检查结果	执法建议
6	教育培训	生产经营单位应当对从业人员进行安全生产教育和培训，保证从业人员具备必要的安全生产知识，熟悉有关的安全生产规章制度和安全操作规程，掌握本岗位的安全操作技能。未经安全生产教育和培训合格的从业人员，不得上岗作业	《安全生产法》第21条	查教育培训记录及档案资料		
		从事尾矿库放矿、筑坝、排洪和排渗设施操作的专职作业人员必须取得特种作业人员操作资格证书，方可上岗作业	《尾矿库安全监督管理规定》第9条	查特种作业现场持证上岗情况		
7	安全投入	生产经营单位应当保证尾矿库具备安全生产条件所必需的资金投入	《尾矿库安全监督管理规定》第6条	查安全技术措施计划及其所需费用、材料、设备等供需状况		
8	隐患排查与处理	做好日常巡检和定期观测，并进行及时、全面的记录，发现安全隐患时，应及时处理并向企业主管领导报告	《尾矿库安全技术规程》第6.1.4条	查观测记录资料		
		尾矿坝的位移监测每年不少于4次，位移异常变化时应增加监测次数；尾矿坝的水位监测包括库水位监测和浸润线监测；水位监测每月不少于1次，暴雨期间和水位异常波动时应增加监测次数	《尾矿库安全技术规程》第7.2.1条	查制度和观测记录资料		
9	应急救援	生产经营单位应当针对垮坝、漫顶等生产安全事故和重大险情制定应急救援预案，并进行预案演练	《尾矿库安全监督管理规定》第7条	查应急预案是否制定		
		应急救援预案种类： 1）尾矿坝垮坝； 2）洪水漫顶； 3）水位超警戒线； 4）排洪设施损毁、排洪系统堵塞； 5）坝坡深层滑动； 6）防震抗震； 7）其他	《尾矿库安全技术规程》第6.2.2条	查各类应急预案是否制定		

序号	检查内容	检查标准或依据	法规依据	检查方法	检查结果	执法建议
9	应急救援	应急救援预案内容： 1）应急机构的组成和职责； 2）应急通信保障； 3）抢险救援的人员、资金、物资准备； 4）应急行动； 5）其他	《尾矿库安全技术规程》第6.2.3条	查应急预案内容是否俱全		
		生产经营单位应当制定本单位的应急预案演练计划，根据本单位的事故预防重点，每年至少组织一次综合应急预案演练或者专项应急预案演练，每半年至少组织一次现场处置方案演练	《生产安全事故应急预案管理办法》第26条	查应急预案演练计划和执行情况		
		应急预案演练结束后，应急预案演练组织单位应当对应急预案演练效果进行评估，撰写应急预案演练评估报告，分析存在的问题，并对应急预案提出修订意见	《生产安全事故应急预案管理办法》第27条	查应急预案演练效果评估报告		
10	事故处理	事故发生单位应当按照负责事故调查的人民政府的批复，对本单位负有事故责任的人员进行处理	《生产安全事故报告和调查处理条例》第32条	查负有事故责任的人员处理情况		
		事故发生单位应当认真吸取事故教训，落实防范和整改措施，防止事故再次发生	《生产安全事故报告和调查处理条例》第33条	查落实防范措施和整改措施的情况		
11	劳动保护	生产经营单位应向从业人员如实告知作业场所和工作岗位存在的危险因素、防范措施以及事故应急措施	《安全生产法》第38条	询问作业人员对作业场所危险有害因素是否知情		
		生产经营单位必须为从业人员提供符合国家标准或者行业标准的劳动防护用品，并监督、教育从业人员按照使用规则佩带、使用	《安全生产法》第36条	检查作业现场、查阅资料		
		生产经营单位与从业人员签订劳动合同，说明有关保障从业人员劳动安全、防止职业危害的事项，以及依法为从业人员办理社会保险事项	《安全生产法》第44条	查劳动合同和社会保险		
检查总体结论：			检查人员签字：		被检查单位主要负责人签字：	

表 1-4　尾矿库安全生产基本条件安全检查表

企业名称：　　　　　　　　　　　　　　　　　　　　　　　　　　　　检查时间：

序号	检查内容	检查标准或依据	法规依据	检查方法	检查结果	执法建议
1	库区环境	未经尾矿库管理单位同意、技术论证及原尾矿库建设审批的安全生产监督管理部门批准，任何单位和个人不得在库区从事爆破、采砂等危害尾矿库安全的活动	《尾矿库安全监督管理规定》第 22 条	查阅有无批准文件，检查库区现状		
		矿山企业应当根据国家有关规定，按照不同作业场所的要求，设置矿山安全标志	《矿山安全法实施条例》第 40 条	检查库区现场，有无安全警示标志		
2	尾矿坝	初期坝上下游坡比应满足规程要求，同时不陡于设计规定的坡度	《尾矿库安全技术规程》第 5.3.15 和 5.3.23 条	查阅设计资料，检查初期坝		
		坝下渗水量正常，水质清澈，无混水渗出	《尾矿库安全技术规程》第 6.5.4 条	检查坝体渗水量和是否浑浊		
		堆积坡比符合设计要求，不应陡于设计规定	《尾矿库安全技术规程》第 6.3.2 和 5.3.19 条	检查尾矿坝现场，查阅设计资料		
		下游坡面无严重冲沟、裂缝、塌坑和滑坡等不良现象	《尾矿库安全技术规程》第 6.3.13 条	检查尾矿坝下游坡面		
		尾矿坝下游坡面上不得有积水坑	《尾矿库安全技术规程》第 6.3.10 条	检查尾矿坝下游坡面		
		堆积坝下游坡面上宜用土石覆盖或用其他方式植被绿化，并可结合排渗设施每隔 6~10m 高差设置排水沟	《尾矿库安全技术规程》第 5.3.25 条	检查尾矿坝下游坡面有无绿化和排水沟		
		尾矿堆积坝下游坡与两岸山坡结合处应设置截水沟	《尾矿库安全技术规程》第 5.3.24 条	检查尾矿坝有无截水沟		
		严格按设计要求控制坝体浸润线埋深	《尾矿库安全技术规程》第 6.5.1、6.5.2 和 6.5.4 条	查阅设计资料、浸润线观测资料、现场检查		
		4 级以上尾矿坝应设置坝体位移和坝体浸润线观测设施	《尾矿库安全技术规程》第 5.3.26 条	检查尾矿库现场、查阅监测资料		

序号	检查内容	检查标准或依据	法规依据	检查方法	检查结果	执法建议
2	尾矿坝	副坝坝高、坝型、上下游坡比应满足设计要求	《尾矿库安全技术规程》第5.5.1条	现场检查和查看设计资料		
		建设单位应组织施工、监理、设计等单位的人员组成交工验收机构，进行初期坝、副坝、观测设施等工程验收，并编写验收报告	《尾矿设施施工及验收规程》第2.8.9条	查阅验收报告资料		
		尾矿初期坝与堆积坝坝坡的抗滑稳定性系数应满足规程关于抗滑稳定安全系数要求	《选矿厂尾矿设施设计规范》第3.4.3条	查阅有无坝体稳定性计算资料		
3	排洪防汛	根据设计或尾矿库安全生产年度计划，应保证在洪水来临并达到最高洪水水位时，滩顶安全超高和干滩长度满足规程和设计要求	《尾矿库安全技术规程》第7.1.1~7.1.6条	现场检查、查阅设计资料及安全生产年度计划		
		防洪标准应满足规程中有关不同等别尾矿防洪标准的要求	《尾矿库安全技术规程》第5.4.2条	查阅设计报告		
		排洪系统现状能够满足设计要求的泄水能力，当24h洪水总量小于调洪库容时，洪水排出时间不宜超过72h	《尾矿库安全技术规程》第5.4.6和5.4.7条	查阅设计资料、检查排洪设施是否完好		
		在排水构筑物上或尾矿库内适当地点，应设置清晰醒目的水位标尺，标明正常运行水位和警戒水位	《尾矿库安全技术规程》第5.4.12条	检查尾矿库有无设置明显水位标尺		
		汛期前应对排洪设施进行检查、维修和疏浚，确保排洪设施畅通。根据确定的排洪底坎高程，将排洪底坎以上1.5倍调洪高度内的挡板全部打开，清除排洪口前水面漂浮物	《尾矿库安全技术规程》第6.4.3条	现场检查排洪设施和查阅记录		
		洪水过后应对排洪构筑物进行全面认真的检查与清理，发现问题及时修复，同时，采取措施降低库水位，防止连续降雨后发生垮坝事故	《尾矿库安全技术规程》第6.4.7条	查阅检查记录		
		尾矿库排水构筑物停用后，必须严格按设计要求及时封堵，并确保施工质量。严禁在排水井井筒顶部封堵	《尾矿库安全技术规程》第6.4.8条	现场检查和查阅封堵记录		

序号	检查内容	检查标准或依据	法规依据	检查方法	检查结果	执法建议
4	排放筑坝	上游式筑坝法，应于坝前均匀放矿，维持坝体均匀上升，不得任意在库后或一侧岸坡放矿	《尾矿库安全技术规程》第6.3.4条	现场检查是否均匀放矿		
		坝体较长时应采用分段交替作业，使坝体均匀上升，应避免滩面出现侧坡、扇形坡或细粒尾矿大量集中沉积于某端或某侧	《尾矿库安全技术规程》第6.3.5条	检查尾矿坝现场		
		每期子坝堆筑完毕，应进行质量检查，检查记录需经主管技术人员签字后存档备查	《尾矿库安全技术规程》第6.3.12条	查阅堆坝记录		
检查总体结论：			检查人员签字：		被检查单位主要负责人签字：	

1.3.4.4　矿井建设安全检查表实例（见表 1 – 5）

表 1 – 5　矿井建设安全检查表

序号	检查内容	依据标准	检查结果	整改意见
1	矿井必须有两个独立的能够行人的、直达地面的安全出口，安全出口的距离不得小于30m	GB 16423—2006 6.1.1.3		
2	每个生产水平（中段）都必须至少有两个行人的安全出口，并与通往地面的安全出口（井口）相通	GB 16423—2006 6.1.1.3		
3	提升竖井作为安全出口时，必须有梯子间，梯子的设置应符合规定要求	GB 16423—2006 6.1.1.4		
4	行人的水平运输井巷，其有效净高和宽度应符合要求，井巷应设人行道	GB 16423—2006 6.1.1.8		
5	井巷的断面应满足行人、运输、通风，安全设施、设备的安装、维修、施工的需要	GB 16423—2006 6.1.1.8		
6	井巷的分道口必须设置路标，并指明所在地点和通往地面的方向	GB 16423—2006 6.1.1.3		

序号	检 查 内 容	依 据 标 准	检查结果	整改意见
7	竖井与各中段连接处必须有足够的照明，栅栏（高度大于1.5m）和栅栏闸	GB 16423—2006 6.1.7.1		
8	在天井、地井、溜井、漏斗口必须设置照明、护栏或格筛、盖板	GB 16423—2006 6.1.7.2		
9	井下必须建立完善通风系统	GB 16423—2006 6.4.2.1		
10	采掘作业面和通风不良的采场应安装局部通风设备	GB 16423—2006 6.4.4.1		
11	定期监测矿井总进风量、总排风量、各尘点的空气含尘浓度、空气中有害气体的浓度	GB 16423—2006 6.4.1		
12	应设专门供水方式，保障防尘用水。其水质符合工业卫生标准要求	GB 16423—2006 6.4.5.4		
13	矿井井口标高必须高于当地历史最高洪水位1m以上	GB 16423—2006 6.6.2.3		
14	矿井下应建设水仓，水仓的容量应保证6~8h的正常渗水量	GB 16423—2006 6.6.4.3		
15	井下排水设备至少应由同类三台泵组成，并装设两条相同的排水管（一条备用）并满足水泵排水要求	GB 16423—2006 6.6.4.1		
16	有详细的水文、地质勘察资料，并绘制矿区水文地质图	GB 16423—2006 6.6.3.1		
17	提升矿车的斜井设有常闭式防跑车装置	GB 16423—2006 6.3.2.6		
18	斜井上部和中间车场，需设阻车器和拦车栏，车通过打开，车过后关闭	GB 16423—2006 6.3.2.6		
检查总体结论：		检查人员签字：		被检查单位主要负责人签字：

1.3.4.5　巷道掘进施工安全检查表实例（见表 1-6）

表 1-6　掘进施工安全检查表

班（组）名称：　　　　　　　　　　　　作业（监察）地点：

序号	检查内容	检查结果	检查标准	处理意见
1	劳保用品是否佩带齐全		应符合规定的要求	
2	携带火工用品是否符合规定		雷管、炸药应分别装箱，携带要符合要求	
3	交接班是否正常		应有现场交接班制度	
4	局部通风设施是否正常		风扇安装运行、风筒悬挂、风流质量应符合要求	
5	电器设备安装是否合格		风电闭锁装置、线路、开关应完好可靠	
6	顶板、支护是否完好		要敲帮问顶，不空顶、空帮，支架应稳固	
7	风、水管路和钻眼器具是否完好		风、水压及管路铺设应符合规定	
8	工作面有无透水征兆		有疑必探，先探后掘	
9	炮眼布置、凿眼顺序是否合理		应按作业规程规定	
10	装药、连线、放炮等程序是否符合规定		应按作业规程规定	
11	放炮后，通风时间是否足够		应不少于 10min	
12	装渣前是否洒水降尘、敲帮问顶		应喷雾洒水，冲洗岩帮，湿式作业，敲帮问顶	
13	瞎炮处理是否符合要求		要按《爆破完全规程》311 条规定处理	

序号	检 查 内 容	检查结果	检 查 标 准	处理意见
14	临时或永久支护是否符合要求		要牢固可靠	
15	装、排渣操作和运输是否符合操作规定		装渣、运输、提升应符合作业规程	
16	施工后的巷道工程质量是否符合设计		应符合作业规程要求	

1.3.4.6 采场安全生产检查表实例（见表1-7）

表1-7 采场安全生产检查表

项 目	检 查 内 容	依 据 标 准	检查结果	整改意见
设 计	每个采场都有经审查批准的单体设计和作业规程	GB 16423—2006 6.2.1.1		
	每个采场（盘区、矿块）都必须有两个出口，连通上、下中段巷道	GB 16423—2006 6.2.1.2		
	矿柱回采和采空区处理方案，必须在回采设计中同时提出	GB 16423—2006 6.2.1.2		
顶板管理	必须建立顶板管理制度，对顶板不稳定的采场，应指定专人负责检查	GB 16423—2006 6.2.1.8 和 6.2.1.2		
	所有采场都必须实行光面控制爆破，达到顶板平整，半面孔完好率达60%以上	GB 6722—2003		
	必须事先进行敲帮问顶，处理顶板和两帮的浮石，确认安全后方准进行作业	GB 16423—2006 6.2.1.7		
	禁止在同一采场同时进行凿岩和处理浮石	GB 16423—2006 6.2.1.7		

项目	检 查 内 容	依 据 标 准	检查结果	整改意见
出口管理	禁止放空溜矿井。溜矿井必须架设格筛	GB 16423—2006 6.2.1.5		
	严禁人员直接站在溜矿井、漏斗的矿石上或进入漏斗内处理堵塞	GB 16423—2006 6.2.1.5		
	行人井、充填井和通风井，都必须保持畅通	GB 16423—2006 6.2.2.10		
	放矿人员和采场内的人员要密切联系，在放矿影响的范围内，不准上下同时作业	GB 16423—2006 6.2.2.4		
	禁止人员在充填井下方停留和通行	GB 16423—2006 6.2.2.10		
照明通风	采场必须有良好的照明；线路架设整齐无明线头	GB 16423—2006 6.2.2.10		
	采场应利用贯穿风流通风，通风不良的采场，必须安装局部通风设备	GB 16423—2006 6.4.4.1 和 6.4.1.7		
	采场内必须坚持湿式作业，矿石毛石堆要洒透水；接尘作业人员必须佩戴防尘口罩	GB 16423—2006 6.4.5		
施工管理	采用上向分层充填法采矿，必须先进行充填井及其联络道施工	GB 16423—2006 6.2.2.10		
	电耙耙矿时，禁止人员跨越钢丝绳	GB 16423—2006 6.2.3.1		
	禁止用铲斗或站在铲斗内撬浮石，禁止用铲斗破大块	GB 16423—2006 6.2.3.2		
	禁止人员从升举的铲斗下通过和停留	GB 16423—2006 6.2.3.2		
	铲运机驾驶座上方，应设牢固的防护篷	6.2.3.2		

检查人员签字：　　　　　　被检查单位主要负责人签字：

1.3.4.7 提升系统安全检查表实例（见表1－8）

表1－8 提升系统安全检查表

项目	检查内容	依据标准	检查结果	整改意见
钢丝绳	（1）选用钢丝绳的安全系数必须符合规定要求，载人时大于9，载物时大于7	GB 16423—2006 6.3.4.3		
	（2）钢丝绳应定期检查并有记录： 1）每日进行检查； 2）每周进行一次检查； 3）每月进行一次全面检查。 所有检查结果，全部记入检查记录簿	GB 16423—2006 6.3.4.6		
	（3）在下列情况下应更换： 1）一个捻距内的断丝数与钢丝总数之比，提升钢丝绳达5%，平衡钢丝绳达10%； 2）外层钢丝直径减少30%或出现严重锈蚀； 3）钢丝绳直径缩小10%	GB 16423—2006 6.3.4.6		
罐笼	（1）载人罐笼必须设能开启的顶盖，罐内装设扶手	GB 1654—1996 4.2.3		
	（2）罐笼应设高度不小于1.2m的安全门，罐门不得向外开	GB 1654—1996 4.2.4		
	（3）升降人员的罐笼，必须装设安全可靠的防坠器。新安装或大修后的防坠器，必须进行脱钩试验；在用的每半年进行一次清洗和不脱钩试验，每年进行一次脱钩试验，不合格的不准使用	GB 1654—1996 4.5.1、4.5.10、5.12		
	（4）禁止同一层罐笼同时升降人员和物料	GB 16423—2006 6.3.3.4		
	（5）罐笼内必须设阻车器	GB 1654—1996 4.5.1		
	（6）提升容器的导向槽（器）与罐道之间的间隙，应符合规程要求	GB 16423—2006 6.3.3.8		

项目	检 查 内 容	依 据 标 准	检查结果	整改意见
信 号	（1）井口及井下各中段马头门车场，都必须设信号装置，各中段均应设专职信号工，各中段发出的信号应互相区别	GB 16423—2006 6.3.3.25		
	（2）井口、中段马头门、提升机室均需悬挂安全、警示标志和相关的布告牌	GB 16423—2006 6.3.3.28		
	（3）井口的信号与提升机应有闭锁装置，并设有辅助信号装置及电话	GB 16423—2006 6.3.3.26		
提升装置	（1）提升装置的天轮、卷筒、主导轮和导向轮的最小直径与钢丝绳直径之比，必须符合规程规定	GB 16423—2006 6.3.5.1		
	（2）卷筒缠绕钢丝绳的层数及在卷筒内紧固钢丝绳头，必须符合规程规定	GB 16423—2006 6.3.5.3		
	（3）提升系统必须设过卷保护装置，过卷高度应符合规程规定	GB 16423—2006 6.3.5.21		
	（4）提升系统的机电控制系统应有符合规程要求的保护	GB 16423—2006 6.3.5.10		
	（5）提升系统应每班检查一次，每周由车间设备负责人检查一次，每月由矿机电负责人检查一次；发现问题及时解决，并将检查结果和处理情况做记录	GB 16423—2006 6.3.3.23		

1.3.4.8　凿岩工凿岩岗位安全检查表实例（见表 1 - 9）

表 1 - 9　凿岩工凿岩岗位安全检查表

检查序号	检 查 项 目	结　论	标　准
1	工作面 CO 浓度（体积分数）		小于 2.4×10^{-3} %
2	工作面粉尘质量浓度		小于 $2\mathrm{mg} \cdot \mathrm{m}^{-3}$
3	局部通风机的风筒口与工作面的距离		压入式小于 10m，抽出式小于 5m
4	两帮顶板是否有浮石		现场检查
5	是否有带药的残眼		现场检查
6	钎杆是否完好		现场检查
7	工作面是否有涌水预兆		

续表1-9

检查序号	检查项目	结论	标准
8	凿岩工是否按规定穿戴防护用品		安全帽、工作服、胶鞋、口罩、照明灯
9	工作面照明		
10	是否有违章操作		

复习思考题

1-1 矿山安全管理的基本内容有哪些?

1-2 矿山企业的安全生产责任制有哪些?

1-3 何为三级安全教育,三级安全教育的对象是哪些?

1-4 特种作业人员教育培训如何进行?

1-5 安全检查的主要内容是什么?

1-6 哪些岗位属于特种作业人员?

2 矿山危险源

2.1 矿山爆破危险

2.1.1 安全爆破技术

2.1.1.1 爆破安全一般规定

（1）矿山爆破使用的爆破器材（起爆器材、传爆器材、炸药）必须是国家批准的正规厂家生产的，从事爆破作业的人员必须取得与职责对应的资格证书，爆破设计、施工、监督、场所符合爆破安全规程（GB 6722—2003）的规定。

（2）地下爆破作业场所不符合要求的不应进行爆破作业：岩体有冒顶或边坡滑落危险的；地下爆破作业区的炮烟浓度超过规定的；爆破会造成巷道涌水，硐室、炮孔温度异常的；作业通道不安全或堵塞的；支护规格与支护说明书的规定不符或工作面支护损坏的；光线不足、无照明或照明不符合规定的。

（3）露天爆破遇到特殊恶劣气候应停止爆破作业，所有人员应立即撤到安全地点：热带风暴或台风即将来临时；雷电、暴雨雪来临时；大雾天气，能见度不超过 100m 时；风力超过 6 级，浪高大于 0.8m 时，水位暴涨暴落时。

（4）采用电爆网路时，应对高压电、射频电等进行调查，对杂散电进行测试；发现存在危险，应立即采取预防或排除措施。

（5）在残孔附近钻孔时应避免凿穿残留炮孔，在任何情况下不应打钻残孔。

（6）爆破人员不应穿戴产生静电的衣物，在实施爆破作业前，应对所使用的爆破器材进行规定项目的检查。

（7）高温高硫矿井爆破、钾矿井下爆破、放射性矿井爆破、矿山爆破要按爆破安全规程的规定操作。

2.1.1.2 爆破器材的安全规定

爆破器材的加工应严格按规定执行：

（1）起爆器材加工，应在专用的房间或指定的安全地点进行，不应在爆破器材存放间、住宅和爆破作业地点加工。

（2）加工起爆管和信号管，应在带有安全防护罩、铺有软垫并带有凸缘的工作台上操作。每个工作台上存放的雷管不得超过 100 发，且应放在带盖的木盒里，操作者手中只准拿一发雷管。

（3）切割导火索或导爆管应使用锋利刀具在木板上进行。每盘导火索或每卷导爆管，两端均应切除不小于 5cm。

（4）雷管内有杂物时，不应用工具掏或用嘴吹，应用手指轻轻地弹出杂物；杂物弹不出的雷管不应使用。

（5）将导火索和导爆管插入雷管时，不应旋转摩擦。金属壳雷管应采用安全紧口钳紧口，纸壳雷管应采用胶布捆扎牢固或附加金属箍圈后用安全紧口钳紧口。

（6）加工好的起爆管与信号管应分开存放，信号管应制作标记。

（7）加工起爆药包和起爆药柱，应在指定的安全地点进行，加工数量不应超过当班爆破作业用量。

2.1.1.3 爆破网路的安全规定

A 电力起爆网路的规定

（1）同一起爆网路，应使用同厂、同批、同型号的电雷管；电雷管的电阻值差不得大于产品说明书的规定。

（2）电爆网路不应使用裸露导线，不得利用铁轨、钢管、钢丝作爆破线路，爆破网路应与大地绝缘，电爆网路与电源之间宜设置中间开关。

（3）起爆电源功率应能保证全部电雷管准爆；流经每个雷管的电流应满足：一般爆破，交流电不小于 2.5A，直流电不小于 2A；硐室爆破，交流电不小于 4A，直流电不小于 2.5A。

（4）电爆网路的导通和电阻值检查，应使用专用导通器和爆破电桥，专用爆破电桥的工作电流应小于 30mA。爆破电桥等电气仪表，应每月检查一次。

（5）雷雨天不应采用电爆网路。

（6）起爆网路的连接，应在工作面的全部炮孔（或药室）装填完毕，无关人员全部撤至安全地点之后，由工作面向起爆站依次进行。

B 导爆索起爆网路的规定

（1）切割导爆索应使用锋利刀具，不应用剪刀剪断导爆索。

（2）导爆索起爆网路应采用搭接、水手结等方法连接；搭接时两根导爆索搭接长度不应小于 15cm，中间不得夹有异物和炸药卷，捆扎应牢固，支线与主线传爆方向的夹角应小于 90°。

（3）连接导爆索中间不应出现打结或打圈；交叉敷设时，应在两根交叉导爆索之间设置厚度不小于 10cm 的木质垫块。

（4）起爆导爆索的雷管与导爆索捆扎端端头的距离应不小于 15cm，雷管的聚能穴应朝向导爆索的传爆方向。

C 导爆管起爆网路的规定

（1）导爆管网路应严格按设计进行连接，导爆管网路中不应有死结，炮孔内不应有接头，孔外相邻传爆雷管之间应留有足够的距离。

（2）用雷管起爆导爆管网路时，起爆导爆管的雷管与导爆管捆扎端端头的距离应不小于 15cm，应有防止雷管聚能穴炸断导爆管和延时雷管的气孔烧坏导爆管的措施，导爆管应均匀地敷设在雷管周围并用胶布等捆扎牢固。

（3）用导爆索起爆导爆管时，宜采用垂直连接。

各种起爆网路均应按照工程要求进行试验、检查。

2.1.1.4　炮孔装药的安全规定

A　人工装药

应使用木质或竹制炮棍，不应投掷起爆药包和敏感度高的炸药，应防止后续药卷直接冲击起爆药包。发生卡塞时，若在雷管和起爆药包放入之前，可用非金属长杆处理。装入起爆药包后，不应用任何工具冲击、挤压。在装药过程中，不应拔出或硬拉起爆药包中的导火索、导爆管、导爆索和电雷管脚线。

B　机械化装药

装药车、装药器必须符合爆破安全规程的规定，输药风压不应超过额定风压的上限值；拔管速度应均匀，并控制在 0.5m/s 以内；现场混制装药的程序应严格遵守爆破安全规程的规定。

2.1.1.5　炮孔填塞的安全规定

（1）硐室、深孔、浅孔、药壶、蛇穴爆破装药后都应进行填塞，不应使用无填塞爆破（扩壶爆破除外）。

（2）不应使用石块和易燃材料填塞炮孔，水下炮孔可用碎石渣填塞。

（3）水平孔和上向孔填塞时，不应在起爆药包或起爆药柱至孔口段直接填入木楔。

（4）不应捣鼓直接接触药包的填塞材料或用填塞材料冲击起爆药包。

（5）分段装药的炮孔，其间隔填塞长度应按设计要求执行。

（6）发现有填塞物卡孔应及时进行处理（可用非金属杆或高压风处理）。

（7）填塞作业应避免夹扁、挤压和拉扯导爆管、导爆索，并应保护雷管引出线。

2.1.1.6　爆破警戒与检查

（1）在警戒区边界设置明显标志并派出岗哨，执行警戒任务的人员，应按指令到达指定地点并坚守工作岗位。起爆信号发出后，才能准许负责起爆的人员起爆，确认安全后，方可发出解除爆破警戒信号。

（2）爆后应超过 15min 后才能进入爆区检查，确认有无盲炮，露天爆破有无危坡、危石；地下爆破有无冒顶、危岩，支撑是否破坏，炮烟是否排除。发现盲炮及其他险情，应及时上报或处理。

2.1.1.7　露天采矿爆破安全

（1）在人口密集区不应采用裸露药包爆破。其他裸露药包爆破，应严格警戒、采取可靠的安全措施。

（2）应采用电雷管、非电导爆管雷管或导爆索起爆。采用电爆网路时，应将各连接点导通并对地绝缘，防止多点接地；电雷管应该短路，采用地表延时非电导爆管网路时，孔内宜装高段位雷管，地表用低段位雷管。在装药和填塞过程中，应保护好起爆网路；如发生装药阻塞，不应用钻杆捣捅药包。

（3）临近永久边坡和堑沟、基坑、基槽爆破，应采用预裂爆破或光面爆破技术，布置在同一平面上的预裂孔、光面孔，宜用导爆索连接并同时起爆，预裂爆破、光面爆破均应采用不耦合装药，预裂爆破、光面爆破都应按设计进行填塞。

2.1.1.8　地下采矿爆破安全

（1）井下炸药库30m以内的区域不应进行爆破作业。在离炸药库30～100m区域内进行爆破时，任何人不应停留在炸药库内。

地下爆破时，应在警戒区设立警戒标志。发布的"预警信号"、"起爆信号"、"解除警报信号"，应采用适合井下的声响信号，并明确规定和公布各信号表示的意义。

（2）间距小于20m的两个平行巷道中的一个巷道工作面需进行爆破时，应通知相邻巷道工作面的作业人员撤到安全地点。

（3）井、盲竖井、斜井、盲斜井或天井的掘进爆破，起爆时井筒内不应有人；井筒内的施工提升悬吊设备，应提升到施工组织设计规定的爆破危险区范围之外。

（4）天井爆破前应将人行格和材料格盖严，充分通风后应两人同时进行检查，用吊罐法施工时，爆破前应摘下吊罐。

（5）浅孔爆破采场，应通风良好，支护可靠，留有安全矿柱，设有两个或两个以上安全出口，装药前应检查采场顶板，确认无浮石、无冒顶危险方可开始作业。地下深孔爆破装药开始后，爆区50m范围内不应进行其他爆破。地下开采二次爆破应遵守安全规程。

（6）用爆破法处理溜井堵塞，不允许作业人员进入溜井，处理人员应该持有爆破证。

2.1.1.9　盲炮处理的安全规定

（1）禁止拉出或掏出起爆药包。

（2）电力起爆发生盲炮时，必须立即切断电源，及时将爆破网路短路。

（3）处理好盲炮后应该仔细检查爆堆，将残余的爆破器材收集起来，未判明爆堆有无残留的爆破器材前应该采取防范措施。

（4）导爆索和导爆管网路发生盲炮时，应该首先检查导爆管是否有破损或断裂，如果有破损或断裂，则应该修复后重新起爆。

（5）每次处理盲炮必须由处理者填写登记卡片或提交报告，说明盲炮原因、处理的方法和结果。

2.1.2　爆破施工安全管理

爆破施工安全管理主要包括爆破作业场所、起爆方式方法、炮孔装药与填塞、装药及起爆时警戒与信号、爆后检查及盲炮处理等内容。在爆破作业点进行爆破作业时，必须严格按照"2.1.1安全爆破技术"中规定的要求执行。否则，禁止进行爆破作业。

2.1.3　爆破事故

2.1.3.1　爆破事故产生原因

（1）炮烟中毒，爆破后过早进入工作面，看回头炮。爆破过程中发生的恶性炮烟中毒事故，多半是因为炸药燃烧所引起的。炸药燃烧，产生大量有毒气体。在井下空间有限的条件下，有毒气体随主风流流向采掘工作面，导致恶性炮烟中毒事故，造成人身重大伤亡。还有一些是因为爆破后通风时间不够，或通风设施不良以及过早进入工作面，所造成炮烟中毒事故。

（2）盲炮处理不当，打残眼造成事故。为了预防盲炮和残眼造成爆破伤亡事故的发生，除加强现场施工管理和严格执行爆破技术操作规程外，应从爆破器材的选用、爆破技术提高方面寻找原因。

（3）警戒不严，信号不明，安全距离不够。应加强安全管理，严格执行爆破安全规程。

（4）电气爆破事故。电气爆破事故是在爆破过程中，用非爆破电桥测量雷管电阻，以及雷电、杂电和静电引起的早爆事故。

（5）炸药雷管销毁处理不当。爆破器材的销毁必须严格执行爆破安全规程中关于爆破器材的规定。

（6）飞石事故。露天爆破时，由于药包最小抵抗线掌握不准，装药过多，造成爆破飞石超过安全允许范围，击中人身、建筑物、设备。

2.1.3.2　爆破事故的预防

A　早爆事故的预防

a　产生早爆事故的主要原因

（1）矿井内杂散电流引爆电雷管。

（2）压气装药时所产生的静电引爆电雷管。

（3）硫化矿内，硝铵炸药的自爆。

（4）露天爆破雷电危害。

b　杂散电流的预防措施

（1）降低牵引网路的电阻，防止漏电。牵引网路产生的杂散电流，主要原因是铁轨接头电阻过大，线路敷设不合理，回馈点选择不当等，造成大量漏电所致。

（2）进行爆破作业时，局部停电或全部停电。

（3）撤出爆破区内的金属物体，如铁轨、风管、水管和散落的金属物等。

（4）严格敷设和管理电爆网路。

c　静电的预防措施

（1）保证装药车或装药器具有良好的接地装置。

（2）输药管用导电性良好的材料制作，如采用半导电的塑料软管。

（3）采用导爆索起爆，或在高温条件下采用孔底起爆，并在连线前，脚线要短路。

（4）采用抗静电电雷管。

d　硫化矿内药包自爆的预防

（1）装药前，测量各炮眼内的温度，如超过 $35 \sim 40℃$ 时，要采取相应的降温措施，如灌泥浆等。

（2）装药时，避免粉矿与炸药直接接触，如将药包浸蜡，使其与粉矿隔离，从而也就消除了炸药低温分解的外界因素。

（3）采取快速装药时，对有自爆危险的炮眼留在最后装填。

e　雷电预防措施

为了预防雷电引起爆破材料的意外爆炸，在炸药厂和炸药库设置可靠的避雷装置。在露天爆破遇有雷雨时，禁止采用电雷管起爆，如突然遇有雷雨时，应将电爆网路短路，人员撤离危险区，大规模爆破，最好要避开雷雨季节。

B 盲炮的预防和处理

在爆破工作中，由于各种原因造成起爆药包（雷管或导爆索）拒爆和炸药未爆的现象称为盲炮。爆破中发生盲炮如未及时发现或处理不当，潜在危险极大。往往因误触盲炮、打残眼或摩擦震动等引起盲炮爆炸，以致造成重大伤亡事故。

a 防止盲炮的措施

产生盲炮的主要原因有：

（1）雷管、导火索或导爆索本身在制造和保管上的缺陷。如电雷管桥线裂断或与硝化棉引火剂接触不良；导火索断药或燃速不均；雷管、导火索和导爆索受潮；导火索和导爆索浸油渗入药芯等等。

（2）操作工艺上的问题。如电雷管的个别脚线未挂在母线上，折断脚线；点炮时造成漏点、带炮或点火次序错误；爆破网路短路、接地或连接错误；导火索与雷管连接不紧等。

防止产生盲炮的措施如下：

（1）改善保管条件，包括防止雷管、导火索和导爆索受潮；发放前严格检验爆破材料，对质量不合格的应予及时处理；发放时对电雷管是否是同厂同批生产应予检查；在同一网路上使用的雷管，其康铜桥丝雷管的电阻差不超过 0.3Ω，镍铬桥丝雷管的电阻差不超过 0.8Ω；对不同燃速的导火索要分批使用。

（2）改善爆破网路质量及连接方法，包括网路设计应保证准爆条件，设置专用爆破线路；防止接地和短路；避免电源中性点接地；加强对网路的测定或敷设质量的检查。

（3）改善操作技术，包括对火雷管要保证导火索与雷管紧密连接，避免导火索与雷管、雷管与药包脱离；对电雷管要避免漏接、接错和防止折断脚线；经常检查开关、插销和线路接头；导爆索网路要注意接法正确，加强网路的维护工作。

在有水的工作面装药时，应采取可靠的防水措施，避免爆破材料受潮。

b 盲炮的处理

发现盲炮要及时处理。处理方法要确保安全，力求简单、有效。不能及时处理的盲炮，应在附近设有明显标志，并采取相应措施。处理盲炮时，禁止无关人员在附近做其他工作。在有自爆可能性的高硫、高温矿床内，产生盲炮后应划定危险区。在交班时，必须将盲炮的地点、个数和周围情况向下一班交代清楚。盲炮处理后，要检查和清理残余的未爆的爆破材料，确认安全方可除去警戒标志，进行施工作业。

C 预防中毒事故

a 井下炮烟中毒原因

（1）掘进工作面停风或风量不足，风筒有破损漏风处，或局部通风机的风筒口距离迎头太远，无法把炮烟吹散排出。

（2）掘进工作面爆破后，炮烟尚未排除就急于进入爆破地点。

（3）炸药变质引起炸药爆燃，使一氧化碳、氮的氧化物大量增加，导致作业人员中毒的可能性增大。

（4）工作面爆破时，爆破工在回风流中起爆，或爆破距离过近，炮烟浓度大，又不能及时排出。

（5）长距离单孔掘进工作面爆破后，炮烟长时间飘游在巷道中，使人慢性中毒。

（6）工作面杂物堆积影响通风或使用串联通风。

b　避免炮烟中毒措施

除了根据上述爆破瑕疵改善爆破条件外，还应该加强下列问题：

（1）可靠的矿井通风系统。井下爆破产生大量的有毒气体，各种作业产生大量的粉尘，治理有毒有害物质最传统也是最有效的方法是进行通风。通风系统中，应尽量减少漏风，提高有效风量率。井口密闭门、风门、风墙、风桥、调节风窗等通风构筑物都必须加强质量，严防漏风，保证井下风流的稳定性。

（2）加强局部通风。利用局部通风机做动力，通过风筒引导风流的通风方法是掘进防止炮烟中毒的主要方法。

应该注意局部通风的风筒口与作业面的距离，坚持压入式通风不得超过 10m，抽出式通风不得超过 5m，混合式通风压入风筒不得超过 10m，抽出风筒应滞后压入风筒 5m 以上。

（3）用富水炮泥减少炮烟中的有毒气体和粉尘。专用水炮泥和富水炮泥在炮孔中做炸药填塞物，能有效减少炸药爆破生成的一氧化碳等有毒气体和粉尘。

（4）炮烟净化。对已生成的炮烟进行净化，可以极大地减少炮烟中毒，同时能够减少主扇的负担，降低矿井风量，有一定的经济效益。

2.2　矿山脱落与坠落危险

2.2.1　矿山脱落危险

由于岩体本身地质构造和力学结构的影响，岩体发生部分从整体上分离的现象，就是脱落。矿山生产施工中常出现的脱落现象有巷道硐室片帮和冒顶、溜井充填井刷大俗称"脱裤子"、采场片帮和冒顶。对安全影响最大的是冒顶，冒顶成为金属矿最大的安全隐患，也是占第一位的安全事故。

2.2.1.1　冒顶片帮事故的原因

在采矿生产活动中，最常发生的事故是冒顶片帮事故。冒顶片帮是由于岩石不够稳定，当强大的地压传递到顶板或两帮时，使岩石遭受破坏而引起的。随着掘进工作面和回采工作面的向前推进，工作面空顶面积逐渐增大，顶板和周帮矿岩会由于应力的重新分布而发生某种变形，以致在某些部位出现裂缝，同时岩层的节理也在压力作用下逐渐扩大。

在此情况下，顶板岩石的完整性就破坏了。由于顶板岩石完整性破坏，便出现了顶板的下沉弯曲，裂缝逐渐扩大，如果生产技术和组织管理不当，就可能形成顶板岩矿的冒落。这种冒落就是常说的冒顶事故，如果冒落的部位处在巷道的两帮就称为片帮。

冒顶片帮事故，大多数为局部冒落及浮石引起的，而大片冒落及片帮事故相对较少，因此，对局部冒落及浮石的预防，必须给予足够的重视。

引发冒顶片帮事故的原因有以下几方面：

（1）采矿方法不合理和顶板管理不善。采矿方法不合理，采掘顺序、凿岩爆破、支架放顶等作业不妥当，是导致此类事故的重要原因。例如，某矿矿体顶板岩石松软、节理发达断层裂隙较多，采用了水平分层充填采矿法，加上采掘管理不当，结果使顶板暴露面积过大，致使冒顶事故经常发生；后来改变了采矿方法，加强了顶板管理，冒顶事故就有了显著的减少。

（2）缺乏有效支护。支护方式不当、不及时支护或缺少支架、支架的支撑力和顶板压力不相适应等是造成此类事故的另一重要原因。例如，某矿采场顶板与底盘的走向断层相交形成了三角岩构造，对此本应选用木垛与支柱的联合支护方案，但只打了 40 多根立柱，结果顶板来压后，立柱大部分被压坏，发生了冒顶事故。

一般在井巷掘进中，遇有岩石情况变坏，有断层破碎带时，如不及时加以支护，或支架数量不足，均易引起冒顶片帮事故。

（3）检查不周和疏忽大意。在冒顶事故中，大部分属于局部冒落及浮石砸死或砸伤人员的事故。这些都是事先缺乏认真、全面的检查，疏忽大意等原因造成的。

冒顶事故一般多发生于爆破后 1～2h 这段时间里。这是由于顶板受到爆炸波的冲击和震动而产生新的裂缝，或者使原有断层和裂缝增大破坏了顶板的稳固。这段时间往往又正好是工人们在顶板下作业的时间。

（4）浮石处理操作不当。浮石处理操作不当引起冒顶事故，大多数是因处理前对顶板缺乏全面、细致的检查，没有掌握浮石情况而造成的，如撬前落后、撬左落右、撬小落大等。此外，还有处理浮石时站立的位置不当、撬毛工的操作技术不熟练等原因。有的矿山曾发生过落下浮石砸死撬毛工的事故，其主要原因就是撬毛工缺乏操作知识，垂直站在浮石下面操作。

（5）地质矿床等自然条件不好。如果矿岩为断层、褶曲等地质构造所破坏形成，压碎带或者由于节理、层理发达、裂缝多，再加上裂隙水的作用，破坏了顶板的稳定性，改变了工作面正常压力状况，因而容易发生冒顶片帮事故。对于回采工作面的地质构造不清楚，顶板的性质不清楚（有的有伪顶，有的无伪顶，还有的无直接顶只有老顶），容易造成冒顶事故。

（6）地压活动。有些矿山没有随着开采深度的不断加深而对采空区及时进行处理，因而受到地压活动的危害，频繁引发冒顶事故。

（7）其他原因。不遵守操作规程进行操作，精神不集中，思想麻痹大意，发现险情不及时处理。工作面作业循环不正规，推进速度慢，爆破崩倒支架等，都容易引起冒顶片帮事故。

2.2.1.2 冒顶前的预兆

在大多数情况下，在冒顶之前，由于压力的增大，顶板岩石开始下沉，使支架开始发出断裂声，而后逐渐折断。与此同时，还能听到顶板岩石发出"啪、啪"的破裂声。随着顶板岩石进一步破碎，在冒落前几秒钟，就会发现顶板掉落小碎石块，涌水量也逐渐增大，而后便开始冒落。

顶板冒落之前，岩石在矿山压力作用下开始破坏的初期，其破碎的响声和频率都很低，常常在井下工作人员还没有听到之前，老鼠已有感应。所以在井下岩层大破坏或大冒落之前，有时会看到老鼠"搬家"，甚至可以看到老鼠到处乱窜。

在井下工作的人员，当听到或者看到上述冒顶预兆时，必须立即停止工作，马上从危险区撤到安全地点。必须注意的是，有些顶板本来节理发育裂缝就较多，有可能发生突然冒落，而且在冒落前没有任何预兆

2.2.1.3 冒顶片帮事故的预防

要防止冒顶片帮事故的发生，必须严格遵守安全技术规程，从多方面采取综合预防措施，主要措施如下：

（1）选用合理的采矿方法。选择合理、安全的采选矿方法，制定具体的安全技术操作规程，建立正常的生产秩序和作业制度，是防止冒顶片帮事故的重要措施。

（2）坚持合理的开采顺序。井下采矿要自始至终坚持"三自"开采顺序：自上而下，即上一中段采完再采下一中段；自下盘而上盘，即垂直矿体布置采场时，要从下盘向上盘开采；自一翼向另一翼，即后退式开采，从矿块边界向矿井中央方向后退的开采方式。

金属矿山冒顶事故及空场大塌落事故的原因分析表明，不坚持开采顺序的合理性，片面追求产量、品位而超越中段先下后上，采富弃贫或先行掏中下盘、挖墙脚、采保护矿柱等违序乱采往往是灾害的祸根。因此，要集中一个中段、一个采场或一个分段的掘进、落矿和出矿工作，避免多中段、多采场分散作业；要集中作业，强化开采不仅可提高采场单位面积矿石产量，缩短生产周期，更主要的安全作用在于，在围岩不稳定的情况下，在大的地压来临之前，在一段相对稳定的时间内，把采准、落矿、出矿工作抢先完成，以躲过大的地压威胁，避免采场坍塌和冒顶事故的发生。

（3）搞好地质调查工作。对于工作面推进地带的地质构造要调查清楚，通过危险地带时要采取可靠的安全措施。

（4）加强工作面顶板的管理与支护和维护。为了防止掘进工作面的顶板冒落，永久支架与掘进工作面之间的距离不得超过3m，如果顶板松软，这个距离还应缩短。在掘进工作面与永久支架之间，必须架设临时支架。

建立顶板分级管理制度。根据矿山顶板矿岩的软硬稳固程度、地质构造的破坏情况，采场跨度的大小及透水性等因素，将顶板分为三级进行管理。

具有下列情况之一者为一级顶板：

1）顶板岩石特别松软，层理节理发育，有较大的压碎带，呈破碎状态者。

2）有较大的断层和较多的中小断层，或岩层交错形成三角岩体者。

3）采场超过规定跨度，或开采最后一分层时。

4）顶板有较大的渗透水者。

一级顶板管理主要措施有：

1）要根据不同的地质条件，选用合理的采矿方法，尽量减少采矿作业人员暴露在大面积的顶板条件下作业。

2）采用合理的开采顺序，采取快掘、快采、快出的办法，缩短生产周期。

3）要采取长锚索、短锚杆、木支护及多种方法联合支护的方法维护顶板。

4）采用光面控制爆破方法落矿。

5）实行顶板三次检查制（班前、班中、班后），加强经常性的检查，及时处理顶板

浮石，有人作业时要设专人监护。

符合二级顶板的情况是：顶板矿岩较松软，层理节理较发达，断层不多，顶板有时出现中小型三角岩体或有局部渗水者。

二级顶板管理措施是：

1）要根据不同的地质条件，选用合理的采矿方法，尽量减少采矿作业人员暴露在大面积的顶板条件下作业。

2）采用合理的开采顺序，采取快掘、快采、快出的办法，缩短生产周期。

3）采用光面控制爆破方法落矿。

4）采用锚杆支护。

5）实行顶板三次检查制（班前、班中、班后），加强经常性的敲帮问顶。

顶板矿岩较稳固、层理节理不发达，断层不明显，属于三级顶板。对三级顶板应采用光面控制爆破方法落矿，加强经常性的敲帮问顶工作。

必须加强工作面顶板的管理，对所有井巷均要定期检查，如发现有弯曲，歪斜、腐朽、折断、破裂的支架，必须及时进行更换或维修。要选择合理的支护方式，支架要有足够的强度。采用锚杆支护、喷射混凝土支护、锚喷联合支护等方法维护采场和巷道的顶板。支护要及时，不要在空顶下作业。

（5）及时处理采空区。矿山开采应处理好采矿与空区处理的关系，采用正确的开采顺序，及时充填、支护或崩落采空区。

正确选择支护形式。依据矿床赋存情况、矿岩稳定性、矿石的价值、回采方式等因素，采空区在回采期间的支撑手段可概括分为：

1）自然支撑。在留矿法中，由于围岩稳固或较为稳固，只要采场跨度、矿岩的暴露面积、时间控制在允许范围内，就能充分利用矿体本身的矿柱支撑力，达到管理地压的目的。自然支撑控制顶板的要点是合理确定矿房和矿柱的尺寸，保持矿柱和围岩的完整。

2）充填支撑。以废石、水沙等充填料充填支撑空区是充填采矿法管理地压的主要手段。实践表明，充填及时而足量可以有效控制围岩大面积冒顶塌方，并可提高矿柱的稳定性，还可减缓和控制岩层移动，防止冲击地压，减少冒顶片帮事故。

3）崩落围岩。崩落法管理顶板的实质是随着矿石被采出，有计划地崩落矿体顶盘的覆盖岩石或上下盘围岩，利用其膨胀率增加的碎石充填采空区。这种方法，中段不再划分为矿房与矿柱，而是沿矿体走向按合理顺序连续进行开采，使整个回采工作面始终在已崩落围岩的支撑掩护下进行，崩落的围岩随着矿石下移，边采边消除采空区。这种支撑控顶方法的关键在于保护好采场底部结构，搞好电耙道的维护。

4）控制爆破。在采场落矿过程中采用光面控制爆破技术，爆破后较好地保证了采场顶板的完整，浮石大量减少。对于矿岩较破碎的采场，积极推广应用锚杆支护、长锚索和金属网支护、喷射混凝土等联合支护技术。这些措施增强顶板抗冒落的能力，大大减少了冒顶片帮事故的发生。

（6）坚持正规循环作业。要坚持正规循环作业，加快工作进度，减少顶板悬露时间。

（7）加强对顶板和浮石的检查与处理。浮石是采场和掘进工作面爆破后极为常见的现象，要严格检查和清理浮石，防止浮石掉落而造成伤亡事故。它是冒顶事故中伤人最多、频率最高的常见的顶板伤亡事故。采矿场作业班长、段长、区长必须经常携带长把手锤等撬浮石工具，每班进行"敲帮问顶"。检查浮石时要有良好的照明，不准进行其他作业。浮石处理必须及时、细致，不能半途而废；一时撬不成的大块浮石，应用炸药崩落或架设临时支架。

可采用简易方法和仪器对顶板进行检查与观测。常用的简易方法有木楔法、标记法、听音判断法、震动法等。此外，还可采用顶板警报器、机械测力计、钢弦测压仪、地音仪等仪器观测顶板及地压活动。

2.2.1.4　顶板事故检测方法

A　声测法

声测法是利用声学原理来判断岩石的完整性和破坏程度的方法，其中有：

（1）声撞击法。此即常用的"敲帮问顶"法，工人利用手锤或撬棍敲击岩石，以判断岩体的完整性。它所根据的原理是岩石受到外来撞击时，由于振动而发声。脱离母体的松石，其振动频率较低，发出的声音比较沙哑、低沉；整体岩石则发出清脆响亮的声音，由此可检查发现浮石。

（2）声发射法。岩体内部发生破坏时，同时会发出声响，通常称为"地音"。注意监听所发出的声响，可以了解地压情况。

监听有以下两种方法：

（1）人工听声。响声由疏到密，频率逐渐增加并夹杂零星掉碴，这是大规模地压显现的前奏期；响声频度剧增，且由清脆炮声至闷雷声，掉碴频繁，这是剧烈的大规模地压显现即将发生的高潮期；响声由密到疏，逐渐减小，这是地压活动逐渐稳定的尾声。

（2）地音仪监听。其由主放大器、探头和耳机组成。这是人工听声的仪器化，它的灵敏度高，能听到用耳朵听不到的声音。利用地音仪还可判断岩层破坏的发展趋势和波及范围，预报岩体崩落的可能性和时间，以便及时采取预防措施。

B　裂缝调查法

这是我国金属矿山当前对地压显现进行现场观察的一种主要方法。岩体发生破坏时，必然在其中产生一些裂隙，观察这些裂隙的变化情况，便可圈定大规模地压显现的范围及判断地压发展的趋势。

C　观察围岩的相对移动

简易的测量仪器有滑尺、滑尺移动量警报器等。常用的有多点位移计。多点位移计用于测量巷道及采场岩体内部的位移量。把它埋在钻孔中，根据测量结果可以定期地了解围岩内部不同深度的位移量、位移速率、位移范围及其随时间的变化。多点位移计有杆式、弦式和可分离式三种。

D　微震检测仪

根据声发射同时产生微震的原理，采集监测微震频度，测定发生微震的位置，以预报岩体发生破坏的可能性与发生的时间，是一种较先进的监测岩体破坏的设备。

2.2.2　矿山坠落危险

坠落包含两层含义：人本身从高处坠落（坠入）；高空坠落物品。这两点都会造成人身伤亡事故，矿山开采容易发生坠落的场所有露天采矿台阶、大型设备维修现场、天井、溜井、充填井、竖井、井架、斜井、硐室等。

2.2.2.1　坠落产生的原因

A　提升井坠落

（1）竖井井口和各中段井底车场无防坠设施或防坠设施不完善或有缺陷；井口和各中段无安全门或没有与提升机进行联锁，或联锁失效，阻车器损坏。

（2）罐笼无罐笼门、井口无安全门或有门而不使用等造成在竖井中坠落。

（3）竖井提升管理混乱，违章违规现象严重，缺乏个体防护思想，违章乘罐，信号工责任心不强，人货混装，卷扬与信号错误。

具体表现为：

1）人员误进入井口而坠落。在罐笼没有停在井口的情况下，人员不注意而误走向井口，或误向井口推车而同矿车一起坠井。

2）沿罐笼与井壁之间的间隙坠落。当罐笼与井口边缘之间的间隙过大，稳罐装置发生故障时，上、下罐笼的人员不注意而坠井。

3）从罐笼上坠落。没有按规定关上罐笼门，乘罐人员相互拥挤、打闹而从罐笼上坠落。

B　其他场所坠落

（1）在梯子间或人行井里发生坠落。由于梯子间设计不合理、梯子或梯子平台损坏、人员不注意等原因，在梯子间或人行井中通行的人员可能发生坠落。

（2）爬天井、在天井内施工发生坠落，或有物品坠落，由于天井梯子损坏、年久失修、违章多人同踩一节梯子，未按规程保护随身工具，造成工具坠落。

（3）井筒维修发生人身坠落或物品坠落，未按规程佩带安全带和保护物品。

（4）坠入溜井，溜井口未按规定设置挡墙、栅栏、警示牌，照明不好，精神不集中。

（5）检修设备，造成人身坠落或物品坠落。

2.2.2.2　坠落事故的预防

（1）加强对竖井口的安全管理。井口信号工对井口的安全管理负有重要责任。信号工在发出提升信号之前必须看清罐笼内和井口附近人员情况，关好罐笼门和井口安全门，防止人员进入危险位置。

（2）加强对乘罐人员的安全教育。乘罐人员应听从井口信号工的指挥。在确认罐笼不再运行（或误运行）之后再行动，不要抢上抢下。上、下罐时应精神集中，听清信号。对周围的人要关心照顾。

（3）加强对提升信号的管理。经常检查信号装置，保证设备处于最佳状态，加强对信号工的教育和管理，增强安全意识和责任心。

（4）按照规程对提升设备进行检查和保养，保证提升设备工作正常，特别是竖井的防坠器、过卷保护装置，斜井的挡车器、常闭式防跑车装置。

（5）采用卷扬与井口安全门联锁，避免事故发生。

（6）消除或减少高差。使溜井、漏斗经常充满矿石，把溜井、地井加盖。

（7）在高差超过2m的天井、溜井井口设置围栏，梯子设置扶手，密闭井口门，并设标志、照明、护栏或格筛、盖板，防止坠物。

（8）安设符合安全要求的梯子间，以保证人员通过竖井或人行井时的安全。

（9）高空作业佩带和使用安全带。

（10）上下天井等井筒做好联系，防止坠物伤人。

2.3　矿山机电危险

矿山的生产机电设备可以分为采矿设备、提升运输设备、井巷施工设备及水电空压通风辅助设备。采矿设备主要包括凿岩装药设备（浅孔、深孔、凿岩台车、装药机）、出矿设备（铲运机、装载机、电耙）；提升运输设备包括井下窄轨铁路运输系统设备（铁路电机车、矿车）、井下运输汽车、皮带运输系统、罐笼井提升系统设备、箕斗井提升系统设备、井巷施工设备包括装岩机、转运机、混凝土喷射器、吊罐、爬罐、钻机；水电空压通风辅助设备包括空压机、主扇、辅扇、水泵、变电电气等。

2.3.1　矿山电气安全

2.3.1.1　供电安全要求

（1）供电可靠。对矿山企业的重要负荷，如主要排水、通风与提升设备，一旦中断供电，可能发生矿井淹没、有毒有害气体聚集或停罐甚至坠罐等事故。采掘、运输、压气及照明等中断供电，也会造成不同程度的经济损失或人身事故。根据对供电可靠性要求的不同，矿山电力负荷分为以下三级。

一级负荷：凡因突然中断供电会危及人员生命安全，重要设备损坏报废，造成重大经济损失的均属一级负荷，如排水、通风、提升。一级负荷应采用两个独立的线路供电，其中任何一条线路发生故障，其余线路的供电能力应能担负全部负荷。

二级负荷：凡因突然停电会严重减产，造成重大经济损失的为二级负荷，如铲运机、电机车、牙轮钻机、挖掘机等。二级负荷的供配电线路一般应设一回路专用线路；有条件的，可采用两回线路。

三级负荷：凡不属于一级和二级负荷的为三级负荷，三级负荷一般采用单回路专线供电。

（2）供电高效。矿山生产的工作环境特殊，必须按照安全规程的有关规定进行供电，确保安全生产。供电质量高，电压和频率在额定值和允许的偏差范围内，电能损耗少及维护费用低。

（3）电压标准。根据安全规程规定供电电压分别为：

1）露天矿和地下矿地面高压电力网的配电电压，一般为 6kV 和 10kV。井下高压配电，一般为 6kV。

2）露天矿场和地下矿山的地面低压配电，一般采用 380V 和 380/220V。井下低压网路的配电电压，一般采用 380V 或 660V。

3）照明电压、运输巷道、井底车场，应不超过 220V；采掘工作面、出矿巷道、天井和天井至回采工作面之间，应不超过 36V；行灯或移动式电灯的电压应不超过 36V。

4）携带式电动工具的电压，应不大于 127V。

5）电机车供电电压，采用交流电源应不超过 400V；采用直流电源应不超过 600V。

6）在金属容器和潮湿地点作业，安全电压不得超过 12V。

2.3.1.2 用电安全保护

（1）中性点接地方式。供电系统的电源变压器中性点采用何种接地方式，对于电气保护方案的选择和电网的安全运行关系极大。低压供电系统一般有两种供电方式，一种是将配电变压器的中性点通过金属接地体与大地相接，称中性点直接接地方式；另一种是中性点与大地绝缘，称中性点不接地方式。这两种接地方式各有千秋，应该根据矿山线路情况决定采用哪种方式。

（2）接地和接零。在电力系统中，电气装置绝缘老化、磨损或被过电压击穿等原因，都会使原来不带电的部分（如金属底座、金属外壳、金属框架等）带电，或者使原来带低压电的部分带上高压电，这些意外的不正常带电将会引起电气设备损坏和人身触电伤亡事故。为了避免这类事故的发生，通常采取保护接地和保护接零的防护措施。

1）保护接地。电气装置正常情况下不带电的金属部分与接地装置连接起来，以防止该部分在故障情况下突然带电而造成对人体的伤害。

2）保护接零。电气设备正常情况下不带电的金属部分用金属导体与系统中的零线连接起来，当设备绝缘损坏碰壳时，就形成单相金属性短路，短路电流流经相线—零线回路，而不经过电源中性点接地装置，从而产生足够大的短路电流，使过流保护装置迅速动作，切断漏电设备的电源，以保障人身安全。

矿山生产要根据安全规程的规定和用电规定分别进行接地或接零。

（3）继电保护。对电力系统中发生的故障或异常情况进行检测，从而发出报警信号，或直接将故障部分隔离、切除的一种重要措施，称为继电保护。对运行中电力系统的设备和线路，在一定范围内经常监测有无发生异常或事故情况，并能发出跳闸命令或信号的自动装置，称为继电保护装置。

（4）漏电保护。电网漏电电流超过设定值时，能自动切断电路或发出信号的功能。矿山生产要根据安全规程的规定和生产用电的场所、电压（电流）、环境采用漏电保护装置。

（5）过电流保护。预定当被测电流增大超过允许值时执行相应保护动作（如使断路器跳闸）的一种措施保护。常用的过电流保护装置有熔断器、热继电器、电磁式过电流继电器。为了保障安全可靠供电，电网或用电设备应装设过电流保护装置。

（6）防雷电保护。雷是一种大气中的放电现象，具有强大的破坏力，可在瞬间击毙人畜，焚毁房屋和其他建筑物，毁坏电气设备的绝缘，造成大面积、长时间的停电事故，甚至造成火灾和爆炸事故，危害十分严重。防雷的主要措施是采用避雷针（线、网）和避雷器。

（7）安全标志。电气安全标志有用于警告的，有用于区别各种性质和用途的。用于警告的标志一般是警告牌或警告提示，如闪电符号、在高压电器上注明"高压危险"的警告语、检修设备的电气开关上挂"有人作业，禁止送电"的警告牌等。表示不同的性质和用途的一般是用颜色来标志，如红色按钮表示停机按钮，绿色按钮表示开机按钮等。还有各种用途的电气信号指示灯。

2.3.1.3　安全供电措施

在电气设备及线路检修及停送电等工作中，为了确保作业人员的安全，应采取必要的安全组织措施和安全技术措施。

A　组织措施

电气安全工作的组织措施具体有三项：

（1）工作票制度。工作票是准许在电气设备或线路上工作以及进行停电、送电、倒闭操作的书面命令。工作票上要写明工作任务、工作时间、停电范围、安全措施、工作负责人等。同时，签发人和工作负责人要在上面签字。签发人必须根据工作票的内容安排好各方面的协调工作，避免误送电。除按规定填写工作票之外的其他工作或紧急情况，可用口头或电话命令。口头或电话命令要清楚，并要有记录。紧急事故处理可不填工作票，但必须做好安全保护工作，并设专人监护。

（2）工作监护制度。工作监护制度是保证人身安全及操作正确的重要措施，可防止工作人员麻痹大意，或对设备情况不了解造成差错；并随时提醒工作人员遵守有关的安全规定。如果万一发生事故，监护人员可采取紧急措施，及时处理，避免事故扩大。

（3）恢复送电制度。停电检修等工作完成后，应整理现场，不得有工具、器材遗留在工作地点。待全体工作人员撤离工作地点后，要把有关情况向值班人员交代清楚，并与值班人员再次检查，确认安全合格后，在工作票上填明工作终结时间。值班人员接到所有工作负责人的完工报告，并确认无误后，方可向设备或线路恢复送电。合闸送电后，工作负责人应检查电气设备和线路的运行情况，正常后方可离开。

B　技术措施

在电气设备和线路上工作，尤其是在高压场所工作，必须完成停电、验电、放电、装设临时接地线、悬挂警告牌、装设遮拦等保证安全的技术措施。

（1）停电。对所有可能来电的线路，要全部切断，且应有明显的断开点。要特别注意防止从低压侧向被检修设备反送电，要采取防止误合闸的措施。

（2）验电。对已停电的线路要用与电压等级相适应的验电器进行验电。

（3）放电。其目的是消除被检修设备上残存的电荷。放电可用绝缘棒或开关来进行操作。应注意线与地之间，线与线之间均应放电。

（4）装设临时接地线。为防止作业过程中意外送电和感应电，要在检修的设备和线路上装设临时接地线和短路线。

（5）悬挂警告牌和装设遮拦。在被检修的设备和线路的电源开关上，应加锁并悬挂"有人作业，禁止送电"的警告牌。对于部分停电的作业，安全距离小于0.7m的未停电设备，应装设临时遮拦并悬挂"止步，高压危险"的标示牌等。

2.3.1.4　安全用电常识

（1）卷扬工、主扇工、水泵工在送电、断电时要按工程的要求穿绝缘水靴、穿戴绝缘手套、脚踩绝缘垫板。

（2）井下放矿工在使用电力启动闸门放矿时，应该按安全工程要求，禁止戴手套按动电源按钮，也禁止使用工具按动按钮。

（3）严禁带电移动井下局扇，需要移动时，要与电工联系，切断电源。

（4）井下携带杆状金属时，特别注意安全，不要接触架线、巷道壁的带电线路。

（5）井下生产过程中，严禁乱动电力设施，主巷照明、架线等用电设施出现问题，应该通知电工修理，禁止私自维修。

（6）铲运机、钻机、挖掘机等设备需要换接供电线路时，应该通知电工操作，严禁私自进行。

2.3.2 矿山机械设备危险

2.3.2.1 机械伤害的原因

机械伤害和其他事故一样，是由人的不安全行为和物的不安全状态及环境因素造成的。

人的不安全行为是指作业人员违反安全操作规程或者是某些失误而造成不安全的行为，以及没有穿戴合适的防护用品而得不到良好的保护。常见的有下列几种情况：

（1）正在检修机器或者刚检修好尚未离开，因他人误开动而被机器伤害。

（2）在机器运转时进行检查、保养或做其他工作，因误入某些危险区域和部位造成伤害。例如人跌入破碎机内，手伸进皮带罩内等。

（3）防护用品没有穿戴好，衣角、袖口、头发等被转动的机械拉卷进去。

（4）设备超载运行造成断裂、爆炸等事故而伤人。如钢丝绳拉断弹击人员等。

（5）操作方法不当或不慎造成事故。如人被装岩机斗或所装的岩石伤害等。

设备的不安全状态是指机械设备先天不足，缺乏安全防护装置，结构不合理，强度达不到要求；或者设备安装维修不当，不能保持应有的安全性能。常见的情况有：

（1）机械传动部分，如皮带轮、齿轮、联轴器等没有防护罩壳而轧伤人，或传动部件的螺钉松脱而飞击伤人。

（2）设备及其某些部件没有安装牢固，受力后拉脱、倾翻而伤人。如电耙绞车回绳轮的固定桩拉脱，链板运输机的机尾倾翻等。

（3）机械某些零件强度不够或受损伤，突然断裂而伤人。

（4）在操作时，人体与机械某些易伤害的部分接触。

（5）设备的防护栏杆、盖板不齐全，使人易误入或失足跌入危险区域而遭伤害。

（6）缺乏必要的安全保险装置，或保险装置失灵而不能起到应有的作用。

工作场所环境因空间狭窄、照明不良、噪声大、物件堆放杂乱等，会影响作业人员的工作，容易引起对机械设备操作失误，造成对人员的伤害。

2.3.2.2 机械伤害预防措施

（1）正确的行为。要避免事故的发生，首先要求作业人员的行为要正确，不得有误。为此，要加强安全管理，建立健全安全操作规程并要严格对操作者进行岗位培训，使其能正确熟练地操作设备；要按规定穿戴好防护用品；对于在设备开动时有危险的区域，不准人员进入。

（2）设备良好的安全性能。设备本身应具有良好的安全性能和必要的安全保护装置。

主要有以下几点：

1）操纵机构要灵敏，便于操作。

2）机器的传动皮带、齿轮及联轴器等旋转部位都要装设防护罩壳；对于设备的某些容易伤人或一般不让人接近的部位要装设栏杆或栅栏门等隔离装置；对于容易造成失足的沟、堑，应有盖板。

3）要装设各种保险装置，以避免人身和设备事故。保险装置是一种能自动清除危险因素的安全装置，可分为机械和电气两类，根据所起作用的不同可分为：①锁紧件，如锁紧螺钉、锁紧垫片、夹紧块、开口销等，以防止紧固件松脱；②缓冲装置，以减弱机械的冲击力；③防过载装置，如保险销（超载时自动切断的销轴）、易熔塞、摩擦离合器及电气过载保护元件等，能在设备过载时自动停机或自动限制负载；④限位装置，如限位器、限位开关等，以防止机器的动作超出规定的范围；⑤限压装置，如安全阀等，以防止锅炉、压力容器及液压或气动机械的压力超限；⑥闭锁装置，在机器的门盖没有关好或存在其他不允许开机的状况使得设备不能开动，在设备停机前不能打开门盖或其他有关部件；⑦制动装置，当发生紧急情况时能自动迅速地使机器停止转动，如紧急闸等；⑧其他保护装置，如超温、断水、缺油、漏电等保护。

4）要装设各种必要的报警装置。当设备接近危险状态，人员接近危险区域时，能自动报警，使操作人员能及时做出决断，进行处理。

5）各种仪表和指示装置要醒目、直观、易于辨认。

6）机械的各部分强度应满足要求，安全系数要符合有关规定。

7）对于作业条件十分恶劣，容易造成伤害的机器或某些部件，应尽可能采用离机操纵或遥控操纵，以避免对人员伤害的可能性。

（3）良好的作业环境条件。要为设备的使用和安装、检修创造必要的环境条件。如设备所处的空间不能过于狭小，现场整洁，有良好的照明等，以便于设备的安装和维修工作顺利进行，减少操作失误而造成伤害的可能性。

（4）加强维修工作。要保证设备的安全性能，除了要设计、制造安全性能优良的设备外，设备的安装、维护、检修工作十分重要，尤其是对于移动频繁的采掘和运输设备，更要注意安装和维修工作质量。

2.3.2.3　安装检修安全

在设备的安装和检修工作中，机件的频繁拆装和起吊、机器的开动、场地杂乱、工人的流动等都存在着危险因素。因此，对安装和检修中的安全问题必须十分重视，要注意下列有关安全事项：

（1）设备在检修前必须切断电源，并挂上"有人工作，禁止送电"的标志牌；在机内或机下工作时，应有防止机器转动的措施。

（2）起吊设备的机具、绳索要牢固，捆扎要牢靠，起重杆、架要稳固，机件安放也要稳固。

（3）设备的吊运要执行起重作业安全操作规程，要有人统一指挥。

（4）需要大型机件（如减速箱盖）悬吊状态下作业时，必须将机件垫实撑牢，需要垫高的机件，不准用砖头等易碎裂的物体垫塞。

（5）高空作业时，应扎好安全带，做好防护措施。

（6）设备安装和检修完后，必须经过认真的检查，确认无误后，方可开机试运转。

2.3.2.4 提升运输设备安全

矿山的主要物质流是矿石或废石从采场经巷道运送到井筒，提升到地面后再分别送到选矿厂或铁路装车站和废石堆场；另外，支护用的坑木、充填材料、机电设备及其零部件，从地面运到井筒，然后再下放到井底，沿巷道运到采掘地点。

矿山物质流的运输方式有电机车的轨道运输、无轨车辆运输和皮带运输机运输，提升用罐笼或箕斗、吊罐吊桶和提升绞车运输。

A 巷道运输机械安全

井下巷道长、工作地点分散，运输支线多，加之井巷断面窄小，照明不足，易于发生事故。为此，必须遵守安全规程，设置足够的安全间距。严格控制车速、车距及信号灯，人推矿车前端挂上矿灯作为信号；电耙道应加强通风，车行进中要加强管理。加强溜矿井的管理，设置安全护栏和光度足够的照明，溜矿井和电耙道要洒水防止粉尘飞扬。柴油内燃机车运输必须净化尾气，将尾气中的有害气体减到最少且应用大风量加以排出。

机车在运行中必须控制车速，遵守制动距离的安全要求，金属矿山运送人员时，其制动距离（由开始制动到停车的距离）不得超过20m；运送物料时，不得超过40m，电机车架线高度、运行速度要遵守安全规程的规定。

B 斜井提升机械安全

斜井运输必须设置常闭式阻车器和挡车栏（见图2-1），防止矿车意外进入斜井；竖井设置防坠器（安全卡）和防止过卷扬装置；钢丝绳要定期涂油保养。

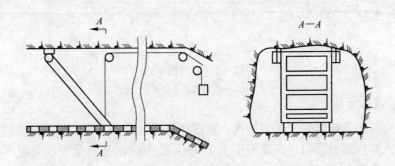

图 2-1 斜井上部挡车栏

斜井主要不安全因素是跑车，产生跑车的原因有：设备不良、制动不灵；插销弯曲、矿井的连接器断裂；没有可靠的阻车器，斜井串车提升可以拴上保险绳（见图2-2），在矿车下端挂上阻车叉（见图2-3），在矿车上端挂上抓车钩（见图2-4）。行车道和人行道没有设置防护栏杆。

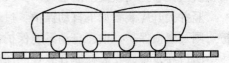

图 2-2 串车保险绳

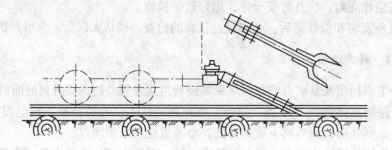

图 2-3 阻车叉

运送人员使用的斜井人车应有顶棚，并有可靠的断绳保险器。断绳保险器既可以自动也可以手动，断绳或脱钩时执行机构插入枕木下或钩住枕木，或夹住钢轨阻止人车下滑。各辆人车的断绳保险器要互相联结，并能在断绳瞬间同时起作用。

斜井内应设置捞车器（见图 2-5），一旦发生跑车时捞车器挡住失控车辆，阻止矿车继续下滑。斜井提升应该有良好的声、光信号装置。

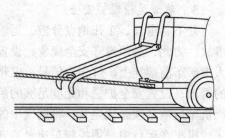

图 2-4 抓车钩

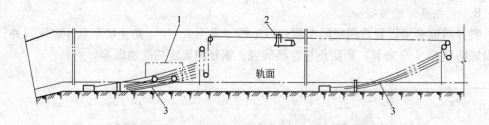

图 2-5 双网捞车器
1—矿车；2—绳网提升系统；3—绳网

C 竖井提升机械安全

为确保竖井提升罐笼安全必须做到：装设能打开的顶盖。其底板应铺设坚固的无孔钢板。两端出入口应装设罐门，高度不小于 1.2m。罐内应设有安全可靠的阻车器。不能同时提升人员、物料和爆破材料。

罐笼提升，须设有能从各个中段发给井口总信号工转给提升司机的信号装置。井口信号与提升机之间要设闭锁装置，提升信号系统包括：工作执行信号、各个中段分别提升的指示信号、不同种类货物提升信号、检修信号和事故信号。井下各中段在紧急事故停车时可设直接向卷扬司机发出的信号。

竖井提升应装置如下自动保护：过卷保护、限速装置、超速保护、过电流及无电压保护、闸瓦磨损保护、油压自动系统保护等。

防过卷装置，安装在提升装置的深度指示器及井架上部，这是一种电气联锁装置，当罐笼超过正常提升高度 0.5m 时立即切断电源，防止过卷。在井筒底部可以设过卷托台和过卷挡梁，在有井底水窝的情况下，可以在井底设弹性过卷托梁或钢丝绳网等防护措施。

防坠器的抓捕器、制动绳与缓冲绳要经常检查维护，按照安全规程的规定清洗检查和脱钩试验。

2.4　边坡滑落危险

采矿生产过程中出现的边坡有露天采矿的边帮、排土场的边坡、地下采矿排弃的废石堆。排土场的边坡和废石堆具有共同的特征。

2.4.1　边坡稳定

2.4.1.1　边坡稳定的规定

（1）正常生产时期对采场工作帮应每季度检查一次，高陡边帮应每月检查一次，不稳定区段在暴雨过后应及时检查，对运输和行人的非工作帮，应定期进行安全稳定性检查（雨季应加强）。

（2）邻近最终边坡作业，应采用控制爆破减震；应按设计确定的宽度预留安全平台、清扫平台、运输平台；应保持台阶的安全坡面角，不应超挖坡底；局部边坡发生坍塌时，应及时报告矿有关主管部门，并采取有效的处理措施；每个台阶采掘结束，均应及时清理平台上的疏松岩土和坡面上的浮石，并组织矿有关部门验收。

（3）临近边坡排弃废石时，应保证边坡的稳固，防止滚石、滑塌的危害。且注意废石场荷载对边坡的影响。

（4）应根据最终边坡的稳定类型、分区特点确定边坡各区监测级别。对边坡应进行定点定期观测，包括坡体表面和内部位移观测、地下水位动态观测、爆破震动观测等。

（5）遇有岩层内倾于采场且设计边坡角大于岩层倾角，有多组节理、裂隙空间组合结构面内倾采场，有较大软弱结构面切割边坡、构成不稳定的潜在滑坡体的边坡，应事先采取有效的安全措施，管理边坡的稳定及安全。

2.4.1.2　边坡安全管理的措施

（1）确定合理的台阶高度和平台宽度，台阶高度与埋藏条件和矿岩力学性质、穿爆作业的要求、采掘工作的要求有关，一般不超过15m。平台宽度影响边坡角的大小、边坡的稳定性。工作平台宽度一般为30～40m。

（2）正确选择台阶坡面角和最终边坡角，台阶坡面角的大小与矿岩性质、穿爆方式、推进方向、矿岩层理方向和节理发育情况等因素有关，较稳定的矿岩，工作台阶坡面角不大于55°；坚硬稳固的矿岩，工作台阶坡面角不大于75°。

（3）选用合理的开采顺序和推进方向，坚持从上到下的开采顺序，坚持打下向孔或倾斜炮孔，杜绝在作业台阶底部进行掏底开采，避免边坡形成伞檐状和空洞。选用从上盘向下盘的采剥推进模式。

（4）合理进行爆破作业，减少爆破震动对边坡的影响，应采用微差爆破、预裂爆破、减震爆破等控制爆破技术，并严格控制同时爆破的炸药量。在采场内尽量不用抛掷爆破，应采用松动爆破，以防止飞石伤人，减少对边坡的破坏。

（5）有边坡滑动倾向的矿山，必须采取有效的安全措施。露天矿有变形和滑动迹象，必须设立专门观测点，定期观测记录变化情况。

2.4.1.3　边坡滑坡的治理措施

（1）对地表水和地下水进行治理，采取的一般措施为地表排水、水平疏干孔、垂直疏干孔、地下疏干巷道。

1）地表排水。一般是在边坡岩体外面修筑排水沟，防止地表水流进边坡岩体表面裂隙中。

2）地下水疏干。地下水是指潜水面以下即饱和带中的水，可采取疏干或降低水位，减少地下水的危害。

3）水平疏干孔。从边坡打入水平或接近水平的疏干孔，对于降低裂隙底部或潜在破坏面附近的水压是有效的。

4）垂直疏干孔。在边坡顶部钻凿竖直小井，井中配装深井泵或潜水泵，排除边坡岩体裂隙中的地下水。

5）地下疏干巷道。在坡面之后的岩石中开挖疏干水源巷道作为大型边坡的疏干措施。

（2）机械加固法。机械加固边坡是通过增大岩石强度来改善边坡的稳定性，方法有：

1）采用锚杆（索）加固边坡。用锚杆（索）加固边坡是一种比较理想的加固方法，可用于具有明显弱面的加固。锚杆是一种高强度的钢杆，锚索则是一种高强度的钢索或钢绳。锚杆（索）的长度从几米到几百米。

2）采用喷射混凝土加固边坡。喷射混凝土作为边坡的表面处理。它可以及时封闭边坡表层的岩石，使其免受风化、潮解和剥落，同时又可以加固岩石提高岩石的强度。喷射混凝土可单独用来加固边坡，也可以和锚杆配合使用。

3）采用抗滑桩加固边坡。抗滑桩的种类很多，按其刚度的大小可分为弹性桩和刚性桩；按其材料不同可分为木材、钢材和钢筋混凝土，钢材可采用钢轨或钢管。一般多用钢筋混凝土桩加固边坡。

4）采用挡土墙加固边坡。挡土墙是一种阻止松散材料的人工构筑物，它既可单一地用作小型滑坡的阻挡物，又可作为治理大型滑坡的综合措施之一。

5）采用注浆法加固边坡。它是在一定的压力作用下通过注浆管，使浆液进入边坡岩体裂隙中。一方面用浆液使裂隙和破碎岩体固结，将破碎岩石黏结为一个整体，成为破碎岩石中的稳定固架，提高了围岩的强度；另一方面堵塞了地下水的通道，减小水对边坡的危害。

（3）爆破震动可能损坏距爆源一定距离的采场边坡和建筑物。对采场边坡和台阶比较普遍的爆破破坏形式是后冲爆破、顶部龟裂、坡面岩石松动。周边爆破技术就是通过降低炸药能量在采场周边的集中和控制爆破的能量在边坡上的集中，从而达到限制爆破对最终采场边坡和台阶破坏的目的。具体的周边爆破技术有减震爆破、缓冲爆破、预裂爆破等。

2.4.2　排土场滑坡事故的预防

2.4.2.1　加强排土场（废石堆）管理

排土场（废石堆）的变形破坏，产生滑坡和泥石流的主要影响因素是：基础的软弱岩层，排弃物中含大量表土和风化岩石，以及地表汇水和雨水的作用。

其治理措施主要如下：

（1）改进排土工艺，合理控制排土顺序，避免形成软弱夹层。同时将坚硬大块岩石堆置在底层以稳固基底，或特大块岩石堆放在最低一个台阶坡脚。

（2）软岩基底处理。若基底表土或软岩较薄，可在排土前挖掉，并在排土场挖掘排水沟降低地下水位。

（3）疏干排水。对排土场上方山坡汇水截流，将水流排至外围低洼处。为使排土场平台本身的汇水不致侵蚀和冲刷边坡，将平台修成 0.3% 的反坡，使水流向坡根处的排水沟排出界外。

（4）修建护坡挡墙。护坡挡墙应修在原岩上。

（5）种植植物。

2.4.2.2　预防排土设备翻车、坠落的措施

（1）为了预防排土台阶沉降、变形、坍塌而导致排土设备翻车、坠落，应分区间歇式排土，让新排弃的有充分的时间沉降和压实，避免局部排土工作面推进太快引起边坡失稳。

（2）铁路线要经常垫道。

（3）应随时观察和监测平台岩土的稳定状态，要立即将排土设备撤离现场。

（4）高台阶排土场应有专人负责观测和管理人员，必须采取有效处理措施。

（5）为了预防汽车排土时发生坠落事故，排土场应经常保持平整。在卸载平台边缘设置安全车把以防汽车、前装机以及手推车扛载时滑落到坡下。汽车卸载应有专人指挥，减速慢行，在同地段不准同时进行卸排和推排作业。

（6）为了预防人员坠落事故以及人员影响排土作业，进行排弃作业时，必须圈定危险范围，设置警戒标志，危险范围内严禁人员进入。

（7）人工排土时，禁止人员站在车架上卸载或在卸载侧处理黏帮。

（8）列车在卸车线上运行和卸载时，应该低速运行，普通侧翻列车运行中不准卸载。

（9）挖掘机挖排作业时，严禁超挖卸车线路基。

复习思考题

2-1　试举出实例说明如何采取安全技术措施防止矿山天井坠落伤害事故。

2-2　如何防止平巷运输的车辆伤害事故？

2-3　如何避免斜井提升跑车伤亡事故？

2-4　对于井下电气设备可采取哪些保护措施防止人触电？

2-5　竖井提升中有哪些安全措施可防止坠井？

3 矿山生产防排水

降雨和春季冰雪融化是地表水的主要来源。开采上部靠近地表的矿体，地表水具有淹井的危险性。下部开采也有可能经上部旧坑或塌陷区、裂隙、断层等充入地表水。江、海、河、湖、池沼、水库及废弃的露天坑等地表水，如与井下巷道有裂隙、断层、石灰岩溶洞相通，则地表水也有可能进入井下而造成突然透水灾害。在矿井岩层中的沙层、沙砾岩、岩溶型石灰岩等都是富水的含水层，其中可能含有大量积水。当掘进巷道时，遇到这种量大压高的积水，也会造成突然涌水的灾害。在地下岩层中，由于地壳运动所造成的断层裂隙，通常是松散而有大量积水，若这些断层裂缝与富水含水层或地表水系有沟通水道，废坑旧巷采空区的积水、老窿积水发生水灾的危险性更大。

水灾的发生与地形、围岩性质、地质构造都有很大关系。位于侵蚀基准面以上的山区高位矿床，一般不会受到水灾的危害，而位于河谷洼地、地形低凹地区及处于侵蚀基准面以下的矿床，受地面水的影响极大。由松散的含水沙砾岩及裂隙、岩溶洞发育的硬岩石，可能赋存大量的水。一般背斜构造含水量少；向斜构造含水量大；断层破碎带经常富水，并有沟通各松散含水岩层和地表水的危险，应引起重视。

对于下列情况特别要重视：

(1) 矿区由于排出大量地下水而造成的地表塌陷；在采空区上部地表所产生的沉降、裂缝及塌落区是降水、地表水、地下水进入矿井的通路。

(2) 废弃的古硐旧坑和采空区有大量积水。

(3) 乱采滥挖、破坏防水矿柱，进入老空区采残矿。

(4) 乱丢废弃岩石而堵塞山谷、河床，山洪暴发能引起山洪灌井及泥石流灾害。

(5) 在江、河、湖、海的下部或岸边采矿而又无特殊防治水措施。

(6) 对勘探钻孔、废弃露天坑底未封闭或未留防水隔层。

3.1 矿山地面防排水

3.1.1 露天采矿防排水安全要求

露天采矿防排水安全要求如下：

(1) 露天矿山应设置防、排水机构。大、中型露天矿应设专职水文地质人员，建立水文地质资料档案。每年应制定防排水措施，并定期检查措施执行情况。

(2) 露天采场的总出入沟口、平硐口、排水井口和工业场地等处，都应采取妥善的防洪措施。

(3) 矿山应按设计要求建立排水系统，上方应设截水沟；有滑坡可能的矿山，应加强防排水措施；应防止地表、地下水渗漏到采场。

(4) 露天矿应按设计要求设置排水泵站。当遇特大洪水时，允许最低一个台阶临时淹没，淹没前应撤出一切人员和重要设备。

(5) 矿床疏干过程中出现陷坑、裂缝以及可能出现的地表陷落范围，应及时圈定、设立标志，并采取必要的安全措施。

(6) 有淹没危险的采矿场，主排水泵站的电源应不少于两回路供电；任一回路停电时，其余线路的供电能力应能承担最大排水负荷；各排水设备，应保持良好的工作状态。

(7) 矿山所有排水设施及机电设备的保护装置，未经主管部门批准，不得任意拆除。

(8) 邻近采场境界外堆卸废石，不得使排土场蓄水软化边坡岩体。

(9) 应采取措施防止地表水渗入边坡岩体的软弱结构面或直接冲刷边坡。边坡岩体存在含水层并影响边坡稳定时，应采取疏干降水措施。

(10) 露天开采转为地下开采的防、排水设计，应考虑地下最大涌水量和因集中降雨引起的最大径流量。

(11) 溜井应有良好的防、排水设施。雨季应减少溜井贮矿量；溜井积水时，不得卸入矿粉，并应暂停放矿，采取安全措施妥善处理积水后方能放矿。

(12) 排土场应有可靠的截流、防洪和排水设施；排土台阶应保持平整，并保有3%~5%的反坡。

(13) 排土场底部应排放易透水的大块岩石，控制排土场正常渗流。

(14) 水力排土场应有足够的调、蓄洪能力，并设置防汛设施，备足防汛器材；较大容量的水力排土场，应设值班室，配置通信设施和必要的水位观测、坝体沉降和位移观测、坝体浸润线观测等设施，并有专人负责，按要求整理。

3.1.2 露天矿床疏干

矿床疏干是降低地下水水位、保证安全开采的有效措施，即对富水性强、威胁安全生产或影响采场边坡稳定的含水层借助于巷道、疏水孔、明沟等疏水构筑物全部或局部降低地下水位。

根据我国金属矿山开采经验，露天矿的矿体及其有关含水层的涌水，有可能造成下列情况者，应考虑采取疏干措施：

(1) 矿体或其上、下盘赋存有含水丰富的水压很大的含水层或流沙层时，一经开采有涌水淹没和流沙溃入作业区的危险时。

(2) 由于地下水的作用，使被披露的岩土物理力学强度指标降低，有使露天边坡丧失稳定而产生滑坡的可能时。

(3) 矿坑涌出的地下水，对矿山生产工艺的设备效率有严重不良影响，以致不能保证矿山的正常生产或者虽能维持生产，但进行疏干可以大幅度降低开采成本，在经济上合理时。

疏干方式按其实施阶段，被分为预先（超前）疏干和平行（并行）疏干；按施工技术条件分为地表式、地下式和联合疏干方式；按与采掘关系分为固定式（位置固定不变，一般在采矿场轮廓线外布置）和移动式（根据采剥工作线的推进而移动）。

常用疏干方法有地表疏干法、地下疏干法和联合疏干法。地表疏干法常用的疏水构筑物形式是地表深井降水孔、地表漏水孔、水平钻孔、明渠等。地下疏干法主要疏水构筑物形式是巷道，并有漏水孔、直通式放水孔、水平丛状放水孔作其辅助形式。联合疏干法是地下、地表两种疏干方法的联合。

3.1.2.1　降水孔疏干法

降水孔疏干法是露天矿使用较为广泛的地表疏干方式，即先在地表按设计施工大口径钻孔。钻到需要预先疏干的含水层内，在孔内安装深井泵或潜水泵，把水抽到地表借此降低地下水位，使开采地段处于疏干降落漏斗之中，以满足采剥工艺的要求。

A　使用条件

含水丰富、渗透性能较好的含水层，其渗透系数大于 $5m/d$ 者疏干效果较好。若因降低地下水水位后，引起地面塌陷、沉降、开裂、能使深井歪斜影响水泵正常运转时，不宜采用此法。

B　优缺点

优点：预先降低地下水水位，为剥采工艺创造较好的开采技术条件；施工简单、安全、工期较短；疏干工程布置灵活，适于各种采剥工艺要求；被疏干排出的地下水不易受污染可供利用。

缺点：受含水层埋藏深度、岩层渗透性能好坏的限制，使用上有其局限性。所需降水设备多且分散、管理复杂、维修量大。能源消耗多、经营费用高，电源一旦发生故障立即影响疏干效果。

C　深井降水孔布置

深井降水孔布置形式主要根据矿区地质及水文地质条件、疏干地段平面轮廓、采掘工艺对疏干工程的要求等因素确定，常见的布置形式如下：

(1) 直线孔排。直线孔排是由单线或双线列深井降水孔群组成的疏干系统，降水孔间距大致相等。单线列孔排的深井降水孔呈单排直线形，通常用来疏干呈单侧或双侧进入采掘工程地段的地下水。当采掘工程地段的地下水位下降值不能满足设计要求时，除可加密孔间距外，还可布置成双线列疏干系统。

(2) 环形孔群。可分单环形和双环形孔群，通常用来疏干呈圆形补给采掘工程地段的地下水，含水层涌水量较大、单环形降水孔群不能满足设计要求时，可布置双环形降水孔群。

(3) 任意排列孔群。需要疏干地段面积较大且呈不规则状，深井降水孔可根据疏干地段需要灵活布置。

D　深井降水孔布置注意事项

(1) 深井降水孔系统最好布置在露天开采最终境界线以外的适宜位置，应避免布置在地面产生沉降、开裂、塌陷的地区。

(2) 若露天开采范围较大，单线列孔排或环形孔群降水孔系统不能满足采掘进度要求，可分期布置疏干降水孔系统。根据采掘进度计划的要求移设深井降水孔，一直移动到采场最终境界线以外的适宜位置上为止。

(3) 深井降水孔间距，在均质岩层中通过水文地质计算选择经济合理的间距；在非均质岩层中由于岩石含水的不均性，计算出的孔间距往往与实际情况有出入，此时可根据孔群实验资料或揭露含水层的富水性资料，调整深井降水孔间距。

E　深井降水孔结构

深井降水孔结构包括井口设施、井壁管过滤器、充填料层和沉沙管等。在基岩含水层孔内若岩石稳定无溶洞充填物，水泵的吸水管可直接下入孔内。若孔内岩石不稳定具有溶洞充填物，需下入过滤器。

在松散含水层或基岩裂隙，岩溶含水层（充填物为泥沙碎屑物）内布置深井降水孔，除安装过滤器外还需在井壁与滤水管间围填滤料。

3.1.2.2　巷道疏干法

巷道疏干法又称地下疏干法，通常是在采场露天矿坑底以下或在露天采场最终境界线以外适当位置开凿疏干巷道，直接或通过辅助疏干钻孔降低地下水水位的疏干方法。巷道位置的布置与含水层、隔水层结构有关，矿山中常见有下列三种情况。

（1）巷道直接布置在含水层中，直接揭露含水层，适用于岩层较为稳固的基岩含水层。

（2）巷道嵌入含水层与隔水层间，位于含水层部位的巷道能起直接疏干作用。巷道腰线常在含水层与隔水层接触面处，该面起伏变化不宜超过10%。巷道需混凝土砌护并在两侧预留滤水装置，适用于缓倾斜岩层。

（3）巷道掘进在隔水层中，利用丛状放水孔、直通式过滤器等疏出地下水流入巷道。适用于水量丰富、工程地质条件较差的含水层，但要具备良好坚固的隔水层为先决条件。

A　疏干巷道布置原则

（1）专用疏干巷道一般应垂直于矿坑地下水的补给方向，并应充分利用地形，尽可能使地下水自流排出地表。

（2）专用疏干巷道应布置在露天采场最终境界线以外、距境界线最近位置，以便提高疏干效果。但也要避免疏干巷道产生涌沙、涌泥现象，否则会影响露天采场边坡稳定及地面建筑物的稳固性。

（3）将来要由露天开采转入地下开采的矿山，疏干巷道设计尽可能与井下采掘工程、排水防洪工程相结合。

B　疏干巷道的参数及支护形式

（1）断面。专用疏干巷道对断面无特殊规格要求，一般只需满足施工要求的最小断面即可，若涌水量较大断面可相应加大。

（2）坡度。根据地下水水量大小、含沙量及沙粒粒度商定，常用0.3%~0.5%，对嵌入式疏干巷道，坡度应与底板隔水层坡度一致。

（3）支护形式。在不稳定岩层中开掘的疏干巷道需进行混凝土砌护，或混凝土预制构件密集支护。但支护时需预留滤水孔（窗、缝）或利用预制构件接缝处滤水。

C　疏干巷道法优缺点

（1）适用范围广泛。不受含水岩层岩性、富水程度、埋藏条件限制。目前在有地表水体补给或矿体顶板为富含水层的矿山中常被采用。

（2）疏干效果好，尤以直接布置在含水层中的疏干巷道更为显著；

（3）排水设备、供电设施集中，维修管理方便；

（4）疏干巷道可与采掘巷道结合使用，遇有暂时停电现象，巷道可起缓冲作用，对

疏干效果影响不大;

(5) 在工程、水文地质条件复杂的情况下,施工技术难度大,安全可靠性差;

(6) 施工期长、工程量大、基建投资高。

D　辅助疏干方式

深井降水孔疏干法和巷道疏干法常以地表直通式放水孔、漏水钻孔等作为辅助疏干地下水的手段。

(1) 地表直通式放水孔,是从地表钻孔,垂直穿过含水层与疏干巷道或与降水孔相配合的垂直疏水钻孔。

1) 结构:地表直通式放水孔结构与地表深井降水钻孔结构基本相似。当通过比较破碎的基岩含水层时需下筛管护壁;若通过松散含水层,除下筛管护壁外,还需装置过滤器或围填沙砾滤水层。其口径大小通过过水能力计算确定,常用的滤水管直径为 76 ~ 108mm。钻孔直径由选定的过滤器外径或围填沙砾滤水层厚度而定。为控制放水流量和疏干地下水水位,在孔底安装孔口管和闸阀,其结构如图 3 - 1 所示。

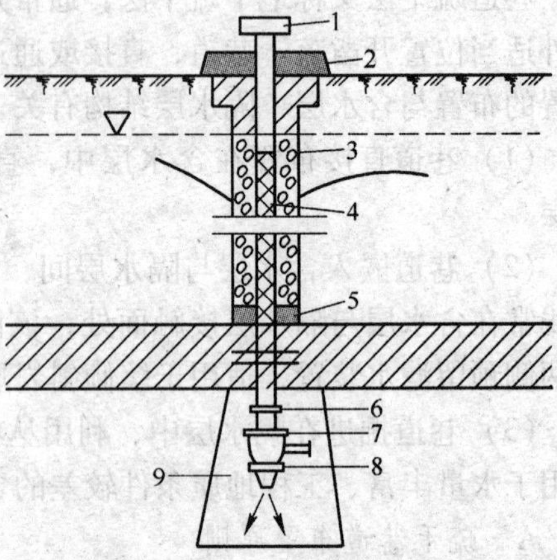

放水硐室规格取决于直通式放水钻孔的深度和钻探技术。专用放水巷道断面一般为2m×1.8m,可不另凿放水硐室;巷道及硐室穿过不稳固岩层时应采取支护措施。

图 3 - 1　直通式放水孔结构
1—孔盖;2—孔基础;3—围填砾;4—过滤器;
5—牛皮铁圈(止水承座);6—空口管;
7—接头;8—放水闸阀;9—放水硐室

2) 适用范围:地表直通式放水孔常用于存在悬挂水头的局部疏干地段或地下水剩余水头时。它能用于不同埋藏深度的各种结构松散的或坚硬的含水层中,渗透系数小于 2m/d 时也可使用。

3) 优缺点:含水层中疏出的地下水可自流,然后汇集于排水设施排出,故需设备少、投资省;疏干富水性较差的流沙含水层时,地下水位下降稳定不易引起涌沙现象;地表直通式放水孔与疏干巷道配合使用时巷道施工期长、施工条件差、投资也高。

(2) 漏水钻孔或称漏水孔,是把上部(弱)含水层中水,通过地面施工的钻孔自流疏出到下部(强)含水层或透水岩层中,从而达到降低含水层地下水位的目的,它可作为地表深井降水孔疏干方法的辅助措施。采用漏水孔的水文地质条件有:

1) 有两个以上含水层,下部含水层比上部含水层渗透性能大、排漏条件好。

2) 两含水层间有隔水层存在,下部含水层在疏干过程中必须由承压转为无压水。

漏水孔孔径按过水能力确定。孔内岩层破碎时需要井壁管、过滤器或在孔内围填粗沙或砾石。漏水孔间距需根据疏干水文地质计算确定。

辅助疏干措施除地表直通式放水孔及漏水孔外,在有条件的矿区也可采用丛状放水钻孔疏干含水层。

3.1.2.3 水平钻孔疏干法

当含水层埋藏不深且有水压时，为消除地下水对露天采矿场边坡稳定性的危害，可以在露天矿台阶上采用水平钻孔疏干的方法，即在露天采场台阶的坡角处用钻机向边帮钻凿水平或微向上倾斜的钻孔。

A 适用条件

（1）含水层埋藏较浅，一般深度为 30~50m；

（2）疏干含水沙层、坡积层、含水层与隔水层接触面以上的地下水效果良好。

B 技术要求

（1）钻孔应紧靠含水层与隔水层接触线开口，其仰角一般为 3°~10°、孔深一般不超过 50~100m，否则施工困难。

（2）钻孔直径不小于 75mm。若含水层岩性松散应安装过滤器。

（3）钻孔施工时为防止钻孔坍塌，可采用正压冲洗法钻进。

C 优缺点

（1）疏干松散含水层及弱透水性含水层降压效果较好，对提高露天采矿场边坡稳定性起一定作用，尤其当露天采场一侧有地表水补给时效果更加明显。

（2）灵活性大，可作为非工作帮永久性疏干措施，也可作为工作帮临时性疏干措施，或者为消除局部地下水对边坡稳定性危害而对局部地段进行疏干。

（3）当具备有利地形时，可以自流排水。因而，节省排水费用。

（4）可根据剥离后采矿场的具体情况，随时调整疏干钻孔密度。

（5）在含水层涌水量较大或含水层渗透性能很弱的情况下，疏干效果不如疏干巷道明显。

（6）一旦过滤器设计不当，造成涌沙过多时，容易造成钻孔所在范围内的露天采矿场边坡沉陷，破坏边坡的稳定性。

3.1.2.4 明沟疏干法

露天矿床被埋藏较浅的松散含水层覆盖，为保证采场边坡稳定，提高采掘机械效率，于露天矿外围垂直矿坑充水方向上开挖明沟或暗沟拦截地下水流，用这种方式疏干诸如粉细砂之类含水层可取得良好效果。本疏干法很少以单一形式出现，常以辅助疏干手段与其他疏干方法配合使用。

A 适用条件

（1）需疏干的含水层埋藏较浅、深度不超过 15~20m 的松散含水层，否则明沟土方工程量大、施工困难，经济上不合理。

（2）需疏干的含水层之下存在隔水层，且分布稳定。含水层与隔水层的接触面平缓。

（3）有地表水体，沼泽地充水的含水层，用这种方法疏干效果明显。

B 布置原则

（1）疏干明沟（或暗沟）应布置在矿坑充水的地方。

（2）疏干明沟（或暗沟）宜嵌入被疏干含水层底部的隔水层中 1m 左右的深度，使疏干沟汇集的地下水临时储存在疏干沟的隔水岩层内，然后自流或用机械排出沟外，以防汇集到沟中的水继续向露天采场渗透，危害边坡稳定或剥采工作。

（3）疏干沟可布置在露天采场境界线以外适宜位置，同时也可布置在采场台阶上，但以不影响采剥工作正常进行为原则。

C　优缺点

（1）可以有效地拦截浅层地下水向露天矿充水，对保证露天边坡的稳定性效果良好；

（2）明沟不仅拦截浅层地下水，还可拦截部分向露天坑汇集的大气降水，故雨季能起防洪作用。

（3）明沟汇集的地下水、大气降水可直接自流或用机械排出露天采场范围以外，节约能源，排水费用低；

（4）根据剥采工艺及疏干沟布置位置，可超前疏干也可平行疏干，灵活性大；

（5）疏干明沟开挖土方工程量大，基建投资大；

（6）疏干沟本身的边坡需要很好的维护，费用较高，在松散含水层中开挖施工比较困难。

疏干沟有可能出现管涌现象时，在含水层下部出水段需设置反滤层，反滤层由不同的砾石、粗细沙组成，如图3-2所示。

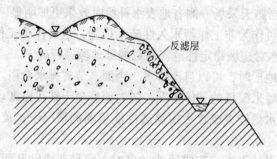

图3-2　明沟疏干剖面图

3.1.2.5　联合疏干法

联合疏干系指两种或两种以上疏干方式在同一采场的组合，当矿区水文地质、工程地质条件复杂，采用一种疏干方式不能满足开采需要或经济上不合理时，通常采用联合疏干方法。常用的联合疏干方式有巷道与直通式放水孔联合，巷道与丛状放水孔联合，地表深井降水孔与漏水孔联合，地表深井降水孔与疏水明沟联合，巷道与漏水孔、直通式过滤器联合等。采用何种联合方式取决于矿区特定的水文地质条件及剥采工艺对疏干工程的要求。

联合疏干法的优缺点：

（1）适用范围广泛，不受矿区水文地质、工程地质条件和抽水设备的限制；

（2）疏干效果好，可最大限度地降低各含水层的水位；

（3）排水集中，排水机械设备效率高，便于维修管理，疏干经营费较低；

（4）需专用疏干巷道，工程量大，基建投资较高；

（5）疏干巷道和丛状放水钻孔施工安全条件差。

表3-1为一些矿床疏干实例。

表3-1 矿床疏干实例

疏干矿山名称	疏干方法	疏干目的	疏干含水层特征 岩性及厚度/m	疏干含水层特征 渗透系数/m·月⁻¹	与矿体的关系	疏干水文地质试验	疏干巷道或明地质沟	放水硐室 规格(长×宽×高)/m	硐室间距/m	疏干工程钻孔 类型	孔径/mm	孔深/m	过滤器类型	深井泵型号	钻孔施工机械	地下水涌水量/m³·d⁻¹	疏干效果	备注
茂名金塘矿	联合疏干法	保障边坡稳定性,改善作业条件	弱胶结砂砾含水层厚0~130	2.5	顶部含水层	单孔抽水及干扰抽水	疏干巷道1072m长,布置在露天境界线外,用打入式、直通式过滤器疏水			降水孔为主要疏干方案共45个,4个备用,孔距约200m	开孔:620~484 终孔:220	平均70	筛管缠丝填砾过滤器	ATH10×8 ATH8×26 10J80×15 10JQS 80×16	YKC	1983年经常开动深井泵30台水量27000	1980年水位平均降低到23.9m,最低-1.0m,+20m以上台阶无水	目前疏干状态未完全满足采掘要求,坑内W2000~W3500+10m有水W3700~W4600+300m有水 对挖漏机、机车等作业影响很大 疏干巷道未按设计施工
			砂砾冲积含水层厚18~20	8	上部含水层	一般勘探	设计用明沟疏干沟总长3500m											
			砂质砾岩厚10~20最大250	0.93	底板含水层	一般勘探	在含水层中布疏干巷道,用放水孔疏水											
姑山铁矿	联合疏干法	保障边坡稳定性,改善作业条件	砂砾含水层厚18~20	66~21	顶板含水层	单井抽水及干扰抽水	在非工作帮基岩面开挖明沟总长2700m			深井降水孔34个,间距100m	开孔750 终孔350	60	砾石水泥过滤器外壁充填砂砾	12JD28×7 -1型 25 台其中8台备用		99070		该矿正在修改设计。采每吨矿石排水量70m³
			流砂层厚15	0.07	上部含水层	单井抽水及干扰抽水	在闪长岩分布地段开挖嵌入式疏干巷道长800m			漏水孔100个,孔距33m	750	40	孔内填砂	10JD28×12 -1型 13 台备用4台 10JD28×11 -1型 12 台备用4台	YKC-30型			

续表3-1

疏干方法名称	疏干目的	岩性及厚度/m	渗透系数/m·月⁻¹	与矿体的关系	疏干水文地质试验	疏干巷道或明沟	放水硐室规格(长×宽×高)/m	硐室间距/m	钻孔类型	孔径/mm	孔深/m	过滤器类型	深井泵型号	钻孔施工机械	地下水涌水量/m³·d⁻¹	疏干效果	备注
巷道疏干法　金岭铁矿	改善作业条件，防止突然涌水	石灰岩含水层，灰岩上部层厚10~130，灰岩下部层厚140~340	3.14	顶板含水层	一般勘探	利用坑内运输巷道作疏干巷，均布置在隔水岩层内	5.5×3.5×2.5	40~50	丛状放水孔，不设孔口管装置	小于75	一般40~50，最长70~100	无		改装KA-2M-300型	-7m水平12968，-107m水平11000	效果好	采每吨矿石为排水量55m³，爆破炸药消耗量节约7.85万元(1965~1966年两年中)
平庄西露天矿疏干法	拦截河水系对矿坑补给，保障边坡稳定性	砂砾卵石含水层厚度0.2~10.6	90~120	上部含水层	一般勘探	嵌入式疏干巷道布置在露天境界线外50m，巷道长1400m，两侧每隔5m设渗水窗疏水	疏水巷道，掘进毛断面为8m²		排水用深井泵6×H350型共6台						1981年:7400 1983年:1600~2000	疏干效果良好	
抚顺西露天矿疏干法	第四系水系疏截流，A层煤露天	砂及砾石层厚5~30	50~200	上部含水层	抽水试验	疏干巷道(嵌入式)长1200m，滤水窗疏水	2×2					无			6480	疏干效果良好	
	A层煤露天	裂隙含水层厚7~116	0.02~0.1	下部含水层	抽(注)水试验，示踪离子法	疏干巷道，放水孔	1.6×2.0		放射状斜孔	50	50				330~660	疏干效果尚可	A层煤疏干巷道涌水量

3.1.2.6 疏干方案的选择

露天采场附近有地表水体、含水断裂带，矿体顶底板围岩含水丰富、水头压力较大，矿体顶板由松散含水层覆盖或工程地质条件复杂等因素影响剥采工作正常进行时都需预先疏干。疏干方案选择的一般原则有以下几点：

（1）疏干方案的选择取决于矿床水文地质和工程地质条件、矿床开拓方案、采剥方法及开采工艺对地下水下降速度和时间的要求等，疏干方案应与采剥工艺密切结合。

（2）疏干方案必须有效地降低地下水水位，在采区内形成稳定降落漏斗。漏斗曲线应低于相应采掘水平标高或使剩余水头值在安全范围以内。

（3）疏干方案应力求以最小的排水量获得最大的水位下降，且对矿区外围影响最小，尽可能保证环境不受破坏。

总之，疏干方案应满足技术可靠、生产安全、经济合理的原则。

3.1.3 露天矿防水

3.1.3.1 地表水的防治

A 地表水防治的一般原则

露天矿地表水的防治工程是防止降雨径流和地表水流入露天采矿场，以减少露天采场排水量，节约能源，改善采掘作业条件并保证其工作安全的技术措施。

地面防水工程的防治对象，多为汇水面积小的降雨坡面径流季节性小河、小溪、冲沟等，它们在雨季水量骤增，旱季水流很小，甚至干枯无水，一般均缺少实测水文资料；进行洪水计算时，主要用洪痕调查、地区性经验公式或小汇水面积洪水推理公式等方法。因为流域小、集流快，所以一般不推求暴雨点面关系，以点雨量为全流域雨量，按全面积均匀降雨计算。

对于大中型地表水体的防治工程，由于问题复杂，涉及范围广，其防水工程应由专业部门专题解决。

地表水的防治工程，必须贯彻以农业为基础的方针，保护资源，防止污染，和农田水利相结合，尽量不占或少占农田。矿区地表水的防治还必须与矿坑排水和矿床疏干等工程密切配合统筹安排，并贯彻以防为主、防排结合的原则。凡是能以防水工程拦截引走的地表水流，原则上不应允许流入露天采矿场。

在考虑处理地表水方案时，要根据露天矿地形地质条件，因地制宜，以安全可靠为前提，并要考虑到施工工艺和经济等多方面因素。具体处理原则如下：

（1）为防止坡面降水径流流入露天采矿场，通常借助于设在露天境界外山坡上的外部截水沟和设在采矿场封闭圈之上某水平的内部截水沟，将地表径流引出矿区之外。

（2）当地表水体直接位于矿体上部或穿越露天采场，或者虽然在露天境界以外，但有泛滥溃入露天采场的威胁时，一般采用水体迁移、河流改道或设置堤防等措施。

（3）露天采矿场横断小型地表水流，如小河、小溪或冲沟等季节性河流时，若地形条件不利于河流改道或者经济上不合理时，可在上游利用地形修筑小型水库截流调洪，以排水平硐或排水渠道泄洪，同样能保护露天采场的安全。

（4）当露天采场在地表水体的最高历史洪水位或采用频率的最高洪水位以下时，一般采用修筑防洪堤坝的方法，预防洪水泛滥。

（5）当露天采场及其附近的地表水体处赋存强透水岩层，在开采过程中有可能发生地表水大量渗入矿坑，对采掘作业或露天边坡稳定性有严重不良影响时，可对地表水体采取防渗隔离或移设等措施。

（6）由于地形低洼或在设有堤防情况下形成的内涝水，应根据矿区的工程地质、水文地质条件，分析内涝水或洼地积水对露天矿的边坡稳定或矿区疏干效果的影响程度确定。当影响较大时，应首先采用拦截方法以减少内涝水量，并用排水设备按影响程度限期排除积水；对洼地积水排干后，有条件时亦可利用排土将其填平。

B　地表水防治的几种方法

（1）截水沟。截水沟用来截断从山坡流向采场的地表径流并将其疏引至开采区以外。因此，截水沟应最大限度地减少采矿场的汇水面积或保证深凹露天矿所承担的排水受雨面积不超出预定的范围。

（2）河流改道。对于严重威胁采矿安全的河流，常用河道整直、河流改道和修筑防洪堤等措施。为矿床开采进行的改河工程，多为汇水面积小（由几平方公里至数十平方公里）的河溪沟谷等季节性河流。当露天矿开发区有大、中型河流需要改道，则是一项比较复杂的工作，不仅工程量浩大，需巨额投资，而且技术复杂，需要专题研究解决。首先，在确定露天开采境界时，对是否将河流圈入境界要进行全面的技术经济分析，如必须进行河流改道，在开采设计中，也应尽量考虑分期开采的可能性，将河流划归到后期开采境界里去，以便推迟改道工程，不影响矿山的提前建成和投产。河流改道一定要考虑到矿山的发展远景，注意选择新河道的工程地质条件，避免因矿山扩建或躯干排水而可能引起的河湿塌陷和二次改道。

（3）水库拦洪。水库拦洪是将被露天采场横断的河沟溪流在其上游用堤坝拦截形成调洪水库，削减洪峰，以排洪平硐或排洪渠道泄洪，以保护采场安全。作为保护露天矿安全为目的的水库，不同于水利部门的蓄水水库。除了在暴雨时为削减洪峰流量，暂时蓄存排洪工程一时排不掉的洪水外，平时并不要求水库存水。

3.1.3.2　防渗堵水

防渗堵水工程分为防渗墙、注浆帷幕和高压旋喷桩堵水。防渗墙、高压旋喷桩只适用于松散地层中防渗堵水，且深度有限；注浆帐幕既可用于松散层中透水性强的含水层堵水，亦可用于基岩裂隙，岩溶含水层的防渗堵水，其深度可浅可深。

A　注浆帷幕

注浆技术是通过钻孔注入水泥、黏土或化学等具有充填、胶结性能的防渗材料配制成的浆液，用压送设备将其注入地下水主要通道地层的孔隙、裂隙或溶洞中去，浆液经扩散、凝结硬化或胶凝固化形成防渗帷幕，以堵截流向采场的地下水流，达到防止地下水害、保护露天边坡稳定和开采工程顺利进行的目的。

在生产中出现的地下水害问题，促进了注浆技术在我国广泛的应用和发展。十几年来，水电、铁道、土建、人防、军工、煤炭和冶金等部门的厂矿及科研单位，广泛采用注浆技术，在防治地下水害方面取得了显著成效。我国已研制了一批注浆设备，在注浆工艺上也取得了较丰富的经验，在注浆材料方面，国外已有的，国内大多进行了研制和应用，而且还创制了一些新品种。注浆技术已成为涌水量大的岩层及流沙层进行预注浆打井，处理大涌水事故，恢复被水淹没的矿井，堵塞井壁漏水等有效、经济而易掌握的方法。

注浆材料具有流动性，并具有压入、充填到要注浆地层的空隙，经过一定时间便凝结、硬化的性质。它直接关系到注浆成本、注浆效果、注浆工艺等一系列问题。选择何种材料，必须根据不同目的、受注地层的工程地质和水文地质条件，浆液性能及经济性等因素加以综合考虑，以确定适宜的注浆材料。

对于注浆材料的具体要求有：

（1）可注性好（流动性好、黏度低、分散相颗粒小等）。

（2）浆液稳定性好，可长期存放不改变性质，不发生其他化学反应，浆液析水少，颗粒沉降慢。

（3）浆液凝结时间易于调节并能准确地控制凝固时间，固化过程最好是突变的。

（4）浆液固结之后，具备所需要的力学强度、抗渗性和抗侵蚀性能。

（5）材料源广价廉，储运方便。

（6）配制、注入工艺简单。

（7）不污染环境，对人无害，非易燃、易爆之物。

注浆材料种类甚多，如果以流动性作为注浆材料的主要性质，它可作如下分类：

（1）水泥、黏土等悬浮液类型的浆液材料。

（2）水玻璃等溶液类型的注浆材料。

（3）丙烯酰胺类等高分子注浆材料。

溶液类型和高分子注浆材料统称为化学浆液。

注浆方法按注浆设备系统可分为单液注浆和双液注浆。

（1）单液注浆是将浆液材料配制成一种浆液，用一套注浆设备及管路系统注入地层中去。这种注浆法的设备、工艺简单，在地下防渗工程中应用得最多，但存在浆液的胶凝时间长而且不易控制的缺点。

（2）双液注浆是把注浆材料配制成两种浆液，分别用各自的注浆泵和管路系统，按一定的比例在孔口或孔内混合，注入地层。双液注浆法可以允许浆液有较短的胶凝时间（最短可至数秒）。浆液扩散半径易于控制，需要快凝的化学浆液和化学－水泥混合浆液。多采用双液注浆法。

注浆法按注入浆液的方式分为自流法、压入法和高压旋转喷射法三种。

（1）自流法是利用浆液自重作为注浆压力，不需注浆泵，设备简单，用于地下水压力不大或钻孔很深的情况，但难以实现高压注浆。水口山铅锌矿防渗帷幕就采用这种方法。

（2）压入法是用注浆泵压入浆液的方法，是通常采用的方法。

（3）高压旋转喷射法是一项新技术，是松散层注浆方法的一大发展。这种方法是用钻机在防渗帷幕线上打孔，钻杆下端装有特殊喷嘴的钻头，钻到预定深度后，用高压泵（$200 \sim 300 \text{kg/cm}^2$）将浆液通过钻杆由钻头喷嘴转换为高压喷流射进土层，由于喷射浆液的破坏力，把一定范围内的土层搅乱，与浆液均匀混合，喷嘴按一定速度一边旋转，一边缓慢提升，从而使土层形成一定强度的圆柱固结体；各圆柱固结体相连，形成连续地下防渗帷幕。

B　防渗墙

混凝土防渗墙于 20 世纪 50 年代初期起源于意大利，其后各国相继引入和推广。最初用作坝基防渗墙，以后发展用作挡土墙及地下结构的承重墙等，近 20 年来，在水利水电工程、基础工程、地下工程中广为应用。它是发展比较迅速和应用范围十分广泛的一项新技术。

防渗墙的基本原理，是在地面上用一种特制的机具，沿防渗线或其他工程的开挖线，开挖一道狭窄的深槽；槽内用泥浆护壁，当单元槽开挖完毕后，可在泥浆下浇注混凝土或其他防渗材料，筑成一道连续墙，截水防渗、挡土或承重之用。其施工过程是：

（1）制备泥浆；

（2）沿开挖线挖导沟、筑导墙；

（3）铺设轨道组装挖槽设备；

（4）将泥浆注入导沟，用挖槽机按单元槽进行开挖；

（5）单元槽段开挖完成后，将水泥浆灌入浇注混凝土的导管；

（6）泥浆浇注混凝土形成单元墙段，按计划依次完成各单元墙段，便形成一道连续的地下墙。

这种造墙方式能适应于各种复杂的施工条件，具有施工进度快、造价低、效果比较显著的优点。因此，近年来防渗墙在矿山防水工程中也得到应用。

矿山防渗滤的适用条件基本上与注浆帷幕相同，但它主要应用于第四纪松散含水层；而且含水层距地表较浅且有稳定的隔水底板。

冲积层中防渗墙按结构形式，可大致分为桩柱式防渗墙、槽板式防渗墙。

桩柱式防渗墙是用冲击钻或其他不同方法打大直径钻孔，孔间呈互相搭接或连锁形连接，然后回填混凝土或黏土混凝土等防渗材料所形成的连续墙。槽板式防渗墙是用冲击钻、抓斗或其他方法开挖槽孔，泥浆或其他方法护壁，然后在槽孔中回填混凝土或其他防渗材料，形成连续的防渗墙。

桩柱式和槽板式防渗墙，一般对材料的要求如下：

（1）应有足够的抗渗能力及耐久性，能防止环境水的侵蚀和溶蚀；

（2）有一定的强度，能满足压应力、拉应力和剪应力等各项强度的要求；

（3）要求有良好的流动性、和易性以及在运输过程中不发生离析现象，且能在水下硬化，骨料粒径不宜过大等，以便于用导管法在泥浆下浇注。

桩柱式和槽板式防渗墙适用条件如下：

（1）这两种防渗墙均能适应各种冲积和洪积地层，能在不稳定地层中建造防渗墙；而桩柱式适应性最强，不论何种复杂沉积层，包括硬土层和含超级粒径等地层均能适用。

（2）桩柱式防渗墙适合于覆盖层较深的情况，当超过 60m 时，采用这种形式也无困难。国外桩柱式防渗墙最大深度已达 131m，国内已达 68.5m。槽板式防渗墙适合于中等深度的覆盖层，深度在 30～60m 内较为适宜。

（3）适于水力梯度大于 30，允许水力梯度约 90。

板桩灌注墙是用震动法或其他方法将钢板桩打入地层，桩边焊有小管，管底有活门，打到预计深度后，钢板桩可用液压拔桩器等机具将钢板桩慢慢拔出，同时通过桩体本身将防渗材料通过小管填塞于桩身被拔出留下的空隙中，形成连续的防渗薄墙。

板桩灌注墙要求筑墙材料凝结前不沉淀、不离析，能抵抗地下水的作用；凝结后应有足够的不透水性，有较高的弹性和塑性，能适应土层的变形而不开裂。目前所用的材料多为黏土水泥浆和膨润土水泥浆以及水泥砂浆和其他外加剂等。为节省水泥，有时还掺用一定数量的细沙、石粉或粉煤灰等。

3.1.4 露天矿排水

露天矿排水是排除汇集到矿坑内的地下水和降雨径流所采取的方法和设施的总称。未经疏干或矿坑水没有得到彻底疏干或防渗堵水未能彻底拦截而流入矿坑的地下水以及直接降入露天采场的降雨径流，必须依靠排水设施为采掘工作正常进行创造条件。

排水设施包括水泵站的排水系统和径流的集流和调节系统。

3.1.4.1 涌水量的预测

正确预测矿坑涌水量，是矿区水文地质工作的核心问题之一，也是制定排水措施和确定排水设备数量的主要依据。

露天采场涌水量由地下水涌水量和降雨径流量两部分组成。

其预测方法分述如下：

（1）地下水涌水量预测。为了准确预计地下水涌水量，矿山应具备下列基本条件：

1）矿床水文地质特征、矿坑充水来源、进水方式已经查清，边界条件可以给出。

2）矿坑充水主要含水层的埋藏条件、顶底板标高、水力性质、水位标高等已经查明。

3）含水层的水文地质参数，如渗透系数或导水系数、贮水系数或给水度、越流系数等已经求出。

4）数值解法还要求提供整个计算区内精确的等水位线和抽水试验孔、观测孔的坐标位置及其流量、水位的变化。

目前，我国用来预测矿坑涌水量的方法，主要有比拟法、数理统计法、水均衡法、解析解法、数值解法以及物理模拟法等。一般露天矿应用得最为普遍的计算方法是解析解法和水文地质比拟法。

（2）降雨径流量的计算。由降雨引起的露天矿坑内汇集的水量即降雨径流量，它与降雨强度、时间、地表径流系数、汇水面积等因素密切相关。

数理统计法以实际资料为基础，根据实际资料变化规律的统计，利用频率曲线的线型并结合成因分析和地区上的综合平衡的暴雨公式，以推测暴雨量。这种计算方法，一方面有可能使露天矿排水设计有了统一标准；另一方面考虑了暴雨径流量随时间的变化关系。由于在蓄水过程中考虑排水成为可能，即可用贮排平衡关系确定蓄、排能力，从而使设计更趋符合实际。

3.1.4.2 露天矿排水方式

凹陷露天矿排水设计是根据矿区降雨情况、水文地质条件、地形、开采规模和服务年限、采剥方法和矿岩种类、企业对矿石的要求等因素通过技术经济比较选择排水方式。排水方式的分类、适用条件及主要优缺点见表3-2。

表 3 - 2 排水方式的分类、适用条件及其主要优缺点

排水方式分类	优 点	缺 点	适 用 条 件
采场坑底贮水的排水方式	基建工程量小，投资少；基建时间短；经营费低；施工简单	坑底泵站移动频繁，排洪泵及管路随雨季来去而装拆，干扰采掘工作；影响新水平掘进；雨季排洪泵较多时，在采场内布置困难；坑底泵站受淹没高度限制	水量小或采场允许淹没高度大；采场范围较大，有足够布置泵站或泵船地方；采场下降速度不大；采场不宜结冰
井巷贮水的排水方式	不超过设计水量时，新水平掘进基本不受水的影响，有利于提高采场下降速度；井巷对采场有疏干作用，有利于边坡稳定及减少爆破孔中充水；泵站固定	基建工程量大，投资大，基建时间长；排水扬程高，地下涌水量大时能源消耗大经营费高	水量大，采场下降速度大，采场范围较小；水量大，新水平准备是薄弱环节；开沟位置的岩矿遇水易软化；采场集水结冰；深部有旧巷可利用或排水井巷与地下开采相结合
井巷自流的排水方式	不用能源，不用设备；新水平掘进基本不受水的影响，有利于提高采场下降速度；井巷对采场有疏干作用，有利于边坡稳定及减少爆破孔中充水；经营费很低	基建工程量大，投资大；基建时间长；井巷布置较复杂	具备自流排水的地形条件；水量大，新水平准备是薄弱环节；开沟位置的矿岩遇水易软化，采场集水结冰
综合排水方式	消除单一排水方式的弊病综合其优点	排水环节多	适用于面积较大、条件复杂的露天采场

A 采场坑底贮水的排水方式

降水及地下涌水贮于坑底，如图 3 - 3 所示，基建工程主要是水泵站及管道工程。该方式对新水平掘进影响较大，在雨量较大的地区及地下涌水量很大的矿山，对新水平掘进影响更加明显。

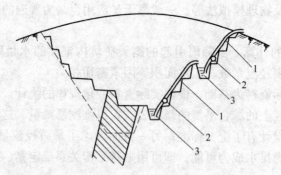

图 3 - 3 坑底贮水排水方式图
1—排水管；2—水泵；3—水仓

在水量最大的一段时间内可采取以下措施：
（1）暴雨期在采装设备附近备有爆堆；
（2）用上装挖掘机先掘开段沟后掘出入沟；

（3）把电缆架起来，避免其泡在水中；

（4）水泵底座高出采场底一定高度等。

B　井巷贮水沟排水方式

一般在采场边界以外掘凿井巷贮存降水及地下涌水，如图3-4所示。不超过设计水量时，采场生产受水影响很小。

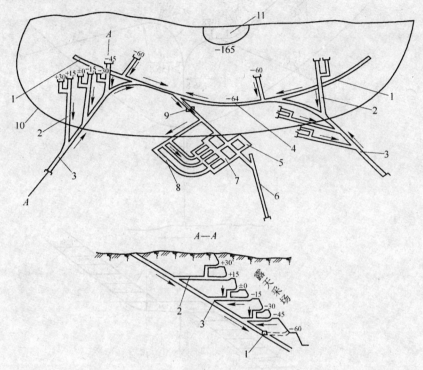

图3-4　井巷贮水排水方式图

1—疏干与积水两用巷；2—进水平巷；3—泄水斜井；4—积水巷；5—变电所；6—提升斜井；
7—水泵硐室；8—水仓；9—防水门；10—露天采场境界；11—露天采场底

采场与贮水平巷（水仓）之间，以井巷（或钻孔）相连，其布置方式如下：

（1）在采场境界以外开凿一个或数个竖井及相应的一组或数组平巷泄水，该方式井巷内水流呈明满流交替的不稳定状态，还会有空气卷入使排泄不畅及加剧水流的脉动，威胁井巷安全；水力计算困难；一般投资大，施工复杂。

（2）在采场境界以外，开凿一个或数个斜井及相应的一组或数组平巷泄水，该方式工程量和投资较大。

（3）在采场内新水平开沟位置开凿一个或数个斜井泄水，该方式工程量小，但井口与爆破铲装互相影响；岩块及杂物被洪水冲入斜井或堵塞井口。

井下设水泵将水排至地表。水仓沉淀泥沙，要定时清理。峰量大时要计算井巷通过能力。

该方式井巷掘进有矿石回收时可补偿部分投资，井巷对采场疏干作用的大小视岩石渗透系数而定。

C　井巷自流的排水方式

采场附近有低凹地势供排水时，采场与低凹地用井巷相连，水自流排出，如图3-5

所示。选用某种降雨频率按洪峰流量设计排水能力。按选用的降雨频率或高一级的频率。水量对生产影响很小。具备采用该方式的条件时，一般应参加方案比较。

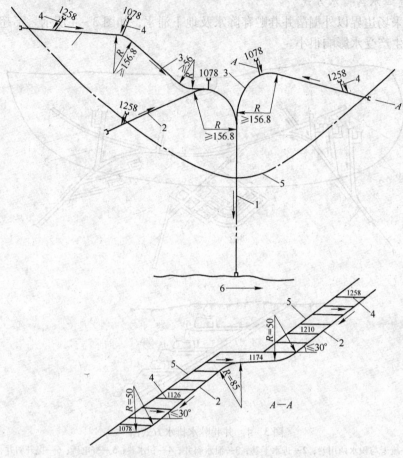

图 3 - 5 井巷自流排水方式图

1—排水主巷；2—泄水斜井；3—排水支巷；4—进水平巷；5—露天采场境界；6—金沙江

D 综合排水方式

采场条件受限制不宜采用单一排水方式时，可用两种或两种以上排水方式。某矿采场上部和中部采用井巷自流排水方式，下部采用坑底贮水排水方式，中部和下部之间设截水沟，下部的水用泵排至上部排水系统从而排出采场。某矿一期结束时在采场内封闭水平设截水沟，上部自流排水，中部和深部均用井巷贮水排水方式，接力排水；将疏干和排水结合考虑，疏干用的井巷及钻孔又作排水用，或排水用的井巷及钻孔又能满足疏干要求；一般为减少经营费，各种排水方式均可在采场某些标高增设截水沟，将一部分汇水直接排出。

3.2 地下采矿防排水

3.2.1 地下矿山防排水基本要求

矿坑水是指因采掘活动揭露含水层（体）而涌入井巷的地下水。矿坑水的防治是根据矿床充水条件，制定出合理的防治水措施，以减少矿坑涌水量，消除其对矿山生产的危害，确保安全、合理地回收地下矿产资源。

矿坑水的防治工作，应本着"以防为主，防治结合"的原则，力争做到防患于未然。存在水害的矿山在建设前应进行专门的勘察和防治水设计，并由具有相应资质的单位完成。防治水设计应为矿山总体设计的一部分，与矿山总体设计同时完成。水害严重的矿山应成立防治水专门机构，在基建、生产过程中持续开展有关防治水方面的调查、监测和预测预报工作。

（1）合理布置井巷。所谓合理布置井巷，就是开采井巷的布局必须充分考虑矿床具体的水文地质条件，使得流入井巷和采区的水量尽可能少，否则将会使开采条件人为地复杂化。在布置开采井巷时应注意：

1）先简后繁，先易后难。在水文地质条件复杂的矿区，矿床的开采顺序和井巷布置，应先从水文地质条件简单的、涌水量小的地段开始，在取得治水经验之后，再在复杂的地段布置井巷。

2）井筒和井底车场选址。井筒和井底车场是矿井的要害阵地，防排水及其他重要设施都在这里。开拓施工时，还不能形成强大的防排水能力。因此，它们的布置应避开构造破碎带、强富水岩层、岩溶发育带等危险地段，而应坐落在岩石比较完整、稳定，不会发生突水的地段。当其附近存在强富水岩层或构造时，则必须使井筒和井底车场与该富水体之间有足够的安全厚度，以避免发生突水事故。

3）联合开采，整体疏干。对于共处于同一水文地质单元、彼此间有水力联系的大水矿区，应进行多井联合开采，整体疏干，使矿区形成统一的降落漏斗，减少各单井涌水量，从而提高各矿井的采矿效益。

4）多阶段开采对于同一矿井，有条件时，多阶段开采优于单一阶段开采。因为加大开采强度后，矿坑总涌水量变化不大，但是分摊到各开采阶段后，其平均涌水量比单一阶段开采时大为减少，从而降低了开采成本，提高了采矿经济效益。

（2）选择合理的采矿方法。采矿方法应根据具体水文地质条件确定。一般来说，当矿体上方为强富水岩层或地表水体时，就不能采用崩落法采矿，以免地下水或地表水大量涌入矿井，造成淹井事故。在这种条件下，应考虑用充填采矿法。也可以采用间歇式采矿法，将上下分两层错开一段时间开采，使得岩移速度减缓，降低覆岩采动裂隙高度，减少矿坑涌水量。

3.2.2 地下矿山水害水源

采取防治矿井透水措施，预防矿井水灾发生，必须查明矿井水源及其分布，做好矿山水文地质观测工作，在查明地下水源方面应该弄清以下情况：

（1）冲积层和含水层的组成和厚度，各分层的含水及透水性能；

（2）断层的位置、错动距离、延伸长度，破碎带的宽度，含水、导水的性质；

（3）隔水层的岩性、厚度和分布，断裂构造对隔水层的破坏情况以及距开采层的距离；

（4）老空区的开采时间、深度、范围、积水区域和分布状况；

（5）矿床开采后顶板受破坏引起地表塌陷的范围、塌陷带、沉降带的高度以及涌水量的变化情况。

（6）了解地面气象、降水量和河流水文资料，查明地表水体的分布范围和水量；

（7）观察探水钻孔或水文观测孔中的水压、水位和水量变化。

导致矿山水灾的地下水源有含水层积水、断层裂隙水和老空积水。

（1）含水层积水。矿山岩层中的砾石层、沙岩层或具有喀斯特溶洞的石灰岩层都是危险的含水层，特别是当含水层的积水具有很大的压力或与地面水源相沟通时，对采掘工作威胁更大。当采掘工作面直接或间接与这样的岩层相通时，就会造成井下透水事故。

（2）断层裂隙水。地壳运动所造成的断层裂隙处的岩石往往都是破碎的，易于积水，尤其是当断层与含水层或地表水相沟通时，导致矿山水灾的危险性更大。

（3）老空（窿）积水。井下采空区和废弃的井巷中常有大量积水。一般来说，老空（窿）积水的水压高、破坏力强，而且常常伴有硫化氢、二氧化碳等有毒有害气体涌出，是酿成井下水灾的重要水源。

3.2.3　地下矿山地面防排水

地面防排水是指为防止大气降水和地表水补给矿区含水层或直接渗入井下而采取的各种防排水技术措施。它是减少矿井涌水量，保证矿山安全生产的第一道防线，主要有挖沟排（截）洪、矿区地面防渗、修筑防水堤坝和整治河道等。

（1）挖沟排（截）洪。位于山麓和山前平原区的矿区，若有大气降水顺坡汇流涌入露天采场、矿床疏干塌陷区、坑采崩落区、工业广场等低凹处，造成局部地区淹没，或沿充水岩层露头区、构造破碎带甚至井口渗（灌）入井下时，则必须在矿区上方、垂直来水方向修筑沟渠，拦截山洪。排（截）洪沟通常沿地形等高线布置，并按一定的坡度将水排出矿区范围之外。

（2）矿区地面防渗。矿区含水层露头区、疏干塌陷区、采矿引起的坍裂或陷落区、老窑以及未封密钻孔等位于地面汇流积水区内，并且产生严重渗漏，对矿井安全构成威胁；矿区内池塘渗漏严重，对矿井安全或露采场边坡稳定不利，应采取地面防渗措施。

防渗措施如下：

1）对于产生渗漏但未发生塌陷的地段，可用黏土或亚黏土铺盖夯实，其厚度0.5~1m，以不再渗漏为度。

2）对于较大的塌陷坑和裂缝等充水通道，通常是下部用块石充填，上部用黏土夯实，并且使其高出地面约0.3m，以防自然密实后重新下沉积水。

3）对于底部出露基岩的开口塌洞（溶洞、宽大裂缝），则应先在洞底铺设支架（如用废钢轨、废钢管等），然后用混凝土或钢筋混凝土将洞口封死，再在其上回填土石。当回填至地面附近时，改用0.8m黏土分层夯实，并使其高出地面约0.3m。

4）对矿区某些范围较大的低洼区，不易填堵时，则可考虑在适当部位设置移动泵站，排除积水，以防内涝。对矿区内较大的地表水体，应尽量设法截源引流，防渗堵漏，以减少地表水下渗量。

（3）修筑防水堤坝。当矿区井口低于当地历史最高洪水位或矿区主要充水岩层埋藏在近河流地段，并且河床下为隔水层时，应筑堤截流。

（4）整治河道。矿区或其附近有河流通过，并且渗漏严重，威胁矿井生产时，应采取措施整治河道。河道防渗处理措施有防渗铺盖、防渗渡槽、河道截直、河流改道。

3.2.4 地下矿山井下防水

矿山采掘活动总会直接或间接破坏含水层，引起地下水涌入矿坑，从此种意义上讲，矿坑充水难以避免。但是，必须防止矿坑突水，尽量减少矿坑涌水量，以保证矿井正常生产。井下防水就是为此目的而采取的技术措施。根据矿床水文地质条件和采掘工作要求不同，井下防水措施也不同。如超前探放水、留设防水矿柱、建筑防水设施以及注浆堵水等。

3.2.4.1 超前探放水

超前探放水是指在水文地质条件复杂地段施工井巷时，先于掘进，在坑内钻探以查明工作面前方水情，为消除隐患、保障安全而采取的井下防水措施。"有疑必探，先探后掘"是矿山采掘施工中必须坚持的管理原则。

通常遇到下列情况时都必须进行超前探水：

（1）掘进工作面邻近老窑、老采空区、暗河、流沙层、淹没井等部位时；

（2）巷道接近富水断层时；

（3）巷道接近或需要穿过强含水层（带）时；

（4）巷道接近孤立或悬挂的地下水体预测区时；

（5）掘进工作面上出现有发雾、冒"汗"、滴水、淋水、喷水、水响等明显出水征兆时；

（6）巷道接近尚未固结的尾砂充填采空区、未封或封闭不良的导水钻孔时。

一般钻孔探水是先探后掘，当钻孔钻进一定深度后未发现可疑突水征兆，方可开始掘进巷道，且钻孔深度对巷道掘进距离应始终保持一段超前距离，以阻挡高压水涌出，确保掘进工作的安全。

当前方有老空区和严重危险的破碎带时超前距离不得小于20m，若在一般岩石和薄矿脉中打超前钻孔，超前距离可适当缩短，但不能低于5m。

探水钻孔探到积水区以后，即利用探水钻孔执行放水钻孔的任务。因此钻孔直径的大小既要使水顺利流出，又要防止钻孔径大压高而冲垮岩壁，同时取决于钻孔的规格、水压和积水量大小，一般探水钻孔直径在46～76mm，最大不超过91mm。

钻孔扇形布置在工作面前方的中心、上下、左右都能起到探水作用，但至少有一个中心孔。钻孔数目最少3个以上。

钻孔布置是否合理，对保障矿井与施工人员安全，节约钻探工程量，提高掘进速度等均有重要影响。布置钻孔时应针对积水资料的可靠程度、积水区周围的地质构造、掘进巷道所在位置与积水区相对关系以及积水压力大小、岩层硬度和厚度等条件具体确定。

一般而言，矿体厚或含水层厚时钻孔应多些；有断层时，应增加倾向断层方向的钻孔数；探老窿区的钻孔应加密、加深。加强靠近探水工作面的支护，以防高压积水冲垮岩壁及支架；检查排水系统，应根据预计出水量确定应否加开排水泵，清理水沟、水仓使其畅通及缓冲泄水作用；探水工作要经常检查有毒有害气体，防止有毒有害气体逸出造成事故，并注意采取通风等措施；水压较大的探水孔要设套管，加装水阀控制放水量。

巷道施工过程中出现下列情况一定要进行钻孔探水：

（1）岩壁或顶板突然渗出水珠，岩层突然松散发潮；

（2）工作面温度下降，空气变冷或工作面水蒸气大，常产生雾气；

（3）接近石灰岩溶洞时，有时工作面"出汗"，见"黄泥"或岩层碎屑物质，有时有水啸，此时溶洞很可能在附近；

（4）工作面顶板淋水增大，或底板突然涌水；

（5）工作面顶板"来压"，掉碴、冒顶或出现支架倾倒、折梁断柱现象；

（6）水的气味发生变化。

探水钻孔的布置方法，一般分为"大夹角"扇形钻孔布置和"小夹角"扇形钻孔布置两种，探水钻孔布置应确保不漏老空（窿），保证安全生产，探水钻孔的超前距、允许掘进距离、帮距和密度等均有一定要求。探水钻孔的终孔位置应始终保持超前掘进工作面一段距离，这段距离称为超前距，一般为 8～20m。经探水后证明无水患威胁，可以安全掘进的长度，称为允许掘进距离，取决于钻孔深度。中心眼终点与外斜眼终点之间的距离称为帮距，帮距一般应等于或小于超前距 1～2m。允许掘进距离的终点与探水之间的距离称为密度，一般小于老洞的宽度，如图 3-6 所示。

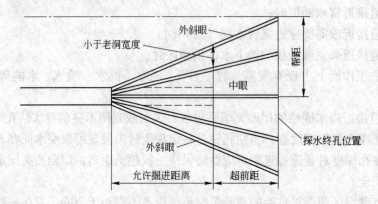

图 3-6　探水钻孔超前距、帮距、钻孔密度、允许掘进距离示意图

（1）"大夹角"扇形钻孔布置要求如下：

1）倾斜矿体厚度小于 2m 时，上山掘进应呈扇形布置，两侧各 2～3 组钻孔，每组 1～2 个孔。中间沿巷道前进方向一组，每组钻孔之间的夹角为 7°～15°，如图 3-7 所示。

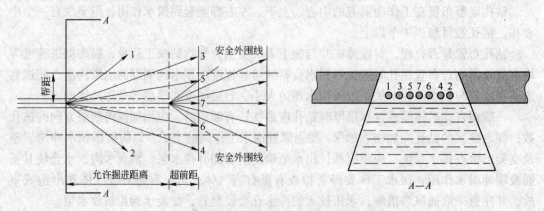

图 3-7　岩层上山巷道探水钻孔布置示意图

2）矿体厚度大于2m时钻孔布置如图3-8所示，钻孔的布置与上述一样，但每组钻孔的孔数不得小于3个。应有见底板和见顶板的钻孔，以保证不漏掉垂直方向上的积水洞子。

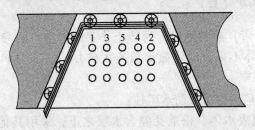

图3-8 岩层上山掘进工作面探水钻孔布置示意图

3）厚度小于2m，平巷掘进时，呈半扇形布置3~4组钻孔，钻孔夹角为7°~15°，每组施工1~2个钻孔，布置形式如图3-9所示。

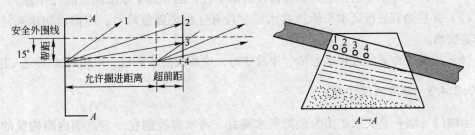

图3-9 薄矿体平巷掘进探水钻孔布置示意图

4）矿体厚度大于2m时，钻孔的布置与上述一样，但钻孔数目应该大于3个，如图3-10所示。

5）近水平厚矿体沿顶板掘进的巷道，每组钻孔除一个钻孔平行于矿体顶板外，其余的钻孔应依次向下倾斜，并至少有一个钻孔见底板，如图3-11所示。

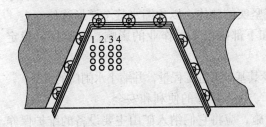

图3-10 厚矿体平巷掘进探水钻孔布置示意图

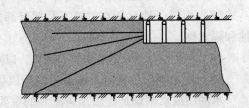

图3-11 巷道沿顶板掘进探水钻孔布置示意图

6）近水平厚矿体沿底板掘进的巷道，沿底板掘进的钻孔，钻孔同上面的正好相反，如图3-12所示。

（2）"小夹角"扇形钻孔布置。所谓"小夹角"扇形钻孔即两组钻孔之间的夹角较"大夹角"要小。一般在1°~3°。"小夹角"钻孔布置一般也是顺巷道前进方向布置一组，两侧

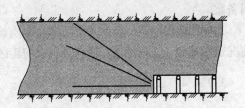

图3-12 巷道沿底板掘进探水钻孔布置示意图

各 2~3 组，每组钻孔间夹角为 1°~3°，每组钻孔数要求与"大夹角"探水钻孔数相同。

3.2.4.2 留设防水矿（岩）柱

在矿体与含水层（带）接触地段，为防止井巷或采空空间突水危害，留设一定宽度（或高度）的矿（岩）体不采，以堵截水源流入矿井，这部分矿岩体称作防水矿（岩）柱（以下简称矿柱）。

通常在下列情况下应考虑留设防水矿柱：

（1）矿体埋藏于地表水体、松散孔隙含水层之下，采用其他防治水措施不经济时，应留设防水矿柱，以保障矿体采动裂隙不波及地表水体或上覆含水层。

（2）矿体上覆强含水层时，应留设防水矿柱，以免因采矿破坏引起突水。

（3）断层作用使矿体直接与强含水层接触时，应留设防水矿柱，防止地下水渗入井巷。

（4）矿体与导水断层接触时，应留设防水矿柱，阻止地下水沿断层涌入井巷。

（5）井巷遇有底板高水头承压含水层、且有底板突破危险时，应留设防水矿柱，防止井巷突水。

（6）采掘工作面邻近积水老窑、淹没井时，应留设防水矿柱，以阻隔水源突入井巷。

3.2.4.3 筑水闸门（墙）

水闸门（墙）是大水矿山为预防突水淹井、将水害控制在一定范围内而构筑的特殊闸门（墙），是一种重要的井下堵截水措施。水闸门（墙）分为临时性的和永久性的。

为了确保水闸门（墙）起到堵截涌水的作用，其构筑位置的选择应注意以下几点：

（1）闸门（墙）应构筑在井下重要设施的出入口处，以及对水害具有控制作用的部位。目的在于尽量限制水害范围，使其他无水害区段能保持正常生产，或者有复井生产和绕过水害地段开拓新区的可能。

（2）闸门（墙）应设置在致密坚硬、完整稳定的岩石中。如果无法避开松软、裂隙岩石，则应采取工程措施，使闸体与围岩构成坚实的整体，以免漏水甚至变形移位。

（3）闸门（墙）所在位置不受邻近部位和下部阶段采掘作业的影响，以确保其稳定性和隔水性。

（4）闸门应尽量构筑在单轨巷道内，以减少其基础掘进工程量，并缩小水闸门的尺寸。

（5）定水闸门位置时，还需考虑到以后开、关、维修的便利和安全。

水闸门或水闸墙是矿山预防淹井的重要设施，应将它们纳入矿山主要设备的维护保养范围，建立档案卡片，由专人管理，使其保持良好状态。在水闸门和水闸墙使用期限内，不允许任何工程施工破坏其防水功能。在它们完成防水使命后予以废弃时，应报送主管部门备案。

水闸门使用期间，应纳入矿区水文地质长期观测工作对象，对其渗漏、水压以及变形等情况定期观测，正确记录。所获资料参与矿区开采条件下水文地质条件变化特征的评价分析。

3.2.4.4 注浆堵水

注浆堵水是指将注浆材料（水泥、水玻璃、化学材料以及黏土、沙、砾石等）制成浆液，压入地下预定位置，使其扩张固结、硬化，起到堵水截流、加固岩层和消除水患的作用。

注浆堵水是防治矿井水害的有效手段之一，当前国内外已将其广泛应用于井筒开凿及成井后的注浆，截源堵水以减少矿坑涌水量，封堵充水通道恢复被淹矿井或采区，巷道注浆以保障井巷穿越含水层（带）等。

注浆堵水在矿山生产中的应用方法如下：

（1）井筒注浆。堵水在矿山基建开拓阶段，井筒开凿必将破坏含水层。为了顺利通过含水层，或者成井后防治井壁漏水，可采用注浆堵水方法。按注浆施工与井筒施工的时间关系，井筒注浆堵水又可分为井筒地面预注浆、井筒工作面预注浆、井筒井壁注浆。

（2）巷道注浆。当巷道需穿越裂隙发育、富水性强的含水层时，巷道掘进可与探放水作业配合进行，将探放水孔兼作注浆孔，埋没孔口管后进行注浆堵水，从而封闭了岩石裂隙或破碎带等充水通道，减少矿坑涌水量，使掘进作业条件得到改善，掘进工效大大提高。

（3）注浆升压，控制矿坑涌水量。当矿体有稳定的隔水顶底板存在时，可用注浆封堵井下突水点，并埋设孔口管，安装闸阀的方法，将地下水封闭在含水层中。当含水层中水压升高，接近顶底板隔水层抗水压的临界值时（通常用突水系数表征），则可开阀放水降压；当需要减少矿井涌水量时（雨季、隔水顶底板远未达到突水临界值、排水系统出现故障等），则关闭闸阀，升压蓄水，使大量地下水被封闭在含水层中，促使地下水位回升，缩小疏干半径，从而降低了矿井排水量，可以缓和以致防止地面塌陷等有害工程地质现象的发生。

（4）恢复被淹矿井。当矿井或采区被淹没后，采用注浆堵水方法复井生产是有效的措施之一。注浆效果好坏的关键在于找准矿井或采区突水通道位置和充水水源。

（5）帷幕注浆。对具有丰富补给水源的大水矿区，为了减少矿坑涌水量，保障井下安全生产之目的，可在矿区主要进水通道建造地下注浆帷幕，切断充水通道。将地下水堵截在矿区之外。这不仅减少矿坑涌水量，又可避免矿区地面塌陷等工程地质问题的发生，因此具有良好的发展前景。但是帷幕注浆工程量大，基建投资多，因此，确定该方法防治地下水应十分审慎。

采用帷幕注浆堵水应具备的基本条件有：

1）矿区要具备采用帷幕注浆堵水的边界条件，即矿床地下水的补给径流通道较集中，进水断面较狭窄；

2）进水通道两侧和底部应有稳固、可靠和连续分布的隔水层或相对隔水层；

3）矿区进水通道虽然宽阔，但浅部存在强径流带或集中径流带，可以采用浅截帷幕进行局部堵水；

4）矿区涌水量大；

5）由于矿床疏干排水产生地面塌陷并造成严重危害的岩溶充水矿床；

6）采用帷幕注浆堵水时，其含水量埋藏深度不能过大，一般不宜超过400m；

7）矿床储量规模大，矿山生产年限长；

8）矿体空间分布较集中，埋藏深度较浅，帷幕的长度和深度不致过大；

9）有明显的经济效益和社会效益。

帷幕注浆堵水的特点有：

1）帷幕注浆堵水严格受矿区水文地质及工程地质条件控制。帷幕注浆堵水地段的含水层位置、隔水层及隔水边界的位置和空间形态共同决定着帷幕的范围、形状及空间形态，对帷幕注浆的布置具有控制作用，同时也直接影响着帷幕的堵水效果。由于帷幕注浆通常在大范围内堵截矿床地下水，帷幕地段水文地质及工程地质条件的任何变化，都会给帷幕的建造和施工带来显著的影响。

2）注浆工艺较复杂。有些矿山常在埋藏很深的含水层采用高压注浆的方法构筑堵水帷幕，而高压注浆对浆液的搅拌、输送和造浆工艺以及对注浆设备、输浆管道及其连接件的性能，均有较高的要求；为了减少注浆孔的钻探工程量，有些矿山也采用地面与井下联合注浆工艺，但这种工艺将使造浆、输浆和注浆等工艺过程进一步复杂化。

3）注浆工程量较大、基建投资较高、工期较长。矿山防治水采用的堵水帷幕，一般长度和深度均较大，因此，注浆孔的钻探工程量和注浆工程量很大，注浆材料消耗多，所耗投资费用一般较高，所需工期也较长。

帷幕注浆堵水的主要技术要求有：

1）确保开采安全。采用帷幕注浆防治矿床地下水，保证帷幕建成后，在高水头长期作用下，必须具有足够的强度，避免发生突然涌水，确保矿山在服务年限内采矿作业的安全。

2）最大限度地减少矿坑涌水量。最大限度地减少矿坑涌水量，目的是节省排水费用，使帷幕投资在短期内回本。

3）防止（或减轻）地面塌陷。在某些岩溶充水矿床的开发过程中，矿坑涌水量并不大。防止地面塌陷，避免给矿山带来严重的经济损失，是采用帷幕注浆堵水所要解决的主要问题。在这种情况下，不仅要求在帷幕建成后有相当高的堵水效果，而且还要能防止地面塌陷。

4）帷幕服务年限内保证堵水效果的稳定。帷幕建成后，要求在帷幕的整个服务年限内，在幕内外高水位差的渗流作用下，注浆材料不冲蚀、不变质、不软化、不溶解，帷幕的堵水效果不产生明显变化。

5）施工进度必须满足矿山基建和生产对防治水的要求。由于构筑堵水帷幕具有工程量较大、施工期限长的特点，注浆堵水帷幕的施工进度必须满足矿床开拓和开采进度计划的要求。

3.2.5 井下排水设施安全要求

（1）井下主要排水设备，至少应由同类型的三台泵组成，其中一台的排水能力应在20h 内排出一昼夜的正常涌水量（涌水量特别大的矿山不受此限制）；两台同时工作时，能在 20h 内排出一昼夜的最大涌水量。最大涌水量超过正常涌水量 1 倍以上的矿井，除备用水泵外，其余水泵应在 20h 内排出一昼夜的最大涌水量。井筒内应装设两条相同的排水管，其中一条工作，一条备用。涌水量大、水文地质条件复杂的矿山，在管路设施和泵房布置上，应考虑临时增加排水设备的需要。

（2）井底主要泵房的出口应不少于两个，其中一个通往井底车场，其出口要装设防水门；另一个用斜巷与井筒连通，斜巷上口应高出泵房地面标高 7m 以上。泵房地面标高，应高于其入口处巷道底板标高 0.5m（潜没式泵房除外）。

（3）水仓应由两个独立的巷道系统组成。涌水量较大的矿井，每个水仓的容积应能容纳 2～4h 的井下正常涌水量。一般矿井主要水仓总容积，应能容纳 6～8h 的正常涌水量。水仓进水口应有箅子。采用水沙充填和水力采矿的矿井，水进入水仓之前，应先经过沉淀池。水沟、沉淀池和水仓中的淤泥，应定期清理。

3.2.6 地下矿床疏干

地下矿床疏干与露天矿床疏干目的相同，也是降低地下水水位，保证安全开采的有效措施，而地下矿床疏干更强调的是采用各种疏水构筑物及其附属排水系统，疏排地下水，使矿山采掘工作能够在安全、适宜条件下顺利进行的一种矿山防治水技术措施。水文地质条件复杂或比较复杂的矿床，疏干既是安全采矿的必要措施，又是提高矿山经济效益的有效手段，因此是当今世界各国广为应用的一种防治矿水害的方法。但是疏干也存在一些问题，如长期疏干会破坏地下水资源；在一定的地质和水文地质条件下，疏干会引起地面塌陷等许多环境水文地质和工程地质问题。

地下矿床疏干一般分为基建疏干和生产疏干两个阶段。对于水文地质条件复杂的矿山，通常要求在基建前或基建过程中预先进行疏干工作，为采掘作业创造正常和安全的条件。生产疏干是基建疏干的继续，以提高疏干效果，确保采矿生产安全进行。

地下矿床疏干方式可分地表疏干、地下疏干和联合疏干三种方式，可根据矿床具体的水文地质条件和技术经济合理的原则加以选择。地表疏干方式的疏水构筑物及排水设施在地面建造，适用于矿山基建前疏干。地下疏干方式的疏排水系统在井下建造，多用于矿山基建和生产过程中的疏干。联合疏干方式是地表和地下疏干方式的结合，其疏排水系统一部分建在地表，另一部分建在井下，多用于复杂类型矿山的疏干，一般在基建阶段采用地表疏干，在生产阶段采用地下疏干，也可以颠倒。

3.2.6.1 地表疏干法

地表疏干是在地面向含水层内打钻孔，用深井泵或潜水泵把水抽到地表，使开采地段处于疏干降落漏斗水面之上的疏干方法。当老空区积水的水量不大，又没有补给水源时，也可以由地表打钻孔排放。

地表疏干钻孔应该根据当地的水文地质条件，以排水效果最佳为原则，布置成直线、弧形、环形或其他形式。

地表疏干能预先降低地下水位（水压），在较短时间内能为采掘工作创造安全生产条件。与地下疏干相比，疏干工程速度快、成本低、比较安全、便于维护和管理，但是，采用这种方法需要高扬程、大流量的水泵，电力消耗大。因此一般只在地下水位较浅时采用。

3.2.6.2 地下疏干法

当地下水位较深或水量较大时，宜采用地下疏干方法。对于不同类型的地下水源，采用的疏干方法也不相同。

（1）老空区积水。在疏放老空区积水时，如果老空区没有补给水源，矿井排水能力又足以负担排放积水时可以直接放水。如果老空区积水与其他水源有联系，短时间内不能排完积水时，应该先堵后放，即预先堵住出水点，然后再排放积水。如果老空区有某种直接补给水源，但是涌水量不大，或者枯水季节没有补给时，应当选择适当时机先排水，然后利用枯水时期修建必要的防漏工程或堵水工程，即先放后堵。在老空区位于不易泄水的山洞、河滩、洼地，雨季渗水量过大，或者积水水质很坏，易腐蚀排水设备的场合，应该将其暂时隔离，待到开采后期再处理积水。此外，若老空（窿）积水地区有重要建筑物或设施，则不宜放水，而应该留矿柱将其永久隔离。

（2）含水层涌水。在疏放含水层的水时，可以根据含水层的位置和涌水量的不同，采用不同的疏干方法。常用的疏干方法有：

1）巷道疏干。巷道疏干是当含水层位于矿层顶板时，提前掘出采区巷道，即疏干巷道，使含水层的水能通过巷道周围的孔隙、裂缝疏放出来，经过疏干巷道排出。在充分掌握了矿层顶底板含水层的水压和水量，估计涌水量不会超过矿井正常排水能力的情况下，为了提高疏水效果也可以把疏水巷道直接布置在待疏干的含水层中。

2）钻孔疏干。钻孔疏干是当含水层距矿层较远或含水层较厚时，在疏干巷道中每隔一定距离向含水层打放水钻孔来排水疏干。如果矿层下部含水层的吸水能力大于上部含水层的泄水量，则可以利用泄水和吸水孔导水下泄，疏干矿层和上部含水层。

3）联合疏干。联合疏干是当水文地质条件复杂，用某一种疏干方法的效果不理想时，可以采取疏干钻孔与疏水巷道相结合的联合疏干法。

3.2.6.3   联合疏干法

根据矿区的具体情况，有时采用地表与地下疏干相结合的联合疏干方法。地下矿床疏干的放水工作应由有经验的人员根据专门设计进行。

为了保证放水安全，必须注意如下问题：

（1）放水前应该估计积水量、水位标高、矿井的排水能力和水仓容量等，按照排水能力和水仓容积控制放水量。

（2）探水钻孔探到水源后，如果水量不大，可以直接利用探水钻孔放水；如果水量很大，则需要另打放水钻孔。

（3）正式放水前应该进行水量、水压和矿层透水性试验。当发现管壁漏水或放水效果不好时，要及时处理。

（4）放水过程中要随时注意水量变化、水的清浊和杂质情况，有无特殊声响等；为了预防有毒有害气体逸出造成事故，必须事先采取通风安全措施，使用防爆灯具。

（5）事先规定人员撤退路线，保证沿途畅通无阻；在放水巷道的两侧悬挂绳子作扶手，并在岩石稳固的地点建筑有闸门的防水墙。

3.2.7   矿坑排水

矿坑排水是指将疏干工程疏放出来（或其他来源）的水，经汇集输送至地表的过程，并包括为此目的使用的排水工程和设备的总称。及时、合理地疏排矿坑水，是矿山生产的基本环节。它包括两部分内容：排水系统和排水方式。

（1）排水系统，指用于疏排矿坑水的矿山生产系统。露采矿山一般由排水沟、贮水池、泵站和泄水井（孔）等组成。坑采矿山通常由排水沟（巷）、水仓、泵房和排水管路组成。

（2）排水方式，指将矿坑水从井下扬送至地表，是一次完成还是分段完成的排疏水方法。常用的排水方式有直接排水、分段排水和混合排水三种。

3.2.8 淹没矿井的处理方法

淹没矿井的处理目前常用强行排水和先堵后排两种方法。

在处理受淹矿井时，方法选择的主要影响因素有矿井地质条件、突水地点和突水特征、突水量的大小、涌出泥沙的性质和数量、突水地点的水压、淹没损失程度以及设备安装场地的条件等，设计中应根据矿山具体情况确定。

3.2.8.1 强行排水法

强行排水法适合于下述情况：

（1）突水水源以静储量为主时；

（2）突水水源以动流量为主，但其值不太大，井巷断面能容纳在要求的期限内确定的排水设施，而且电源有充分保障时；

（3）岩溶矿区强行排水不会导致新水源大量溃入矿井和引起塌陷等严重危害时。

目前常用的强行排水方式主要有卧泵排水、潜水泵或深井泵排水、空气升液器排水三种方式。由于各种淹没矿井条件差别很大，当淹井涌水量较大时，还可能采用以上几种方法联合排水。

3.2.8.2 先堵后排法

先堵后排法适合于下述情况：

（1）突水水源以动流量为主且其值较大（特别在突水通道与规模较大的水源沟通的情况下），井筒断面不能容纳在要求期限内排除矿井积水所确定的排水设施时；

（2）采用强行排水会激化地面塌陷，导致新水源大量溃入或引起地面塌陷的其他严重危害时。

先堵后排的堵水方式有两种，即封堵突水巷道外的导水通道和封堵突水巷道。

3.3 矿山泥石流防治

泥石流是一种挟带有大量泥沙、石块和巨砾等固体物质，突然以巨大速度从沟谷或坡地冲泻下来，来势凶猛、历时短暂，具有强大破坏力的特殊洪流。

3.3.1 泥石流的种类

泥石流由于分布地区不同，其形成条件、发展规律、物质组成、物理性质、运动特征及破坏强度很不相同，因此其分类方法也有区别，具体如下：

（1）按泥石流流域的地质地貌特征，有标准型泥石流、河谷型泥石流和山坡型泥石流之分。标准型泥石流是典型的泥石流，流域呈扇形，面积较大，有明显的泥石流形成区、流通区和堆积区。河谷型泥石流的流域呈狭长形，沿河谷既有堆积又有冲刷，形成逐次运搬的"再生式泥石流"。山坡型泥石流的流域呈斗状，面积较小，没有明显的流通区，形成区直接与堆积区相连。

（2）按物质组成，泥石流分为泥流、泥石流和水石流，这取决于泥石流形成区的地质岩性。

（3）按物理力学性质、运动和堆积特征，泥石流分为黏性泥石流和稀性泥石流。黏性泥石流具有很大的黏性和结构性，固体物质含量占40%～60%左右，在运动过程中有明显的阵流现象，使堆积区地面坎坷不平。这种泥石流以突然袭击的方式骤然爆发，破坏力大，常在很短时间内把大量的泥沙、石块和巨砾搬出山外，造成巨大灾害。稀性泥石流的主要成分是水、黏土和少量粉土，泥浆运动速度远远大于石块运动速度，石块以滚动或跃移的方式下泄。泥石流流动过程流畅，堆积区表面平坦。稀性泥石流具有极强烈的冲刷下切作用，在短时间内将沟床切下数米或十几米深的深槽。

（4）按泥石流的成因，有自然泥石流和人为泥石流之分。后者是人们在矿山或土石方挖掘工程（包括修筑铁路、公路等）中，由于排弃岩土引起滑坡、塌方所导致的泥石流。无论自然泥石流还是人为泥石流，其形成的必要条件都是具备丰富的松散土、石等固体物质，陡峭的地形，坡度较大的沟谷地，集中、充沛的水源等。

矿山泥石流主要是人为泥石流，大多以滑坡或坡面冲刷的形式出现。一般地，其发展过程是前期出现洪水，随之出现连续的稀性泥石流。此后，流量锐减，出现断泥现象。数分钟后，带有巨大响声的黏性泥石流一阵一阵地涌来，黏性泥石流的阵流有时出现几十次或几百次，其运动速度可达每秒钟数十米，产生强大的冲击力和气浪，破坏作用极大。

3.3.2　防治泥石流的措施

防治的方针是"以防为主，防治结合，综合治理，分期施工"。防治泥石流包括防止泥石流发生和在发生泥石流时避免或减少破坏的措施两个方面。

泥石流预防和治理主要措施包括：

（1）泥石流的勘测与调查。泥石流的勘测与调查包括对整个泥石流流域的勘测调查和当地居民的调查访问。前者是进行野外考察工作，搜集各种自然条件、人类活动及泥石流活动规律等资料：在泥石流暴发比较频繁而又可能直接观察到的地区，可以建立泥石流观测站，直接取得泥石流暴发时的资料。后者是通过访问，获得有关泥石流的历史资料。综合分析这些勘测与调查得来的资料并辅以必要的计算，可以判断泥石流的类型、规律及破坏情况等。

（2）防止泥石流发生。防治泥石流要根据泥石流的特征来进行。在泥石流可能发生的沟谷上游的山坡上植树造林，种植草皮，加固坡面，修建坡面排水系统以防止沟源侵蚀，实现蓄水保土，减少或消除泥石流的固体物质补给，控制泥石流的发生。

（3）拦挡泥石流。在泥石流通过的主沟内修筑各种拦挡坝。坝的高度一般在5m左右，可以是单坝，也可以是群坝。泥石流拦挡坝可以拦蓄泥沙石块等固体物质，减弱泥石流的破坏作用，以及固定泥石流沟床，平缓纵坡，减小泥石流的流速，防止沟床下切和谷坡坍塌。坝的种类很多，其中格栅坝最有特色。格栅坝是用钢构件和钢筋混凝土构件装配而成的形状为栅状的构筑物。它能将稀性泥石流、水石流携带的大石块经格栅过滤停积下来，形成天然石坝，以缓冲泥石流的动力作用，同时使沟段得以稳定。图3-13为格栅坝示意图。

（4）排导泥石流。泥石流出山后所携带的泥沙石块迅速淤积和沟槽频繁改道，给附近的矿区、居民区、农田及交通干线带来严重危害。在泥石流堆积区的防治措施包括导流堤和排洪道等排导措施。导流堤（见图3-14）用于保护可能受到泥石流威胁的矿区或建筑物等。排洪道起顺畅排泄泥石流的作用。

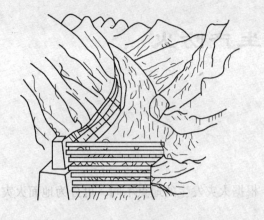

图 3 - 13 格栅坝   图 3 - 14 导流堤

矿山泥石流作为泥石流有它的特殊性，它是由人类采矿活动造成的，其预防和治理主要从规范采矿活动着手。具体表现为：

（1）将泥石流防治纳入矿山建设总体规划。主要是合理选择排土场、废石场，在建设阶段列出泥石流防治措施工程项目。在基建和采矿过程中，根据实际需要分期分批实施，以防止泥石流危害。

（2）选择恰当的采矿方式。一般地，与地下采矿相比，露天采矿剥离的土、岩多；浅部剥离的松散固体物质迅速聚集，极易发生泥石流；剥采工作进入深部之后，废石多为新破碎的岩块，不易发生泥石流。

（3）选择恰当的排土场、废石场。零散设置的排土场、废石场往往是小规模泥石流的发源地；在沟头设置的排土场、废石场，其堆积体常以崩塌或坡面泥石流的方式进入沟床，为泥石流提供物质来源；在山坡上的排土场、废石场，堆积体在自重或坡面径流的作用下可能形成坡面泥石流，在山前形成堆积扇；在沟谷内的排土场、废石场，堆积体在暴雨洪水冲刷下会形成沟谷型泥石流；排土场、废石场堆积越高，稳定性越差，越易发生泥石流。

（4）消除地表水的不利影响。

（5）有计划地安排土、岩堆置，复垦等。

复习思考题

3 - 1 试述矿山地表水的种类及地表水综合防治措施。

3 - 2 防止矿井透水事故的原则是什么？

3 - 3 根据安全技术原则，应该如何采取措施防止透水淹井事故？

3 - 4 疏干矿床的方法有几种，每种方法是如何进行的？

3 - 5 矿井透水有哪些预兆？

3 - 6 如何避免发生透水事故，应该采取哪些措施？

4 矿山生产防火

4.1 矿山火灾的发生

4.1.1 矿山火灾的分类与性质

矿山火灾是指矿山企业内所发生的火灾。根据火灾发生的地点不同，可分为地面火灾和井下火灾两种。

凡是发生在矿井工业场地的厂房、仓库、井架、露天矿场、矿仓、贮矿堆等处的火灾，称为地面火灾。

凡是发生在井下硐室、巷道、井筒、采场、井底车场以及采空区等地点的火灾，称为井下火灾。由于地面火灾的火焰或由它所产生的火灾气体、烟雾随同风流进入井下，威胁到矿井生产和人身安全的，也称为井下火灾。

井下火灾与地面火灾不同，井下空间有限，供氧量不足，假如水源不靠近通风风流，则火灾只能在有限的空气流中缓慢地燃烧，没有地面火灾那么大的火焰，但却生成大量有害毒气（由于井下空间小，即使产生有害气体不多，也有可能达到危害生命的程度），这是井下火灾易于造成重大事故的一个重要原因。另外，发生在采空区或矿柱内的自燃火灾，是在特定条件下，由矿岩氧化自热转为自燃的。

矿山火灾发展过程与地面建筑物室内火灾发展过程类似。在火灾初起期里，由于燃烧规模较小，与室内火灾的情况没有什么区别。在火灾成长期里，火势迅速发展，但是，当火势发展到一定程度时，由于矿内供给燃烧的空气量不足，不完全燃烧现象十分明显，产生大量含有有毒有害气体的黑烟。

矿内一旦发生火灾，火灾产生的高温和烟气随风流迅速在井下传播，对矿内人员生命安全构成严重威胁。

矿内火灾具有如下特点：

（1）地面人员很难获得矿内火灾的详细信息，很难掌握火灾动态，因而消防指挥者很难对火灾状况做出正确的判断和采取恰当的消防措施。

（2）发生火灾时，矿内巷道充满浓烟和热气，增加消防活动的困难性。有时，火灾产生的浓烟和热气从矿井主要出入口涌出，阻碍消防人员进入矿井。

（3）受井巷尺寸、提升设备和运输设备以及矿内供水系统等方面的限制，有时无法把消防设备、器材运到火灾现场，或消防能力不足，不能迅速扑灭火灾或控制火势。

另一方面，矿内发生火灾时烟气迅速随风流蔓延，对人员的安全疏散极为不利。一般来说，从工作面到矿井安全出口的距离都比较远，往往要经过一些竖井或倾斜井巷才能抵达地表，并且，远离火灾现场的人员缺乏对火灾情况的确切了解，成功地撤离到地面是相当不容易的。因此，在人员疏散方面必须采取一些专门措施。

根据火灾发生的原因，可分外因火灾和内因火灾两种。

（1）外因火灾（也称外源火灾），是由外部各种原因引起的火灾。例如：

1）明火（包括火柴点火、吸烟、点焊、氧焊、明火灯等）所引燃的火灾；

2）油料（包括润滑油、变压器油、液压设备用油、柴油设备用油、维修设备用油等）在运输、保管和使用时所引起的火灾；

3）炸药在运输、加工和使用过程中所引起的火灾；

4）机械作用（包括摩擦、振动、冲击等）所引起的火灾；

5）电气设备（包括动力线、照明线、变压器、电动设备等）的绝缘损坏和性能不良引起的火灾。

（2）内因火灾（也称自燃火灾），是由矿岩本身的物理和化学反应热所引起的。内因火灾的形成除矿岩本身有氧化自然特点外，还必须有聚热条件，当热量得到积聚时，必然会产生提温现象，温度的升高又导致矿岩的加速氧化，发生恶性循环，当温度达到该种物质的发火点时，则导致自燃火灾的发生。

内因火灾的初期阶段通常只是缓慢地增高井下空气温度和湿度，空气的化学成分发生很小的变化，一般不易被人们所发现，也很难找到火源中心的准确位置，因此，扑灭此类火灾比较困难。内因火灾燃烧的延续时间比较长，往往给井下生产和工人的生命安全造成潜在威胁，所以防止井下内因火灾的发生与及时发现控制灾情的发展有着十分重要的意义。

4.1.2 矿山火灾的危害

矿山火灾是采矿生产中的一大灾害。它不但会破坏采矿工作的正常进展，恶化井下作业条件和污染地面大气，而且会使可采矿量降低和生产成本提高，还可能造成严重的人员伤亡事故。火灾发生以后所产生的一种自然负压，通常称之为火风压，还可以使通过矿井的总风量增加或减少，还可以使一些风流反向流动，打乱通风系统。火灾气体除了对人体造成危害外，还会腐蚀井下的生产设备。

井下火灾会产生大量烟气，烟气对人身的危害包括如下几个方面：

（1）一氧化碳中毒。一氧化碳是烟气中对人员威胁最大的有毒成分。一氧化碳进入人体后与血液中的血红蛋白结合，从而阻碍血液把氧输送到人体的各部分去。

（2）其他有毒气体中毒。可燃物燃烧时除了产生大量一氧化碳外，还可能产生醛类、氢氰化物及氢氯化物等有毒气体，刺激人的呼吸道，严重时可以令人员中毒死亡。

（3）缺氧。发生火灾时地下充满一氧化碳、二氧化碳等有毒有害气体，加上大量的氧被燃烧消耗掉，造成井下空气中的含氧量降低。

根据经验，金属矿山的自燃火灾是很难一次性扑灭的，即使扑灭了，遇条件适合又可能复燃，还会有新的火源产生。因此，凡有自燃火灾的矿床，防灭火工作就会是长期的，几乎要持续到矿床采完为止，所支付的直接防灭火费用是十分惊人的。此外，采场高温矿石的烧结悬顶和硫化矿粉尘爆炸所引起的高温气浪应引起人们的高度重视。另外，高温矿石的装药爆破所引起的炸药自爆也是造成伤亡事故的原因，不少矿山都发生过这样的事故。

4.1.3　外因火灾的发生原因

在我国非煤矿山中，矿山外因火灾绝大部分是因为木支架与明火接触、电气线路、照明和电气设备的使用和管理不善，在井下违章进行焊接作业、使用火焰灯、吸烟或无意有意点火等外部原因所引起的。随着矿山机械化、自动化程度的提高，因电气原因所引起的火灾比例会不断增加，这就要求在设计和使用机电设备时，应严格遵守电气防火条例，防止因短路、过负荷、接触不良等原因引起火灾。矿山地面火灾则主要是由于违章作业，粗心大意所致。如上所述，火灾的危害是严重的，地面火灾可能损失大量物资并影响生产。井下火灾比地面火灾危害更大，井下工人不但在火源附近直接受到火焰的威胁，而且距火源较远的地点，由于火焰随风流扩散带有大量有毒有害和窒息性气体，使工人的生命安全受到严重威胁，往往酿成重大或特大伤亡事故。近年来，由于井下着火引起的炸药燃烧、爆炸的事故也时有发生，造成严重的人员伤亡和财产损失。

现就各种原因所引起的外因火灾说明如下：

（1）明火引起的火灾与爆炸。在井下使用电石灯照明，吸烟或无意有意点火所引起的火灾占有相当大的比例。电石灯火焰与蜡纸、碎木材、油棉纱等可燃物接触，很容易将其引燃，如果扑灭不及时，便会酿成火灾。非煤矿山井下，一般不禁止吸烟，未熄灭的烟头随意乱扔，遇到可燃物是很危险的。据测定结果：香烟在燃烧时，中心最高温度可达650~750℃，表面温度达350~450℃。不要小看这个小小的火源，如果被引燃的可燃物是容易着火的，而且外在有风流，就很可能酿成火灾。冬季的北方矿山在井下点燃木材取暖，会使风流污染，有时造成局部火灾。一个木支架燃烧，它所产生的一氧化碳就足够在一段很长的巷道中引起中毒或死亡事故。

（2）爆破作业引起的火灾。爆破作业中发生的炸药燃烧及爆破原因引起的硫化矿尘燃烧、木材燃烧，爆破后因通风不良造成可燃性气体聚集而发生燃烧、爆炸都属爆破作业引起的火灾。这类燃烧事故时有发生，造成人员伤亡和财产损失。

其直接原因可以归纳为：

1）在常规的炮孔爆破时，引燃硫化矿尘；

2）某些采矿方法（如崩落法）采场爆破产生的高温引燃采空区的木材；

3）大爆破时，高温引燃黄铁矿粉末、黄铁矿矿尘及木材等可燃物；

4）爆破产生的碳氢化合物等可燃性气体积聚到一定浓度，遇摩擦、冲击或明火，便会发生燃烧甚至爆炸。一氧化碳、硫化氢、氢气、沼气及其他不饱和碳氢化合物的爆炸界限如表4-1所示。

表4-1　爆炸性气体含量的爆炸界限

气体名称	化学符号	爆炸界限（体积分数）/%	
		下　限	上　限
一氧化碳	CO	12.50	74.20
硫化氢	H_2S	4.30	45.50
氢　气	H_2	4.00	74.20
甲　烷	CH_4	5.00	15.00
乙　炔	C_2H_2	2.50	80.00

必须指出：炸药燃烧不同于一般物质的燃烧，它本身含有足够的氧，无需空气助燃，燃烧时没有明显的火焰，而是产生大量有毒有害气体。燃烧初期，产生大量氮氧化物，表面呈棕色，中心呈白色。氮氧化物的毒性比 CO 更为剧烈，严重者可引起肺水肿造成死亡，所以在处理炮烟中毒患者时，要分辨清楚是哪种气体中毒。在井下空间有限的条件下，炸药燃烧时生成的大量气体，因膨胀、摩擦、冲击等原因产生巨大的响音。

（3）焊接作业引起的火灾。在矿山地面、井口或井下进行氧焊、切割及点焊作业时，如果没有采取可靠的防火措施，由焊接、切割产生的火花及金属熔融体遇到木材、棉纱或其他可燃物，便可能造成火灾。特别是比较干燥的木支架进风井筒进行提升设备的检修作业或其他动火作业，因切割、焊接产生火花及金属熔融体未能全部收集而落入井筒，又没有用水将其熄灭，便很容易引燃木支架或其他可燃物，若扑灭不及时，往往酿成重大火灾事故。

据测定结果，焊接、切割时飞散的火花及金属熔融体碎粒的温度高达 1500～2000℃，其水平飞散距离可达 10m，在井筒中下落的距离则可大于 10m。由此可见，这是一种十分危险的引火源。

（4）电气原因引起的火灾。电气线路、照明灯具、电气设备的短路，过负荷，容易引起火灾。电火花、电弧及高温赤热导体引燃电气设备、电缆等的绝缘材料极易着火。有的矿山用灯泡烘烤爆破材料或用电炉、大功率灯泡取暖、防潮，引燃了炸药或木材，往往造成严重的火灾、中毒、爆炸事故。

当用电发生过负荷时，导体发热容易使绝缘材料烤干、烧焦，并失去其绝缘性能，使线路发生短路，遇到可燃物时，极易造成火灾。带电设备元件的切断、通电导体的断开及短路现象发生都会形成电火花及明火电弧，瞬间达到 1500℃ 以上的高温，而引燃其他物质。井下电气线路特别是临时线路接触不良，接触电阻过高是造成局部过热引起火灾的常见原因。用白炽灯泡烘烤爆破材料，用大功率电灯泡、电炉取暖，烘烤物件、防潮曾发生多次火灾事故。

白炽灯泡的表面温度：40W 以下的为 70～90℃，60～500W 的为 80～110℃，1000W 以上的为 100～130℃，当白炽灯泡打破而灯丝未断时，钨丝最高温度可达 2500℃ 左右，这些都能构成引火源，引起火灾发生。随着矿山机械化、自动化程度不断提高，电气设备、照明和电气线路更趋复杂。电气保护装置的选择、使用、维护不当，电气线路敷设混乱往往是引起火灾的重要原因之一。

4.1.4　内因火灾的发生原因

堆积的含硫矿物或碳质页岩，在其与空气接触时，会发生氧化而放出热量。若氧化生成的热量大于向周围散发的热量时，则该物质能自行增高其温度，这种现象就称为自热。

随着温度的升高，氧化加剧，同时放热能力也因而增高。如果这个关系能形成热平衡状态，则温度停止上升，自热现象中止，并且通常在若干时间后即开始冷却。但有时在一定外界条件下，局部的热量可以积聚，物质便不断加热，直到其着火温度，即引起自燃。如果物质在氧化过程中所产生的热量低于周围介质所能散发的热量，则无升温自热现象。

因此，物质的自热、自燃与否都是由下列三个基本因素决定的：

（1）该可燃物质的氧化特性；

（2）空气供给的条件；

（3）可燃物质在氧化或燃烧过程中与周围介质热交换的条件。

第一个因素是属于物质发生自燃的内在因素，仅取决于物质的物理化学性能；而后两个因素则是外在因素。

硫化矿在成矿过程中，由于温度和压力的不同往往存在同一矿床中有多种类型矿物的现象。由于成矿后长期的淋滴、风化等物理化学作用，同一矿物也会随之出现结构构造差异很大的情况。在同一矿床中，由于各种矿物内在性质的不同，进行硫化矿床自燃火灾原因的研究，必须首先对每一类型的矿石做深入细致的试验研究，从中找出有自燃倾向性的矿石。

矿体顶板岩层为含硫碳质页岩（特别是黄铁矿在碳质页岩中以星状态存在）时，当顶板岩层被破坏后，黄铁矿和单质炭与空气接触也同样可以产生氧化自热到自燃的现象。

任何一种矿岩自燃的发生，即为矿岩的氧化过程，在此整个过程中，由于氧化程度的不同，必然呈现出不同的发展阶段，因此可把矿岩自燃的发生划分为氧化、自热和自燃三个阶段。这三个阶段可用矿岩的温升来表示和划分，根据矿岩从常温到自燃整个温升过程的激化程度，可定为：常温至100℃矿岩水分蒸发界限为低温氧化阶段；100℃至矿岩着火温度为高温氧化阶段；矿岩着火温度以上为燃烧阶段。

任何一种矿岩的自燃必须经过上述温升的三个阶段，因而矿岩是否属于自燃矿岩，必须根据温升的三个阶段来确定。

必须指出，由于矿岩氧化是随着温度的升高而加剧的，因此，设法控制矿岩温度不高于100℃是防止矿岩自燃的关键。但要做到这一点，难度也是很大的。

4.1.4.1　内因火灾发火的影响因素

（1）地质条件。在大气和地下水的长期作用下，一般硫化矿床都具有垂直成带性，即自上而下呈氧化带、次生富集带和原生带。其主要化学变化包括氧化、溶解及富集，金属矿物就地变成氧化物等。其中黄铁矿起着重要作用，其他金属硫化物亦参与反应，生成各种硫酸盐。图4－1表示硫化铜矿床由于氧化作用的发展，矿物向富集带转移的一般形式。

以铜官山矿松树山区为例，矿物次生富集带又可分为三个亚带，即次生氧化富集亚带、半氧化矿石亚带、次生硫化富集亚带。由于经受长期氧化，后两个亚带的矿石氧化活性很强，在被开采揭露后，随着大量空气进入，氧化过程立刻加速进行，在适当条件下就可能发生自燃。该区90％的火灾均发生在两个亚带内，见图4－2。

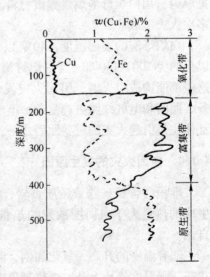

图4－1　硫化铜矿矿物富集转移的
一般形式示意图

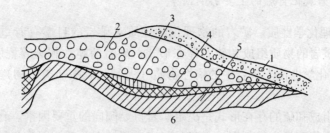

图 4-2 松树山区主要自然矿段与地质地带的分布关系示意图

1—表土；2—铁帽；3—次生氧化富集亚带；4—半氧化矿石亚带；5—次生硫化富集亚带；6—原生带

地质断层、褶皱和接触破碎带与内因火灾也有密切的关系。在断层、褶皱破碎带和矿岩接触破碎带中往往出现硫化物的富集，同时由于地下水和少量空气存在，硫铁矿经历了漫长的氧化过程，生成大量硫酸和硫酸盐。当得到氧化所需足够的氧气时，氧化速度极快，因而容易引起内因火灾。

（2）矿物组分。硫化矿床中含有多种矿物成分，与内因火灾有关的矿物组分有：

1）原生黄铁矿。在氧化过程中，黄铁矿首先是与空气中的氧或水中的流离氧发生吸附作用，继而与氧发生反应。反应过程均伴有黄铁矿的胶化过程。但反应速度相当缓慢。在室温条件下，将300g黄铁矿粉放入空气饱和的水中10个月，仅有0.2g发生了氧化作用。按反应式计算，只放出极少的热量；生产实践中，也证明了这一点。

2）胶状黄铁矿。胶状黄铁矿是原生黄铁矿在长期氧化过程中的产物。其晶形已发生变化，是一种超细微粒，并含有10%以上的$FeSO_4$，其氧化速度大大高于原生黄铁矿，自燃点大大低于原生黄铁矿，是矿岩自燃中最危险的一种矿物。

3）磁黄铁矿。在氧和地下水的长期作用下，磁黄铁矿常常被氧化成白铁矿和胶状黄铁矿。它是一种较容易被氧化的产物，在降低酸度、还原$Fe_2(SO_4)_3$和析出H_2S方面，要比其他任何一种普通硫化物都强得多。但磁黄铁矿的结构较致密，参与氧化的面积少，开采中的氧化自燃危险性并不比胶状黄铁矿大。另外，磁黄铁矿在氧化过程中容易结块，妨碍氧气向内部进一步渗入，使氧化速度大大降低。可是，如采用大爆破方案回采，由于造成大量易氧化的极细粉矿，加上被崩落的矿石因出矿缓慢，在崩落区滞留时间过长，矿石自燃的危险性将增大。

4）白铁矿。白铁矿的构造类似于黄铁矿，化学成分亦相同，但晶体结构的对称程度却不同，属于斜方晶系。硬度及密度均较黄铁矿小，解离不完全。白铁矿较黄铁矿易氧化分解，因而在相同条件下氧化速度比黄铁矿快。

5）单质硫。在常温下单质硫比较稳定，其着火温度为363℃。而在硫化物中伴生的单质硫或硫化矿物氧化后产生的单质硫，其着火温度可降低到200℃以下。由于每摩尔硫燃烧时放出297.5kJ热量，虽然单质硫在硫化矿中的含量不多，但却可起到一种"引燃剂"的作用。

另外，在惰性金属硫化矿床中除铁外通常伴有铜、铅、砷、锌等硫化矿物，这些矿物在硫化矿石的自燃中都起一定作用。而碳酸盐类矿物则起抑制作用。

4.1.4.2　矿岩氧化自燃的主要影响因素

（1）矿岩物理化学性质。矿岩的物理化学性质对矿岩的自燃有着重要作用，属于该因素的主要有：矿岩的物质组成和硫的存在形式、矿岩的脆性和破碎程度、矿岩的水分、pH 值以及不同的化学电位。矿岩中的惰性物质（尤其是碳酸盐类矿物）对矿岩的自燃起抑制作用。

矿岩的物质组成和硫的存在形式是决定矿岩自燃倾向的重要因素。含硫量的多少不能作为衡量自燃火灾能否发生的判据，它只是与火灾规模有关系。因为各种矿岩的放热能力是随着矿岩中含硫量的增加而增加的。

矿岩的破碎程度对矿岩的氧化性有影响，松脆的和破碎程度大的矿岩，由于氧化表面积增大而加快其氧化速度；并且矿岩的破碎也降低了它的着火温度，所以变得更容易自燃。

水分和 pH 值对矿岩的氧化性有显著的影响，一般来说，湿矿岩的氧化速度要比干矿岩快，pH 值低的矿岩更容易氧化。

矿岩中常含有多种不同化学电位的物质。当矿岩在有水分参与反应的氧化过程中，各物质成分间因电位的不同将产生电流因而加速了氧化作用。

（2）矿床赋存条件。硫化矿床自燃与矿体厚度、斜角等有关系。矿体的厚度愈厚与倾角愈大，则火灾的危险性也愈大。因为急倾斜的矿体遗留在采空区的木材和碎矿石易于集中，矿柱易受压破坏，且采空区较难严密隔离。

（3）供氧条件。供氧条件是矿岩氧化自燃的决定因素。每摩尔 FeS_2 和 FeS 分别需要 44.8L 和 22.4L 的氧才能反应完全。在开采的条件下，为保证人员呼吸并将有毒有害气体、粉尘等稀释到安全规程规定的允许浓度以下，需要向井下送入大量新鲜空气，这些新鲜空气能使矿岩进行充分的氧化反应。但大量供给空气又能将矿石氧化所产生的热量带走，破坏了聚热条件。

（4）水的影响。从反应式可知，水能促进黄铁矿的胶化，是一种供氧剂，水过量时又是一种抑制剂。除水本身能带走热量外，水汽化时要吸收大量热，另外水的存在将发生化学反应，一般是一个不放热也不吸热的反应。当溶液的 pH≥8 时，此反应能在 15～30min 内完成。迅速生成的 $Fe(OH)_3$ 是一种胶状物，会使矿石产生胶结。

（5）同时参与反应的矿量的影响。参与反应的矿石和粉矿越多，自燃的危险性越大。反之，则危险性减小。

此外，温度对自燃的影响是一个很重要的因素。因为矿岩的氧化自热是随着温度的升高而加快的。

4.1.4.3　内因火灾的早期识别

硫化矿石自热阶段温度上升，同时产生大量水分，使附近的空气呈过饱和状态，在巷道壁和支架上凝结成水珠，俗称"巷道出汗"。在冬季，可以看到从地表的裂缝、钻孔口冒出蒸汽，或者出现局部地段冰雪融化的现象。在硫化矿石的自燃阶段产生 SO_2，人们会嗅到它的刺激性臭味。火区附近的大气条件使人感觉不适，例如头疼、闷热、裸露的皮肤有微痛、精神过于兴奋或疲劳等。

4.2 火灾的预防与扑灭

4.2.1 外因火灾的预防

4.2.1.1 地面火灾

对矿山地面火灾,《生产安全事故报告和调查处理条例》规定:

特别重大火灾是指造成 30 人以上死亡,或者 100 人以上重伤,或者 1 亿元以上直接财产损失的火灾;

重大火灾是指造成 10 人以上 30 人以下死亡,或者 50 人以上 100 人以下重伤,或者 5000 万元以上 1 亿元以下直接财产损失的火灾;

较大火灾是指造成 3 人以上 10 人以下死亡,或者 10 人以上 50 人以下重伤,或者 1000 万元以上 5000 万元以下直接财产损失的火灾;

一般火灾是指造成 3 人以下死亡,或者 10 人以下重伤,或者 1000 万元以下直接财产损失的火灾。

矿山地面防火,应遵守《中华人民共和国消防条例》和当地消防机关的要求。针对各类建筑物、油库材料场和炸药库、仓库等建立消防制度,完善防火措施,配备足够的消防器材。

各厂房和建筑物之间,要建立消防通道。消防通道上不得堆积各种物料,以利于消防车辆通行。

矿山地面必须结合生活供水管道设计地面消防水管系统,井下则结合作业供水管道设计消防水管系统。水池的容量和管道的规格应考虑两者的用水量。

4.2.1.2 井下火灾

井下火灾预防的一般要求是:

(1) 对于进风井筒、井架和井口建筑物、进风平巷,应尽量采用不燃性材料建筑。

(2) 用木支架支护的竖、斜井井架,井口房、主要运输巷道、井底车场和硐室要设置消防水管。如果用生产供水管兼作消防水管,必须每隔 50~100m 安设支管和供水接头。

(3) 井口木料、有自燃发火的废石堆(或矿石堆)、炉渣场,应布置在距离进风口主要风向的下风侧 80m 以外的地点并采取必要的防火措施。

(4) 主要扇风机房和压入式辅助扇风机房、风硐及空气预热风道、井下电机车库、井下机修及电机硐室、变压器硐室、变电所、油库等,都必须用不燃性材料建筑,硐室中有醒目的防火标志和防火注意事项,并配备相应的灭火器材。

(5) 井下应配备一定数量的自救器,集中存放在合适的场所,并应定期检查或更换。在危险区附近作业的人员必须随身携带以便应急。

(6) 井下各种油类,应分别存放在专用的硐室中。装油的铁桶应有严密的封盖。储存动力用油的硐室应有独立的风流并将污风汇入排风巷道,储油量一般不超过三昼夜的用量。

(7) 井下柴油设备或液压设备严禁漏油,出现漏油时要及时修理,每台柴油设备上应配备灭火装置。

（8）设置防火门。为防止地面火灾波及井下，井口和平硐口应设置防火金属井盖或铁门。各水平进风巷道，距井筒 50m 处应设置不燃性材料构筑的双重防火门，两道门间距离 5~10m。

4.2.1.3 预防明火引起火灾的措施

为防止在井口发生火灾和污风风流，禁止用明火或火炉直接接触的方法加热井内空气，也不准用明火烤热井口冻结的管道。

井下使用过的废油、棉纱、布头、油毡、蜡纸等易燃物应放入盖严的铁桶内，并及时运至地面集中处理。

在大爆炸作业过程中，要加强对电石灯、吸烟等明火的管制，防止明火与炸药及其包装材料接触引起燃烧、爆炸。

不得在井下点燃蜡纸作照明，更不准在井下用木材生活取暖，特别对民工采矿的矿山，更要加强明火的管理。

4.2.1.4 预防焊接作业引起火灾的措施

在井口建筑物内或井下从事焊接或切割作业时，要严格按照安全规程执行和报总工程师批准，并制定出相应的防火措施。

必须在井筒内进行焊接作业时，须派专人监护防火工作，焊接完毕后，应严格检查和清理现场。

在木材支护的井筒内进行焊接作业时，必须在作业部位的下面设置接收火星、铁渣的设施，并派专人喷水淋湿，及时扑灭火星。

在井口或井筒内进行焊接作业时，应停止井筒中的其他作业，必要时设置信号与井口联系以确保安全。

4.2.1.5 预防爆破作业引起的火灾

对于有硫化矿尘燃烧、爆炸危险的矿山，应限制一次装药量，并填塞好炮泥，以防止矿石过分破碎和爆破时喷出明火，在爆破过程中和爆破后应采取喷雾洒水等降尘措施。

对于一般金属矿山，要按《爆破安全规程》要求，严格对炸药库照明和防潮设施的检查，应防止工作面照明线路短路和产生电火花而引燃炸药，造成火灾。

无论在露天台阶爆破或井下爆破作业时，均不得使用在黄铁矿中钻孔时所产生的粉末作为填塞炮孔的材料。

大爆破作业时，应认真检查运药线路，以防止电气短路、顶板冒落、明火等原因引燃炸药，造成火灾、中毒、爆炸事故。

爆破后要进行有效的通风，防止可燃性气体局部积聚，达到燃烧或爆炸限，引起烧伤或爆炸事故。

4.2.1.6 预防电气方面引起的火灾

井下禁止使用电热器和灯泡取暖、防潮和烤物，以防止热量积聚而引燃可燃物造成火灾。

正确地选择、装配和使用电气设备及电缆，以防止发生短路和过负荷。注意电路中接触不良，电阻增加发生热现象，正确进行线路连接、电缆连接、灯头连接等。

井下输电线路和直流回馈线路，通过木质井框、井架和易燃材料的场所时，必须采取有效防止漏电或短路的措施。

变压器、控制器等用油，在倒入前必须进行很好的干燥，清除杂质，并按有关规定与标准采样，进行理性化性质试验，以防引起电气火灾。

严禁将易燃易爆器材放在电缆接头、铁道接头、临时照明线灯头接头或接地极附近，以免因电火花引起火灾。

矿井每年应编制防火计划。该计划的内容包括防火措施、撤出人员和抢救遇难人员的路线、扑灭火灾的措施、调度风流的措施、各级人员的职责等。防火计划要根据采掘计划、通风系统和安全出口的变动及时修改。矿山应规定专门的火灾信号，当井下发生火灾时，能够迅速通知各工作地点的所有人员及时撤离灾险区。安装在井口及井下人员集中地点的信号，应声光兼备。当井下发生火灾时，风流的调度、主扇继续运转或反风，应根据防火计划和具体情况，做出正确判断，由安全部门和总工程师决定。

离城市 15km 以上的大、中型矿山，应成立专职消防队。小型矿山应有兼职消防队。自燃发火矿山或有沼气的矿山应成立专职矿山救护队。救护队必须配备一定数量的救护设备和器材，并定期进行训练和演习。对工人也应定期进行自救教育和自救互救训练。矿山救护的主要设备有氧气呼吸器、自动苏生器、自救器等。

4.2.2 内因火灾的预防

能尽早而又准确地识别矿井内因火灾的初期征兆，对于防止火灾的发生和及时扑灭火灾都具有极其重要的意义。

井下初期内因火灾可以从以下几个方面进行识别。

4.2.2.1 火灾孕育期的外部征兆

火灾孕育期的外部征兆是指人的感觉器官能直接感受到的征兆，属于此类的有：

(1) 矿物氧化时生成的水分会增加空气的湿度。在巷道内能看到有雾气或巷道壁"出汗"，这是火灾孕育期最早的外部特征，但并不是唯一可靠的。

在平时，还能从地面的岩石裂缝或井口冒出水蒸气或刺鼻烟气，在冬季则有冰雪融化现象。

(2) 在硫化矿井中，当硫化物氧化时出现二氧化硫强烈的刺激性臭味，这种臭味是矿内火灾将要发生的较可靠的征兆。

(3) 人体器官对不正常的大气会有不舒服的感觉，如头痛、闷热、裸露皮肤微痛、精神感到过度兴奋或疲乏等。但这种感觉不能看做是火灾孕育期的可靠征兆。

(4) 井下温度增高。

上述火灾外部征兆的出现已是矿物或岩石在氧化自热过程相当发达的阶段，因此，为了鉴别自燃火灾的最早阶段，尚需利用适当的仪器进行测定分析。

4.2.2.2　内因火灾发生的预测

（1）矿内空气成分。矿内空气分析法是目前矿山中应用最广而且也是比较可靠的预测方法。该法的实质是在有自燃危险的地区内，经常系统地采取空气试样进行分析，以观测矿内空气成分的变化。根据分析结果，便可以确定自燃过程的开始及其发展动态。

在金属矿井中，除了 CO 外，当矿内大气中经常出现 SO_2 且其浓度逐渐增高时，才可将其作为鉴别火灾发生的必然征兆。但是 SO_2 容易溶解于水，硫化矿在氧化自热的初期阶段，其在空气中的含量微小，不易为人们的嗅觉所觉察，必须依靠气体分析法才能鉴别出来。应当注意，在很多情况下偶然遇到的孤立现象并不能作为判断火灾有无的可靠征兆。唯有在矿井巷道的空气中 CO、CO_2、SO_2 及 H_2S 等气体的浓度稳定上升且该区内温度出现逐渐增高等现象时，才能认为这是内因火灾较可靠的初期征兆。

（2）矿内空气和矿岩温度。为了准确掌握自燃发展的动态与火源位置，最好将气体分析法与测温法结合起来同时进行。空气与水的温度可用普通温度计或留点温度计测定。而测定矿体和围岩的温度时，亦可用留点温度计或热电偶置于待测的钻孔内，并将钻孔口用木栓塞住。测定采空区矿岩的自热发展过程，可用远距离电阻温度计或热电偶测温法测定其中的温度变化。测定地面钻孔内的岩石温度时，可用热电偶或温度传感器测定。将同一水平面或同一垂直面所测得的各测点温度标在相应测区的水平或垂直截面图中，然后把温度相同的测点连接起来，便成为地层等温线图。根据测得的等温线图的变化，即能掌握自燃发展的动态并能大致找出火源中心位置。

（3）矿井水的成分。在硫化矿井中，从自热地区流出来的水，其成分与非自热区流出的水是不同的。因此，可以根据对水的分析来判断火源的存在。通常分析矿井水要测定下列内容：游离硫酸或硫酸根离子的含量，钙、镁、铁等离子的含量，水的 pH 值降低量，水温的逐渐增高数。井下水的酸性增加、铁和硫酸根等离子含量的增多、pH 值的逐渐降低和水温的增高，在一定条件下可以认为是硫化矿井中内因火灾的初期征兆。

另外，还可用电测和磁测法判断内因火灾的初期征兆。电测一般用电位测量法测量由于正在进展中的火源的影响而发生在岩石中的电位。磁测法的原理就是利用地球磁场的磁性变化，火区的高温氧化使铁发生磁化作用，因而引起磁性变化，根据其变化大小进行判断。

4.2.2.3　内因火灾的预防方法

A　预防内因火灾的管理原则

（1）对于有自燃发火可能的矿山，地质部门向设计部门所提交的地质报告中必须要有"矿岩自燃倾向性判定"内容。

（2）贯彻以防为主的精神，在采矿设计中必须采取相应的防火措施。

（3）各矿山在编制采掘计划的同时，必须编制防灭火计划。

（4）自燃发火矿山尽可能掌握各种矿岩的发火期，采取加快回采速度的强化开采措施，每个采场或盘区争取在发火期前采完。但是，由于发火机理复杂影响因素多，实际上很难掌握矿岩的发火期。

　　B 开采方法方面的防火措施

　　对开采方法方面的防火要求是：务使矿岩在空间上和在时间上尽可能少受空气氧化作用以及万一出现自热区时易于将其封闭。为此，应采取以下主要措施：

　　（1）采用脉外巷道进行开拓和采准，以便易于迅速隔离任何发火采区。

　　（2）制定合理的回采顺序。

　　（3）矿石有自燃倾向时，必须考虑下述因素：矿石的损失量及其集中程度；遗留在采空区中的木材量及其分布情况；对采空区封闭的可能性及其封闭的严密性；提高回采强度，严格控制一次崩矿量。其中前两个因素和回采强度以及控制崩矿量尤为重要。

　　（4）在经济合理的前提下，尽量采用充填采矿法。

　　（5）及时从采场清除粉矿堆，加强顶板和采空区的管理工作也是值得注意的。

　　C 矿井通风方面的防火措施

　　实践表明，内因火灾的发生往往是在通风系统紊乱、漏风量大的矿井里较为严重。所以有自燃危险的矿井的通风必须符合下列主要要求：

　　（1）应采用扇风机通风，不能采用自燃通风，而且，扇风机风压的大小应保证使不稳定的自然风压不发生不利影响；应使用防腐风机和具有反风装置的主扇，并须经常检查和试验反风装置及井下风门对反风的适应性。

　　（2）结合开拓方法和回采顺序，选择相应的合理的通风网路和通风方式，以减少漏风；各工作采区尽可能采用独立风流的并联通风，以便降低矿井总风压，减少漏风量以及便于调节和控制风流。实践证明，矿岩有自燃倾向的矿井采用压抽混合式通风方式较好。

　　（3）加强通风系统和通风构筑物的检查和管理，注意降低有漏风地点的巷道风压；严防向采空区漏风；提高各种密闭设施的质量。

　　（4）为了调节通风网路而安设风窗、风门、密闭和辅扇时，应将它们安装在地压较小，巷道周壁无裂缝的位置，同时还应密切注意有了这些通风设施以后，是否会使本来稳定且对防火有利的通风网路变得对通风不利。

　　采取措施，尽量降低进风风流的温度，其做法有：在总进风风道中设置喷雾水幕；利用脉外巷道的吸热作用，降低进风风量的温度。

4.2.2.4 内因火灾主要防火措施

　　（1）封闭采空区或局部充填隔离防火。这种方法的实质是将可能发生自燃的地区封闭，隔绝空气进入，以防止氧化。对于矿柱的裂缝，一般用泥浆堵塞其入口和出口，而对采空区除堵塞裂缝外，还在通达采空区的巷道口上建立密闭墙。

　　井下密闭按其作用分为临时的和永久的两种。有用井下片石、块石代替砖的或用沙袋垒砌的加强式密闭墙等。用密闭墙封闭采空区以后，要经常进行检查和观测防火的状况、漏入风量、密闭区内的空气温度和空气成分。由于任何密闭墙都不能绝对严密，因而必须设法降低密闭区的进风侧和回风侧之间的风压差。当发现密闭区内仍有增温现象时，应向其内注入泥浆或其他灭火材料。

　　（2）黄泥注浆防灭火。向可能发生和已经发生内因火灾的采空区注入泥浆是一个主要的有效的预防和扑灭内因火灾的方法。泥浆中的泥土沉降下来，填充注浆区的空隙，嵌入缝隙中并且包裹矿岩和木料碎块，水过滤出来。这一方法的防火作用在于隔断了矿岩、料同空气的接触，防止氧化；加强了采空区密闭的严密性，减少漏风；如果矿岩已经自热或自燃，泥浆也起冷却作用，降低密闭区内的温度，阻止自燃过程的继续发展。

（3）阻化剂防灭火。阻化剂防灭火是采用一种或几种物质的溶液或乳浊液喷洒在矿柱、矿堆上或注入采空区等易于自燃或已经自燃的地点，降低硫化矿石的氧化能力，抑制氧化过程。这种方法对缺土、缺水矿区的防灭火有重要的现实意义。

阻化剂溶液的防灭火作用是阻化剂吸附于硫化矿石的表面形成稳定的抗氧化的保护膜，降低硫化矿石的吸氧能力；溶液蒸发吸热降温，降低硫化矿石的氧化活性。

常用的阻化剂有氯化钙、氯化镁、熟石灰（氢氧化钙）、卤粉、膨润土及水玻璃（硅酸钠）、磷酸盐等无机物，以及某些有机工业的废液，如碱性纸浆废液、炼镁废液、石油副产品的碱乳浊液等。

为了提高阻化剂溶液的阻化效果，可加入少量湿润剂。湿润剂最好选用其本身就有阻化作用的表面活性物质，如脂肪族氨基磺酸铵或氯化钙等。

4.2.3　火灾的扑灭方法

无论是发生在矿山地面还是井下的火灾，都应立即采取一切可能的方法直接扑灭，并同时报告消防、救护组织，以减少人员和财产的损失。对于井下外因火灾，要依照矿井防火计划，首先将人员撤离危险区，并组织人员，利用现场的一切工具和器材及时灭火。要有防止风流自然反向和有毒有害气体蔓延的措施。

根据火灾产生的原理，灭火方法分为冷却法、隔离法、窒息法、抑制法。

（1）冷却法是降低燃烧物质的温度，消除火源，停止能量供给，使燃烧中止灭火。

（2）隔离法是移去可燃物，把未燃烧的物质隔离开，中断可燃物供给灭火。

（3）窒息法是隔绝空气，停止供氧灭火。

（4）抑制法是喷洒灭火剂，中断连锁反应而使火熄灭。

在这些灭火方法中，冷却法和隔离法是最基本的灭火方法。单纯的窒息法或抑制法对扑灭初起的小火有效，但是在火势较大的场合，受自然条件、灭火剂和灭火机具性能等因素限制，用窒息法、抑制法暂时扑灭了火焰之后，过一段时间窒息、抑制作用消失，可能"死灰复燃"而发生二次着火。所以，在采用窒息法或抑制法的场合，也要采取冷却和隔离措施。

根据灭火方式不同，灭火方法分为直接灭火法、隔绝灭火法、联合灭火法和均压灭火法。

（1）直接灭火法是指用灭火器材在火源附近直接进行灭火，是一种积极的方法。直接灭火法一般可以采用水或其他化学灭火剂、泡沫剂、惰气等，或是挖除火源。

1）水被广泛地应用于扑灭火灾，它能够降低燃烧物表面温度，特别是水分蒸发为蒸汽时冷却作用更大，水又是扑灭硝铵类炸药燃烧最有效的方法。1L常温（25℃）的水升高到100℃，可以吸收314kJ热量，1L水转化为蒸汽时能吸收2635.5kJ的热量，而1L水能够生成1700L蒸汽，水蒸气能够将燃烧物表面和空气中的氧隔离。足见水的冷却作用和灭火效果是很好的。为了有效地灭火，要用大量高压水流，由燃烧物周围向中心冷却。雾状水在火区内很快变成蒸汽，使燃烧物与氧气隔离，效果更好。在矿山，可以利用消防水管、橡胶水管、喷雾器和水枪等进行灭火。

2）化学灭火器包括酸碱溶液泡沫灭火器、固体干粉灭火器、溴氟甲烷灭火器和二氧化碳灭火器。

酸碱溶液泡沫灭火器是一种常见的灭火器，由酸性溶液（硫酸、硫酸铝）和碱性溶液（碳酸氢钠）在灭火器中相互作用，形成许多液体薄膜小气泡，气泡中充满二氧化碳气体，能降低燃烧物表面温度，隔绝氧气，二氧化碳有助于灭火，泡沫与水的密度比为1:7，体积为溶液的 7 倍，适用于扑灭固体、可燃液体的火灾，喷射距离 8 ~ 10m，喷射持续时间 1.5min。

干粉灭火器是用二氧化碳气体的压力将干粉物质（磷酸铵粉末）喷出，二氧化碳被压缩成液体保存于灭火器中，适用于电气火灾。

灭火用的二氧化碳可以用气状的，也可以用雪片状的。将液体状的二氧化碳装入灭火器的钢瓶中，在其压力作用下由喷射器喷出。这种灭火器不导电、毒性小、不损坏扑救对象，能渗透于难透入的空间，灭火效果较好，适用于易燃液体火灾。

用沙子石岩粉作灭火材料，来源广泛，使用简单。为阻止空气流入燃烧物附近并扑灭火灾，仅需要撒上一层介质覆盖于燃烧物表面即可。这适用于电气火灾及易燃液体火灾初起阶段。

灭火手雷和灭火炮弹是一种小型的、简单的干粉式灭火工具，内装磷酸二氢铵和磷酸氢二铵，利用冲击、隔离和化学作用达到灭火目的。对于井下较小的初起火灾有一定效果。

高倍数泡沫灭火是利用起泡性能很强的泡沫液，在压力水作用下，通过喷嘴均匀喷洒到特制的发泡网上，借助于风流的吹动，使每个网孔连续不断形成气液集合的泡体，每个泡体都包裹着一定量的空气，使其原液体积成百或上千倍地膨胀——即通常所说的高倍数泡沫。主要灭火原理是隔绝、降温、使火灾窒息，并能阻止火区热对流、热辐射及火灾蔓延。可以在远离火区的安全地点进行扑救工作，可扑灭大型明火火灾，灭火速度快、威力大、水渍损失小、灭火后恢复工作容易。目前，这是国外矿山和我国煤矿山一种很有效的灭火手段。

惰气灭火是利用惰气的窒息性能，抑制可燃物质的燃烧、爆炸或引燃，经验证明它是一种扑灭大型火灾的有效方法。各类灭火剂适用范围见表 4 – 2。

表 4 – 2　各类灭火剂适用范围

物态		灭火剂	火灾种类				
			木材等一般火灾	可燃性液体火灾		带电设备火灾	金属火灾
				非水溶性	水溶性		
液体	水	直流	○	×	×	×	×
		喷雾	○	△	○	○	△
	水溶液	直流（加强化剂）	○	×	×	×	×
		喷雾（加强化剂）	○	○	○	×	×
		水加表面活性剂	○	△	△	×	×
		水胶	○	×	×	×	×
		酸碱灭火剂	○	×	×	×	×
		水加增黏剂	○	×	×	×	×

物态		灭火剂	火灾种类				
			木材等一般火灾	可燃性液体火灾		带电设备火灾	金属火灾
				非水溶性	水溶性		
液体	泡沫	化学泡沫	○	○	△	×	×
		蛋白泡沫	○	○	×	×	×
		氟蛋白泡沫	○	○	×	×	×
		水成膜泡沫（轻水）	○	○	×	×	×
		合成泡沫	○	○	○	×	×
		抗溶泡沫	○	△	○	×	×
		高、中倍泡沫	○	○	×	×	×
		特殊液体（7150 灭火剂）	×	×	×	×	○
	卤代烷	二氟二溴甲烷（1202）	△	○	○	○	×
		四氟二溴甲烷（2402）	△	○	○	○	×
		四氯化碳	△	○	○	○	×
气体	卤代烷	二氟一氯一溴甲烷（1211）	△	○	○	○	×
		三氟一溴甲烷（1301）	△	○	○	○	×
	不燃气体	二氧化碳	△	○	○	○	×
		氮气	△	○	○	○	×
固体	干粉	钠盐、钾盐(Monnex 干粉)（BC 类干粉）	△	○	○	○	×
		磷酸盐干粉（ABCD 类干粉）	○	○	○	○	×
		金属火灾用干粉（D 类干粉）	×	×	×	×	○
		烟雾灭火剂	×	○	○	×	×

注：1. ○—适用，△——般不用，×—不适用。

　　2. 三酸（硫酸、盐酸、硝酸）火灾不宜用强大水流扑救；熔化的铁水、钢水不能用水扑救、粉尘（面粉、铝粉等）聚集处的火灾不能用密集水流扑救。

　　3. 精密仪器、图书档案等火灾不能用水、酸、碱泡沫扑救，精密仪器火灾也不宜用干粉扑救。

　　4. 气体火灾用卤代烷干粉、不燃气体灭火剂扑救，也可用水蒸气扑救。

　　挖除火源是将燃烧物从火源地取出立即浇水冷却熄灭，这是消灭火灾最彻底的方法。但是这种方法只有在火灾刚刚开始尚未出现明火或出现明火的范围较小，人员可以接近时才能使用。

　　（2）隔绝灭火法是在通往火区的所有巷道内建筑密闭墙，并用黄土、灰浆等材料堵塞巷道壁上的裂缝，填平地面塌陷区的裂缝以阻止空气进入火源，从而使火因缺氧而熄灭。

　　（3）联合灭火法是指当井下发生火灾不能用直接灭火法消灭时，先用密闭墙将火区密闭后，再将火区注入泥浆或其他灭火材料灭火的方法。

　　（4）均压法灭火的实质是设置调压装置或调整通风系统，以降低漏风通道两端的风压差，减少漏风量，使火区缺氧而达到熄灭矿岩自燃的目的。

复习思考题

4-1 根据燃烧的必要条件，应该怎样预防和扑灭火灾？

4-2 为什么矿内火灾较地面火灾更容易造成人员伤亡？

4-3 矿山外因火灾的主要引火源有哪些，如何控制这些引火源？

4-4 火灾时期矿内风流紊乱的原因是什么，应该怎样防治？

4-5 矿山井下火灾的扑灭方法有哪些？

5 深井开采岩爆的预测与防治

5.1 深井开采岩爆的预测

岩爆是高地应力区地下工程在开挖过程中或开挖完毕后，围岩因开挖卸荷发生脆性破坏而导致储存于岩体中的弹性应变能突然释放，产生爆裂松脱、剥落、弹射甚至抛掷现象的一种动力失稳地质灾害。

岩爆是高地应力环境岩石地下空间围岩积聚的应变能突然释放所引起的动力失稳现象，常常表现为岩石片状剥落、严重片帮、岩片崩落、岩片弹射，有时伴有爆裂声响。岩爆是地下工程中的一种特殊现象，具有围岩突然、猛烈地向开挖空间弹射、抛掷、喷出的特征，直接威胁人员、设备安全，影响工程进度。

5.1.1 岩爆的发生条件

岩爆的发生有其内因和外因。内因是指岩体本身固有的岩爆力学性质。岩爆的外因条件就是，巷道或采场开挖后，采矿的二次应力与残余构造应力叠加后的应力场，达到某种组合条件，使应力达到或超过岩体破坏的临界值。如果岩石本身不具有发生岩爆的性质，那么无论外部条件如何也不会导致岩爆，岩石只能产生稳定破坏。

发生岩爆的矿山具有下列特点：

（1）岩爆岩石一般是火成岩或变质岩，沉积类岩石较少发生岩爆。含有硅质（特别是石英）或其他坚硬矿物的岩石发生岩爆较多；

（2）岩石含水率较低；

（3）岩爆发生在高原岩应力条件下的脆性岩石中；

（4）在同一发生岩爆的矿山，岩爆发生的频率和强度均随开采深度的增加而增大；

（5）高强度岩爆一般发生在背斜轴部以及断层和弹性模量有突然变化的地质夹层（坚硬岩墙或软弱岩层）附近；

（6）岩爆发生前，采掘工作面推进时常会出现岩粉颗粒变大和岩粉量增多、岩石表面有玻璃光泽、凿岩时发生非塌孔原因的卡钻等现象；

（7）采场内的孤岛和半岛形矿柱及巷道交叉点容易发生矿柱型岩爆；

（8）相向推进的采掘工作面容易发生弯曲破坏型岩爆；

（9）矿山岩爆的70%发生在生产爆破后；

（10）与自然地震的余震类似，在强烈岩爆后短时期内一般还会发生一到几次强度较小的岩爆。

5.1.2 岩爆的分类

岩爆可分为如下几种类型：

（1）应变型岩爆。在高应力地区掘进水平或竖直巷道，由于超高原岩应力场的存在，巷道掘进造成在垂直于原岩最大主应力方向上巷道壁处岩体的最大切向主应力超过岩体强度，发生猛烈破坏并释放出储存的应变能。这种岩爆称为应变型岩爆。应变型岩爆破坏性小，一般破坏厚度不超过0.5m。在巷道周围的位置相对固定，通常不是沿巷道周围全部破坏。破坏特征以岩体局部膨胀或小块岩石弹射为主，引起的岩体震动很小。

（2）弯曲破坏岩爆。垂直于层状岩体掘进巷道或采矿时，由于平行于岩层层理方向的原岩应力很高。当采矿或掘进巷道造成平行层理方向岩层暴露面积过大时，岩层会发生突然弯曲折断。这种岩爆发生在采场时，导致采场顶板岩体呈薄板片状突然冒落；发生在巷道内时，一般表现为巷道两侧边墙或巷道迎头岩石呈薄板状突然片落破坏。这种岩爆的破坏性比应变型岩爆大，破坏岩体的深度可达1m左右，岩爆产生的震动较大。这种岩爆称为弯曲破坏岩爆。

（3）矿柱型岩爆。房柱采矿法的矿柱、留点柱分层充填法的点柱、井筒的保安矿柱和长壁法采场工作面等的突然破坏诱发矿柱周围岩体瞬间垮落。这种岩爆的破坏性比前两种岩爆的都大。如果这种岩爆发生在大面积开采房柱法和分层充填法采场内，容易发生连锁式响应，导致矿柱相继破坏，造成采场大范围塌落，甚至使采场报废。这种岩爆称为矿柱型岩爆。

（4）剪切型岩爆。岩体的大面积开挖导致周围未采岩层内应力急剧升高，当应力满足完整岩体破坏条件时，导致沿某一方位的完整岩体（或原始微观缺陷主导方位）发生剪切破裂。岩体的突然破裂导致破裂面上下盘岩体（一般为正断层，偶尔见逆断层）发生错动，这种错动产生的岩体位移传播到采场或巷道的临空面时，造成空间自由面附近岩石突出和破坏。这种岩爆称为剪切型岩爆。

（5）断层滑移型岩爆。大范围采矿，特别是采矿工作面推进方向与前方岩体内原有地质构造弱面的法线方向一致时，由于采矿解除了长期施加在构造弱面法线方向的夹持力，导致原本地震活动性很差的断层（或其他弱面）重新活跃起来，产生沿原来弱面的重新滑动。岩体位移传播到采场或巷道临空面时，导致岩体大量破坏。

5.1.3 岩爆危险性的预测理论

岩爆发生危险性的判断依据有：

（1）最大主应力强度理论。应变型岩爆是地下硬岩矿山采准巷道和大型地下硐室中最常见的一种岩爆。国内外应变型岩爆现场实际表明，岩爆始终呈中心对称在巷道两侧或顶底板两处同时发生，两岩爆处连线与巷道周围原岩应力场的最大主应力轴线垂直。这一普遍现象实际证明了岩爆发生在巷道开挖后最大切向应力（最大主应力）处。可以用开挖空间周边最大主应力 $\sigma_{围}$ 与完整岩石单轴抗压强度 σ_c 的比值来判断：

$\sigma_{围}/\sigma_c < 0.2$ 　　　　　　　　几乎不发生岩爆；

$0.2 \leqslant \sigma_{围}/\sigma_c < 0.388$ 　　　　可能发生岩爆；

$0.388 \leqslant \sigma_{围}/\sigma_c < 0.55$ 　　　非常可能发生岩爆；

$\sigma_{围}/\sigma_c \geqslant 0.55$ 　　　　　　　几乎肯定发生岩爆。

（2）能量释放率理论。到目前为止，地下硬岩矿山采矿仍然广泛采用凿岩爆破法。用爆破方法开挖采矿巷道时，开挖面上爆破后的应力突然降为零。开挖面外部围岩对面内逐渐降低的支护力所做的功表现为开挖面上的多余能量，这部分能量称为释放能。由于开挖面的瞬间形成，周围岩体不仅承受静态应力增加（采矿诱发的应力集中），而且还有一个瞬间动态应力。复杂采矿巷道瞬间开挖产生的瞬间动应力值很难确定，但是它的存在是肯定的。动静应力的叠加可能会超过岩体强度，也可能产生拉应力引起岩体结构的局部松弛，发生岩爆。

（3）超剪切应力理论。剪切破裂型岩爆和断层滑移型岩爆发生的频率虽然较低，但其破坏性却较大。岩体发生破坏时，作用在剪切或滑动面上的剪切应力与剪切或滑移面上的固有剪切强度（内聚力）、滑动面上的正应力、静摩擦角满足一定关系，破坏一旦发生，滑动面上固有的剪切强度降为零，摩擦阻力由静摩擦阻力降为动摩擦阻力。剪切或滑动破坏发生前后滑移面上的剪切应力差称为超量剪应力 ESS。

$ESS \geqslant 15MPa$（断层或节理）　　　　　可能发生破坏性岩爆；

$ESS \geqslant 20MPa$（完整岩石）　　　　　　极可能发生破坏性岩爆；

$5MPa < ESS < 15MPa$　　　　　　　　可能发生破坏性较小岩爆；

$ESS < 5MPa$　　　　　　　　　　　　发生岩爆的可能性极小；

$ESS < 0MPa$　　　　　　　　　　　　不会发生岩爆。

（4）刚度理论。矿柱承受的载荷超过其强度峰值后，变形曲线下降段的刚度为 λ，用 λ 与围岩加载系统的刚度 κ 的比例关系判定矿柱和围岩系统破坏的稳定性。刚度矩阵 $\boldsymbol{K} + \boldsymbol{\Lambda}$ 的对角线均为正值时，系统不会发生失稳破坏（$\boldsymbol{K}$ 是层状围岩刚度矩阵，$\boldsymbol{\Lambda}$ 是矿柱屈服后刚度矩阵），否则就会出现岩爆。

（5）弹性能量指标。弹性能量指标又称岩爆倾向指数，弹性能量指标通过对岩石试块进行单轴压缩加载和卸载实验确定。W_{ET} 称为弹性变形能。

$W_{ET} \geqslant 15$　　　　　　　　　　有强岩爆倾向；

$W_{ET} = 10 \sim 15$　　　　　　　　　有中等岩爆倾向；

$W_{ET} < 10$　　　　　　　　　　　有弱岩爆倾向。

（6）岩石冲击能指标。岩石冲击能可以根据岩石冲击实验确定，W_{CF} 为冲击能指标。

$W_{CF} > 3$　　　　　　　　　　　有强岩爆倾向；

$W_{CF} = 2 \sim 3$　　　　　　　　　有弱岩爆倾向；

$W_{CF} < 2$　　　　　　　　　　　无岩爆倾向。

（7）岩石脆性系数。岩爆是一种脆性破坏，岩石的脆性一方面表现为破坏前总变形量很小，另一方面表现为抗拉强度比抗压强度小。岩石脆性指标越高，发生岩爆的可能性越大。

5.1.4　影响岩爆发生的因素

影响岩爆发生的因素有：

（1）地质构造。岩爆大都发生在褶皱构造中，岩爆与断层、节理构造密切相关，当掌子面与断裂或节理走向平行时，容易触发岩爆。

岩体中节理密度和张开度对岩爆有明显的影响。一般节理间距小于 10cm，且张开的岩体中，一般不发生岩爆，掌子面岩体中有大量岩脉穿插时，可能发生岩爆。

（2）硐室埋深。随着硐室埋深增加，岩爆次数增多，强度也增大。

5.1.5　岩爆的监测

岩爆监测实际上是岩爆预测的现场实测法，借助一些必要的仪器设备，对地下工程的现场或岩体直接进行监测和测试，来判别是否有发生岩爆的可能。

由于影响岩爆发生的因素众多，岩爆产生的条件比较复杂，长期以来，形成了许多种不同的现场岩爆监测方法和手段，归纳起来有如下几种：

（1）地震学监测法。该监测方法利用地震技术，研究开挖范围内岩体微震变化，通过安置在岩体内的地震传感器网来确定破坏源，利用波辐射分析岩石的破坏程度。建立了地震台网监测系统的矿山，可以利用连续的、长时期的微震监测数据进行分析，总结微震事件的时间序列和空间分布规律，找出地震学参数和地震活动与岩石破坏之间的关系模式，进而找出发生岩爆的趋势，圈定存在岩爆危险的大致区域。

（2）钻屑法。钻屑法是通过向岩体钻小直径钻孔，根据钻孔过程中单位孔深排粉量的变化规律和打钻过程中各种动力现象，了解岩体应力集中状态，达到预报岩爆的目的。在岩爆危险地段打钻时，钻孔排粉量剧增，最多可达正常值 10 倍以上，一般认为排粉量为正常值的 2 倍以上时，即有发生岩爆的危险。

（3）声发射法。声发射法，又称为亚声频探测法。该法能探测到岩石变形时发生的亚声频噪声（即微震），地音探测器（拾音器）能将那些人耳听不到的声波转化为电信号，根据地音探测器检测到的微细破裂，确定异常高应力区的位置。当岩石临近破坏之际，噪声读数会迅速增加，如果地音探测器平均噪声读数大于预定的目标，就意味着有岩爆来临。

（4）微重力法。在一般情况下，在发生震动和岩爆前，岩体的体积将会变化，从而使岩体密度改变，根据岩体的变形、重力的变化以及密度分布的变化可以预测具有岩爆倾向的地带。微重力法能及早预测岩爆，且预测范围较广，但其成本较高，测量位置不精确。

（5）电磁辐射法。这一方法是依据完整矿（岩）压缩变形破坏过程中，弹性范围内不产生电磁辐射，峰值强度附近的电磁辐射最强烈，软化后无电磁辐射的原理，采用特制的仪器，现场监测矿（岩）体变形破裂过程中发出的电磁辐射"脉冲"信号，通过数据处理和分析研究，来预报矿（岩）岩爆。

（6）振动法。振动法通过测量地震波的传播速度，来确定巷道周围的应力应变状态。

（7）光弹法。当某些塑性材料和光弹玻璃受到应力作用时，在偏振光下观察可以看到干涉条纹，这种干涉条纹与作用在岩体上的压力强度和方向有关。根据此原理，可对即将来临的岩爆做出预测。

（8）流变法。流变法是根据岩体的应力松弛速度和破坏程度来预测岩爆。应力松弛速度取决于岩石的力学性质、地质条件、应力集中和埋深等因素。当应力松弛速度低，且破坏程度高时，岩体具有发生岩爆的可能。

（9）气体测定法。在许多地下工程中，开挖的围岩常伴有一些气体，如煤矿的瓦斯、氦气等，这些气体的扩散与围岩受载状态有关，根据这些气体的异常变化可以对岩爆进行预测。

（10）电阻法。电阻法是根据岩爆发生前岩石的电阻变化情况来预测岩爆的。

5.2　深井开采岩爆的防治

产生岩爆的原因是多方面的，它是受各种因素的制约而形成的组合条件所决定的。对于岩爆矿山应采用预防与治理相结合的方法，以防为主，防治结合。岩爆防治可分为区域防治和局部防治两种方法。

5.2.1　区域防治

5.2.1.1　合理的采矿工艺和开采顺序

有岩爆倾向矿床的赋存条件千差万别，采用的采矿工艺或方案必须与矿体赋存条件一致，具体有岩爆倾向矿床的开采工艺可先根据一般采矿方法选择原则进行初选，然后根据下述原则进行调整和完善，最终确定采矿工艺。

（1）空场法、充填法和崩落法这两大类采矿方法中，空场法（不包括空场嗣后充填采矿法）一般不宜用于有岩爆倾向的矿床开采。用少量矿柱支撑采空区顶板，大面积开采后个别矿柱破坏几乎是不可避免的，随后会发生连锁反应，大量矿柱在瞬间破坏造成的危害是巨大的。充填法和崩落法都有利于控制矿体开采后围岩内的应力集中和所积聚应变能的均匀释放。

（2）岩爆与岩石高温或自燃发火同时出现在一个矿床时，一般应采用充填采矿法。有条件时应尽可能实现连续开采，无条件实现盘区连续开采时应确保采矿工作面总体推进连续，避免全面开花到处设采场。

（3）采矿作业线推进应规整一致，不应有临时小锐角的出现。沿走向前进式回采顺序比后退式回采更有利于控制岩爆。单向推进采矿工作面不能满足生产规模要求时，应采用从中央向两侧推进的回采顺序。一个中段生产规模不足而实行多中段同时生产时，一般下中段推进速度要快于上中段，且中段间尽可能不留尖角矿柱。

（4）矿区内有较大规模断层或岩墙时，采矿工作面应背离这些构造推进，避免垂直向着构造或沿构造走向推进。

（5）多层平行矿脉开采时，先采岩爆倾向性弱或无岩爆倾向矿脉，解除其他岩爆倾向性强矿脉的应力，防止岩爆的发生；岩爆倾向性强烈的单一矿脉回采时，先回采矿块的顶柱并用高强度充填料充填，解除矿房的应力后再大量回采矿石。下向分层充填法比上向分层充填法更有利于控制岩爆。

（6）缓倾斜的薄矿体一般应用长壁法回采，空区的顶板可以用崩落或充填处理；厚大矿体采用充填法无法接顶时，应有计划地崩落未充满空间，以防出现过高应力。

（7）采场长轴方向应尽量平行于原岩最大主应力方向，或与其成小角度相交。能量释放率的绝对值不至于产生岩爆时，为了充分发挥能量释放率较大有利于提高爆破效果的作用，采场爆破推进方向要尽量与原岩最大主应力方向平行；能量释放率接近或超过设计极限时，爆破的推进方向应垂直于原岩最大主应力方向，防止岩爆的发生。

（8）应尽量采用人员和设备不进入采场的采矿工艺。对于薄矿脉回采，人员和设备非进入采场不可时，采场工作面要根据情况采取爆破预处理措施。预处理爆破产生的爆破气体破坏了采矿破碎圈内采矿裂隙面上的凸凹体和障碍体，降低了裂隙面的抗滑阻力，导致应力重新分布，并将高应力区进一步向完整岩石深部推进，靠应力降低的破碎区作为缓冲层，减少工作面岩爆的发生。爆破最好采用能量大而冲击能量低的炸药（如铵油炸药）。

（9）采准工程应尽量布置在岩爆倾向性较弱的岩层内，且先施工岩体刚度大的巷道，后施工岩体刚度小的采准工程。

岩爆矿山一般埋藏深度较大，为了提高采矿综合经济效益，应尽可能做到废石不出坑，回填空区，减少提升费用和对地表环境的破坏。

5.2.1.2 合理的支护形式

目前巷道支护构件可分成两种：一种是深入岩体内部的支护构件，另一种是覆盖于巷道表面的支护构件。岩体内部支护主要对岩体起加固和补强作用，不仅支护构件本身具有支护作用，同时它还提高了岩体的强度。表面支护主要起承托作用，当然也在一定程度上提高岩体的强度。内部支护主要是锚杆（或锚索），根据锚固特点可将锚杆分为机械式锚杆、砂浆锚杆（索）和摩擦式锚杆三种。胀壳式锚杆是典型的机械式锚固锚杆；全长注水泥浆（或树脂）的螺纹钢筋锚杆和以各种钢绳作筋的全长注水泥浆锚索是砂浆锚杆（索）的典型代表；管缝式和膨胀式锚杆是摩擦式锚杆的代表。岩体表面支护主要有喷射素混凝土、喷射钢纤维混凝土、挂金属网和钢缆等。

易发生岩爆矿井的六种破坏形式为：

（1）应变型岩爆破坏。这种破坏是因为巷道周边的局部应变能过高而释放产生。

（2）层状结构围岩的臌折。它是由于过高的水平应力首先产生巷道顶板冒落，接着因巷道边帮过高而产生突然的臌折。

（3）岩块弹射。它是被节理面切割的岩体在远场随机微震波的诱导下的岩块喷出。

（4）层理状围岩的破坏。在受到远场微震源产生的长时间的瞬态应力波作用时，产生与岩体运动方向相反的破坏运动。

（5）顶板破坏。远场微震事件导致的高能释放产生的应力波作用下，自重力增加和钳制力减小而提供了向下的中等加速度，从而导致巷道顶板的破坏。

（6）剪切破坏。在极高的地应力作用下产生的典型的双力偶剪切破坏，极高的地应力和高度的应力集中是发生这种严重破坏的主要原因。

岩爆发生时岩块瞬间从静止状态加速到每秒几米甚至每秒十几米的速度，产生的动能很大，一般会达到或超过支护构件的屈服强度。如果支护系统没有让压和屈服性质，就会不可避免发生破坏。要保持支护系统和巷道的稳定，就要求支护系统在岩爆发生瞬间先屈服变形，同时仍然保持一定的抗力，在允许最大变形前耗尽岩爆释放的动能。

岩爆与常规岩体破坏的最大区别在于，破坏岩体瞬间变形大，且具有很高的动能（速度高）。岩爆对支护系统的特殊要求是：支护构件具有让压或屈服特性，而且吸收动能的能力强。有岩爆危险巷道的支护系统除应具有常规支护系统的特点外，还应该具有以下特征：

（1）具有较高承载能力，即支护体系的屈服强度较大（远超过静态平衡所需强度）；

（2）支护系统对巷道开挖面的表面覆盖率高，因岩爆破坏性强；

（3）支护系统破坏前允许的岩体位移较大，因而吸收岩石释放的动能大（载荷－位移曲线与位移坐标轴围成的面积大）。

用于高应力巷道的支护一般采用：

（1）锚喷支护。喷射混凝土可及时封闭巷道周边，实施密贴支护，减少水、空气对围岩强度的影响，锚杆可及时支护围岩，起到主动加固的作用，充分发挥围岩的自承能力。

（2）U 型钢可缩性支架。U 型钢具有良好的断面形状和几何参数，使型钢搭接后易于收缩，只要支架设计合理，使用正确，连接件选择适当，就能获得较好的支架力学性能。

（3）注浆加固。注浆加固是利用浆液充填围岩内的裂隙，将巷道破碎的岩体固结起来，改善围岩结构，提高围岩的强度，改善其力学性能，从而增加围岩自身承载能力，保持围岩的稳定性。

随着开采深度的增加，岩爆现象的发生越来越普遍，出现了许多新型支护材料，如全螺纹钢等强锚杆、金属粗尾锚杆、钢纤维混凝土。

5.2.2　局部防治

局部防治的方法有：

（1）注液弱化。该方法的实质是围岩弱化法，它是通过向围岩内打注液钻孔，注入水或化学试剂。注水是根据岩石的水理性质，可使岩石的强度及相应的力学指标降低的特性。化学试剂的使用是基于它的化学成分可以改变围岩中裂纹或破裂面表面自由能，从而达到改变岩石材料力学指标的目的。

（2）钻孔弱化。该方法也是围岩弱化法，它是通过向围岩钻大孔以弱化围岩，实现应力向深部转移的目的。该方法应用较普遍，技术上也易于实现，但该方法的实施必须用其他方法了解巷道周边围岩的压力带范围，以确定孔深和孔距，只允许在低应力区开始打钻并向高应力区钻进，否则将会适得其反，诱发岩爆。

（3）切缝弱化法。该方法也是弱化围岩，但它具有明显的方向性，切缝一般与引起应力集中的主要方向相垂直。切缝弱化法可用钻排孔或专用的切缝机具实现。只要在技术上合理地选择切缝宽度，往往可以取得较好的弱化效果。

（4）松动爆破卸压法。该方法也是围岩弱化法，它有两种基本形式，即超前应力解除法和侧帮应力解除法。超前应力解除法是在巷道工作面前方的围岩中打超前爆破孔和爆破补偿孔，用炸药爆破方法在围岩中形成一人工破碎带，以使高应力向深部岩层转移。侧帮应力解除法则是在工作面之后的巷道侧帮围岩内钻凿卸压爆破孔，用炸药爆破方法人工形成一破碎带，以使高应力向深部岩层中转移。

需要指出的是，上述四种方法均是通过减少工作面（或围岩）的应力集中区域内的岩体强度来重新分配荷载分布，且工作面的应力集中程度及其分布特点是决定采用何种处理方法的依据。一般来说，对于没有产生应力集中（针对较大范围而言）或集中程度不高的围岩，这四种方法都会获得较好的效果。但对于处于高度应力集中（或处于接近临界状态）的围岩来说，要进行卸压处理，必须通过试验研究以了解应力集中程度和应力分布特征，谨慎从事，否则适得其反。

（5）加固围岩。这是最常规的处理方法，它从原理上与前四种方法截然相反。它是以提高围岩的强度（或自承能力）为出发点的。

　　（6）开挖方式。该方法是改变巷道掘进中的开挖方式，控制开挖几何形状和掘进程序，采用合理的开挖进尺以允许应变能的逐步释放。其目的是防止高应力集中，允许应变逐步释放，减少爆破震动对岩爆的诱发作用等。

　　在深井开采的许多科学研究问题中，人们的注意力多集中在高应力矿岩的岩爆机理与预测预报方面，立足于高应力所诱发工程灾害的预防与防治。然而，事物都有它的两面性，深井高应力有它诱发灾害的不利方面，但也有其可利用的方面。在矿床开采过程中，落矿作为主要采矿工艺是否可以利用高应力所具有的碎裂诱导特性，来能动地控制矿石块度、改善破碎质量？因为在深井开采中，坚硬矿岩出现的"好凿好爆"现象给人们重要启示，这种现象就是高应力所致。人们有理由对这一新的思路给予重视，并开展研究，这有利于更好地实现安全、高效、经济回收深部资源。

复习思考题

5 - 1　岩爆发生的条件有哪些？

5 - 2　岩爆是如何分类的？

5 - 3　影响岩爆发生的因素有哪些？

5 - 4　判定岩爆发生的理论依据是什么？

5 - 5　岩爆的预防措施有哪些？

6 含硫矿床开采灾害的防治

6.1 含硫矿床的性质

6.1.1 含硫矿床的特征

国内有数十座矿山都曾报道过发生规模大小不一的硫化矿石自燃火灾，如武山铜矿、新桥硫铁矿、大厂锡矿、向山硫铁矿、松树山铜矿、西林铅锌矿、湘潭锰矿、桃江锰矿等，综合国内外有关硫化矿石自燃的案例，可以从中找出一些共同的特征。

（1）矿床一般为高硫矿石或含黄铁矿的炭质页岩。自燃矿石类型一般为胶状黄铁矿、中细粒黄铁矿、磁黄铁矿。

（2）从有自燃火灾矿山的地质条件分析，自燃矿石在矿床的层位多在含胶状黄铁矿带或经过漫长地质年代预氧化较严重的松散黄铁矿亚带中。

（3）自燃的矿堆大多处于通风不良的大空间采场死角、巷道死角、粉矿较多的堆积区。

（4）从采矿技术方面看，崩落采矿法以及其他大规模落矿的开采方式比较容易发生矿石自燃火灾。

（5）硫化矿石自燃发火除了取决于矿石本身的氧化放热特性外，还与开采技术和矿石堆所处的环境条件等许多因素密切相关。

（6）矿石自燃时的明显征兆是矿石堆中的温度快速升高，有大量的二氧化硫气体放出并在湿空气中生成硫酸雾。

6.1.2 常见硫化矿物的性质

常见硫化矿物及其性质如下：

（1）方铅矿。化学组成为 Pb 86.60%，S 13.40%。常含有 Ag 的混入物，有时混有 Cu、Zn、Sb、Bi、Se 等。Se 代替 S 可形成方铅矿 – 硒铅矿的完全类质同象系列。

方铅矿颜色为铅灰色，条痕黑色，不透明，金属光泽。立方体完全解理，硬度小，密度大。溶于 HNO_3，并有 $PbSO_4$ 白色沉淀。主要产于中、低温热液和矽卡岩矿床中，常与闪锌矿、黄铜矿、黄铁矿、磁黄铁矿、磁铁矿、石英、方解石以及矽卡岩矿物等共生。方铅矿易氧化，形成铅矾、白铅矿或磷酸氯铅矿、钒铅矿等次生矿物。

（2）闪锌矿。化学成分为 Zn 67.10%，S 32.90%。成分中常有 Fe、Mn、Cd、Ga、In、Ge、Ti 等类质同象混入物，其中 Fe 代替 Zn 的量最高可达 26.2%，富 Fe 者称铁闪锌矿。含 Cd 达 5% 时，称镉闪锌矿。颜色变化大，由无色到浅黄、棕褐至黑色，随成分中含 Fe 量的增加而变深，条痕白色至褐色；透明至半透明；松脂光泽至半金属光泽，不导电。

闪锌矿与方铅矿密切共生，故产状与方铅矿相同。主要产于中、低温热液矿床和矽卡岩矿床中。高温热液形成的闪锌矿，富含 Fe、In、Se 和 Sn。反之，低温热液形成的闪锌矿含 Fe 低，可有 Ga、Cd、Ge、Tl。

闪锌矿在氧化作用下，分解形成 $ZnSO_4$，$ZnSO_4$ 易溶于水，并随流水迁移。因此，在铅锌矿床的氧化带中，锌的次生矿物比铅的次生矿物少。在表生条件下闪锌矿常形成菱锌矿、异极矿，可以从中提取 Cd、In、Ga、Ge 等稀散元素。

（3）辉铜矿。化学组成为 Cu 79.86%，S 20.14%。常含 Ag 的混入物，有时含 Fe、Co、Ni、As、Au 等，其中有的是机械混入物。Cu^+ 可被 Cu^{2+} 代替，成为 $Cu_{2-x}S$，$x = 0.1 \sim 0.2$，出现"缺席构造"，称蓝辉铜矿。具有弱延展性，小刀刻划可留下光亮划痕，常与其他铜矿物共生或伴生。溶于 HNO_3，呈绿色。从成因可分为内生和表生两种。内生辉铜矿产于富铜贫硫的晚期热液矿床中，常与斑铜矿共生；表生成因的辉铜矿主要产于铜的硫化矿床的次生富集带，系铜矿床氧化带渗滤下去的硫酸铜溶液与原生硫化物（黄铁矿、黄铜矿、斑铜矿等）进行交代作用的产物，常与铜蓝、赤铜矿、褐铁矿等伴生。辉铜矿很不稳定，易氧化分解为赤铜矿（CuO）、孔雀石（CuCu［CO_3］$(OH)_2$）、蓝铜矿及自然铜。

（4）黄铜矿。化学组成 Cu 34.56%，Fe 30.52%，S 34.92%。通常含有 Ag、Au、Se 和 Te 等混入物；有时还有 Ga、Ge、In、Sn、Ni、铂族元素等。黄铜为黄色，表面常有蓝、紫褐色的斑状锖色，条痕绿黑色，不透明，金属光泽，解理不完全，硬度 3 ~ 4，相对密度 4.1 ~ 4.3，能导电，性脆。与黄铁矿相似，可以其颜色比黄铁矿黄，硬度比黄铁矿小相区别，以其脆性与自然金（强延展性）区别。

黄铜矿分布较广，可形成于各种地质条件下：由岩浆熔离作用形成的黄铜矿，产于与基性、超基性岩有关的铜镍硫化物或钒钛磁铁矿矿床中，与磁黄铁矿、镍黄铁矿密切共生；由各种热液作用形成的，主要产于矽卡岩矿床和中温热液矿床中，常与磁铁矿、黄铁矿、磁黄铁矿、方铅矿、闪锌矿、斑铜矿和辉钼矿等共生。

在氧化条件下，黄铜矿易分解为 $CuSO_4$ 和 $FeSO_4$，遇到石灰石形成孔雀石和蓝铜矿，也可以形成褐铁矿铁帽，它们均可作找矿标志，黄铜矿与硅酸水溶液作用，可形成硅孔雀石。

（5）斑铜矿。化学组成 Cu 63.33%，Fe 11.12%，S 25.55%。由于斑铜矿经常含有黄铜矿、辉铜矿、铜蓝等显微包裹体，其实际成分变化很大：Cu 52% ~ 65%，Fe 8% ~ 18%，S 20% ~ 27%。常含有 Ag 的混入物。斑铜矿也有内生和表生两种，具有特有的颜色和锖色，硬度低。内生斑铜矿形成于热液作用过程，主要产于中、低温热液矿床和接触交代矿床中，与黄铜矿、辉铜矿、黝铜矿、黄铁矿、方铅矿等共生；外生斑铜矿产于铜矿床的次生硫化物富集带中，与辉铜矿、铜蓝、赤铜矿、孔雀石等伴生。在氧化带易演化成孔雀石、蓝铜矿、赤铜矿、褐铁矿等。

（6）磁黄铁矿。化学组成 FeS 理论值为 Fe 63.53%，S 36.47%，但实际上硫的含量可达 39% ~ 40%。因为其中有一部分 Fe^{2+} 被 Fe^{3+} 代替，为了保持电价平衡，在结构中的 Fe^{2+} 位置上出现了部分空位，故磁黄铁矿的通式以 $Fe_{1-x}S$ 表示，一般 x 为 0 ~ 0.223 左右。这种构造称"缺席构造"。常含有 Ni、Co、Mn、Cu 等类质同象混入物。颜色呈暗青铜黄色，表面常呈暗褐锖色，条痕灰黑色，不透明，金属光泽，以其颜色、硬度小和磁性为特征。硬度 3.5 ~ 4.5，相对密度 4.6 ~ 4.7，电的良导体，具弱磁性至强磁性（磁性强弱随铁含量而变化，铁越多，磁性越弱），性脆。

主要形成于岩浆作用和热液作用过程，分布于各种类型的内生矿床中。在铜镍硫化物岩浆矿床中，常与镍黄铁矿、黄铜矿密切共生；在高、中温热液矿床和矽卡岩矿床中，与黑钨矿、辉铋矿、毒砂、方铅矿、闪锌矿、黄铜矿、黄铁矿、石英等共生。另外，磁黄铁矿偶见于沉积岩中。在氧化作用下，易分解为硫酸亚铁，再受氧化，变成硫酸铁，而后水化形成氢氧化铁。主要用于制作硫酸的原料，含 Ni 高时，可充作镍矿石利用。

（7）镍黄铁矿。化学组成当 Fe 与 Ni 之比为 1.1 时：Fe 32.55%，Ni 34.22%，S 33.23%。常含 Co 的类质同象混入物，有时含 Se、Te。颜色呈古铜黄色，条痕绿黑色，不透明，金属光泽，硬度 3~4，相对密度 4.5~5，导电性强，不具磁性，性脆。主要由岩浆熔离作用形成，富集于与基性、超基性岩有关的铜镍硫化物矿床中，经常与磁黄铁矿、黄铜矿密切共生。氧化带中镍黄铁矿易氧化成镍华或含水硫酸镍。

（8）辉锑矿。化学组成 Sb 71.38%，S 28.62%。含少量 As、Bi、Pb、Fe、Cu、Au 等。其中大部分为机械混入物。颜色呈铅灰色，表面常有蓝紫的锖色，条痕灰黑色，不透明，金属光泽，解理面上常有横纹（聚片双晶纹），硬度 2~2.5，密度 4.51~4.66，性脆。

主要产于低温热液矿床中，与辰砂、石英、萤石、重晶石等矿物共生，有时与雄黄、雌黄、自然金等共生。有时也可产于中温热液矿床中（产量少）。还可见于温泉的沉积物和火山的升华物中。

（9）辉铋矿。化学组成 Bi 81.30%，S 18.70%。主要类质同象混入物有 Pb、Cu、Fe 等；在 Pb^{2+} 代替 Bi^{3+} 的同时，Cu^+ 相应地进入晶格，使电价得到补偿。有时含 Sb、Se、Te、As、Au 等混入物。与辉锑矿相似，但可以锡白色、较强的金属光泽、解理面上无横纹、与 KOH 不起反应等与辉锑矿区分。由热液作用形成，主要产于高温热液型的钨、锡、铋矿床中，与黑钨矿、锡石、辉钼矿、黄玉、绿柱石、黄铁矿等共生。在中温热液型和接触交代矿床中也有产出，与黄铜矿、黄铁矿、毒砂、绿柱石、石英等共生。

（10）辉钼矿。化学组成 Mo 59.94%，S 40.06%。常含 Re（可达 2%）、Se（可达 25%）等类质同象混入物。颜色呈铅灰色，条痕为带绿的灰黑色，金属光泽，不透明；解理平行极完全，硬度 1~1.5，相对密度 4.62~4.73，薄片能弯曲，具滑感。与石墨相似，但辉钼矿铅灰色，在涂釉瓷板上有特征的黄绿色条痕，金属光泽比石墨强，密度也较大。可与石墨区分。辉钼矿呈片状，一组极完全解理可与颜色相同的方铅矿、辉锑矿等区别。主要产于高、中温热液矿床，常与黑钨矿、锡石、辉铋矿、石英等共生；在矽卡岩矿床中，常与石榴石、透辉石、白钨矿、黄铁矿及其他硫化物相组合。在地表氧化条件下，辉钼矿常分解形成粉末状的钼华，并成为寻找钼矿床的重要标志。

（11）铜蓝。化学组成 Cu 66.48%，S 33.52%。混入物有 Fe 及少量 Se、Ag 等。颜色呈靛蓝色；条痕灰黑色，不透明，暗淡至金属光泽。解理平行完全，硬度 1.5~2，相对密度 4.59~4.67。具导电性，薄片可弯曲，性脆。主要由风化作用形成，常见于含铜硫化物矿床次生富集带，与辉铜矿共生，是低温标型矿物。此外，还有热液和火山型铜蓝，但极稀少。在氧化带，铜蓝易分解为孔雀石等铜矿物。在次生富集带，在还原作用下，可被辉铜矿交代。

（12）雌黄。化学组成 As 60.91%，S 39.09%。含有 Sb、Se、V、Hg 等类质同象混入物，其中 Sb 可达 2.7%，Se 达 0.04%。常有 Sb_2S_3、FeS_2（白铁矿）、SiO_2 及泥质的机

械混入物。颜色呈柠檬黄色，条痕鲜黄色，半透明，与自然硫相似，但雌黄呈柠檬黄色，鲜黄色条痕，具一组完全解理，密度较自然硫大；自然硫条痕黄白色，性脆，无解理，密度小，由此可区别。油脂光泽至金刚光泽，解理面为珍珠光泽。硬度 1~2，相对密度 3.4~3.5。薄片具挠性。主要产于低温热液矿床，与雄黄、辰砂、辉锑矿等共生，为低温热液的标型矿物，另外，还与辰砂、辉锑矿、白铁矿及文石、石英、石膏共生。在火山升华物中，雌黄与自然硫、氯化物等一起产出。外生成因的雌黄，在煤矿和褐铁矿矿床中有微量产出，用作药物。

（13）雄黄。与雌黄相同，主要见于低温热液矿床中，与雌黄或辉锑矿密切共生。此外，还可见于温泉沉积物和硫质火山喷气孔的沉积物中。颜色呈橘红色，条痕浅橘红色，半透明，晶面为金刚光泽，断口为树脂光泽，解理平行完全，硬度 1.5~2，相对密度 3.56。阳光久照发生破坏，转变为红黄色粉末，一般用作药物。

（14）黄铁矿。化学组成 Fe 46.55%，S 53.45%。常含有 Co、Ni 类质同象混入物，有时含有 Cu、Ag、Au 等机械混入物。颜色呈浅黄铜色，表面常有黄褐的锈色，条痕绿黑色，不透明，金属光泽，无解理，断口参差状，硬度 6~6.5，相对密度 4.9~5.2，具弱导电性、热电性和检波性，具逆磁性，性脆。

黄铁矿是地壳中分布最广的硫化物，可以用来生产硫酸。可形成于各种不同的地质条件下，但主要由热液作用形成，产于热液矿床和矽卡岩矿床中，常与黄铜矿、方铅矿、闪锌矿、磁黄铁矿、毒砂、磁铁矿、石英等矿物共生。在沉积岩、煤系中，黄铁矿往往呈结核或团状。黄铁矿的存在表示一种还原缺氧环境。在氧化条件下，黄铁矿不稳定，分解为硫酸盐和氢氧化物，如黄钾铁矾 $KFe_3[SO_4]_2(OH)_6$、针铁矿 $\alpha-FeO(OH)$ 和纤铁矿 $\gamma-FeO(OH)$ 等。氢氧化物最后形成稳定的褐铁矿，它们常分布于黄铁矿硫化矿床的顶部，俗称"铁帽"，铁帽可作为找矿标志。

（15）白铁矿。白铁矿和黄铁矿为 FeS_2 的同质二象变体。化学组成 Fe 46.55%，S 53.45%。常含 As、Sb、Bi、Ni 等混入物。颜色呈浅黄铜色，微带浅灰或浅绿色调，新鲜面近于锡白色，条痕暗灰绿色，不透明，金属光泽，解理平行不完全，断口不平坦，硬度 6~6.5，相对密度 4.6~4.9，具弱导电性，性脆。

白铁矿不常见，主要产于低温热液矿床，常与黄铁矿、黄铜矿、雄黄、雌黄等共生。外生成因的白铁矿一般呈结核状出现在含碳质的砂页岩中。在氧化带，白铁矿比黄铁矿更易分解，其形成产物与黄铁矿相同，也可以形成假象褐铁矿。

（16）毒砂。化学组成 Fe 34.30%，As 46.01%，S 19.69%。常含类质同象混入物 Co，含量一般为 3%；当含 Co 达 12% 时，称为钴毒砂；含 Co 12% 以上者称为铁硫砷钴矿。此外，还含 Ni、Au、Ag、Cu、Pb 等机械混入物。其中 Au 往往以微细包裹体分布于毒砂中。颜色锡白至钢灰色，表面常带浅黄锈色，条痕灰黑色，不透明，锤击之有蒜臭味，金属光泽，解理平行中等—不完全，硬度 5.5~6，相对密度 5.9~6.29。灼烧后具磁性，性脆。

形成于热液作用过程，主要见于高、中温热液矿床中。高温条件下形成的毒砂，常与黑钨矿、锡石、辉铋矿、黄铁矿等共生；有时与电气石、云母、黄玉、绿柱石等共生。在中温热液矿床中，与铜、铅、锌的硫化物共生。在氧化带，毒砂易分解，常形成浅黄色或浅绿色疏松土状的臭葱石 $Fe(H_2O)_2[AsO_4]$。

6.2　矿床自燃可能性的预测与防治

6.2.1　自燃可能性的测定方法

含硫矿床自燃的倾向性也可以通俗地称为可能性，准确测定硫化矿石的自燃倾向性，可以为设计单位提供依据，以便正确选择采矿方法、通风系统、回采顺序以及采取防火措施，从而达到避免盲目设计、节省投资、保证安全的目的。

矿岩的自燃倾向性是指矿岩中所有矿物的综合自燃倾向性，而不是单一矿物的自燃倾向性。矿岩中与自燃倾向性有关的主要特征是矿岩的物质组成、各组分的结构特征、氧化速度、自热特性、着火温度等等。

自燃倾向性的测定方法及步骤如下：

（1）矿样选取。为了正确测定矿石的自燃倾向性，第一步工作是要选取有代表性的矿样。一般来说，不同类型矿石都应该采样。但实践经验表明，胶状黄铁矿、磁黄铁矿、微细颗粒黄铁矿容易自燃，应该作为采样重点。

（2）矿相分析。矿石的矿物成分及其含量不同，结构构造不同，晶体颗粒不同，其氧化性也不同。因此，通过矿相分析可以掌握矿石所含的矿物及其品位、矿物的结构构造、矿物晶体颗粒尺寸等微观特征。

（3）矿样加工。为了分析矿石的化学成分含量，进行氧化试验和自热性试验等，必须把矿石破碎成很小的颗粒（通常小于 40 目，0.45mm），以提高矿石的比表面积。矿样一般采用手工破碎而不采用机械研磨，因为研磨有可能使矿石出现高温而快速氧化，从而影响以后的分析。矿样用手工破碎后，必须用塑料袋包装好并封口，然后放于干燥容器中。

（4）矿样化学成分分析。由于矿石的氧化性与矿石所含成分及其含量有关，通过化学成分分析，可以定量掌握矿样的化学组成及其特征。通常要分析矿样所含化学硫、单硫、化学铁、水溶性 Fe^{2+} 和 Fe^{3+}、有机碳、铜、砷等成分。

（5）矿样氧化增重、水溶性铁离子、硫酸根和 pH 值测定。硫化矿石低温氧化反应一般都需要水、氧气的参与，把矿样置放于特定的潮湿环境中让其缓慢氧化，并不断测定其氧化过程所产生的有关化学成分含量变化情况，从而间接分析其氧化速度与规律。

（6）吸氧速度测定。硫化矿石氧化过程离不开氧气参与反应。因此，可通过测定矿样的吸氧速度，判定其氧化性的强弱。

（7）自热试样。为了了解硫化矿石在氧化过程中的有关自热特性，如矿石明显自热所需的环境温度等，需要进行矿样自热的测定，比较矿样明显自热所需环境温度的高低，可以比较矿样是否容易自热。

（8）着火点测定。通过使用着火点测定装置可以测定不同矿样的着火点，比较矿样着火点的高低，可以分析评价矿样是否容易自燃。

6.2.2　含硫矿床自燃的预测

在开采矿岩具有自燃倾向性的矿床时，需要弄清哪些矿石具有自燃倾向性以及发火周期的长短。但是，发火周期的长短受其内因（自燃倾向性）和外因（开采技术条件、地质条件、环境的气象因素——温、湿度及风速）的制约，准确地确定某一采场或工作面的发火周期是相当困难的。因此，对于有内因火灾发生的矿山，不能单纯依赖发火周期来指导生产，必须尽早准确地识别内因火灾发生的初期征兆，这对防止火灾的发生发展和及时扑灭火灾，确保矿井安全持续的生产具有极其重要的意义。

内因火灾的发展过程，要经过氧化自热、着火、燃烧和熄灭阶段，这是人们共识的自燃发火规律。通过对多个硫化矿山的自燃倾向性、发火周期及防灭火措施的研究，初期征兆表现为矿石堆本身温度的升温率的变化、矿石堆表面附近温度的变化、环境温度的变化，氧含量相对减少，一氧化碳、二氧化碳相对增加，且矿岩中的温度由常温稳定上升到30℃被认为是发火的征兆。

矿石堆本身温度的变化表现为三个阶段，可以通过升温率来反映。当温度小于30～32℃，升温率小于0.5℃/d时，为氧化自热的孕育期（或称萌芽期）；当温度为32～60℃时，升温率大于1℃/d时，为氧化自热发展期；当温度大于60℃，升温率大于1℃/d，为临近自燃期。

（1）孕育期的主要征兆是当氧含量相对减少，矿石中有有机物参与氧化时一氧化碳及二氧化碳相对增加，矿岩中的温度由常温稳定上升到30℃左右时，可认为是发火的初期征兆。

（2）在硫化矿石堆中，有氧化产物存在、氧含量减少或一氧化碳、二氧化碳增加，只能说明矿岩有氧化现象，但不能说明处于何阶段。因此，其只能作为定性指标，不能单独作为判定发火初期阶段的依据。

（3）温度的变化，反映了硫化矿岩氧化的本质和程度，又反映了外界诸如地质、采矿技术条件和气象因素等热交换条件，温度是既可定性又可定量的综合指标。在硫化矿井中，只要系统地测定矿岩中温度的变化，便可将其作为判定矿岩发火初期阶段的依据；必要时，需要测定矿岩中的温度。可通过在矿岩中钻孔或在矿石堆中预埋测温钢管，系统地在钻孔或测温管中测定温度，当温度稳定地从常温上升到30℃左右时，则为发火孕育期。

（4）二氧化硫是自热已发展到相当程度临近自燃期及自燃阶段的产物，不能作为发火孕育期的征兆。由于二氧化硫的活跃性，即使在采场矿岩着火烟雾弥漫、浓烟滚滚的情况下用检知管也测不出二氧化硫，只有在直接冒烟处才可测出。因此二氧化硫不能作为发火孕育期的征兆。

（5）金属矿山一般用水较多，大部分井巷均很潮湿，常出现水珠现象，即使在发火情况下，并不出现"出汗"现象，而且还显得干燥，因此，"出汗"不能作为孕育期的征兆。

6.2.3 硫化矿床自燃的防治

硫化矿石的自燃必须具备三个条件：矿石的氧化性、供氧条件、聚热环境，因此硫化矿床自燃的防治方法对应为挖除热源（矿石）、排热降温和隔氧。

6.2.3.1 预防硫化矿床自燃的方法

在硫化矿石自燃的三要素中，有自燃倾向性的矿石的氧化性是客观存在的，无法改变，可以改变矿石的氧化性，方法是通过在矿石表面喷洒适宜的阻化剂，使矿石表面钝化，从而控制其氧化。阻化剂的作用有隔氧降温、中和、吸附、钝化等。通过喷洒覆盖阻化剂，从而达到阻碍或延缓硫化矿石低温氧化产物生成，阻碍矿石同水、空气的有效接触和降低矿石的温度及其表面的反应速度。

在防火技术方面，一般采用的方法有灌注泥浆、喷洒阻化剂、加强通风、充填空区、密闭采空区等。

6.2.3.2　硫化矿床自燃的扑灭方法

扑灭硫化矿床自燃火灾的方法可分为积极方法、消极方法和联合方法。

（1）积极方法可用液体、惰性物质等直接覆盖于或作用于发火矿石上，或直接挖除自燃的矿石等。这种方法是根治火灾的有效途径，但它一般适合于小范围火区且人员能接近的情况下采用。

（2）消极方法是在有空气可能进入火区的通道上修筑隔墙，减少或完全截断空气进入火区参与矿石的氧化自燃，使矿石因缺氧而不能继续燃烧，最后自行冷却窒息。采用此方法要求火区易密闭，且密闭墙质量要很好。

（3）联合方法是通过清除零碎发火矿石，并对高温矿石采用灌浆、浇水、喷洒含阻化剂溶液、充填空区、通风排热等综合性技术措施以降低矿石温度和减小其氧化速度，最终达到消灭矿石自燃火灾的目的。此类方法的适用范围可大可小，实施起来比较灵活多变，因此，它对于各种不同情况的火区都是适用的。

具体扑灭方法及注意事项：

（1）用水灭火只能适合于小规模矿堆（如数百吨以下），而且水能喷洒到的情况。如果水不能均匀地喷洒到发火矿堆上，也不能用水灭火。

（2）铺散矿堆灭火只适合于很小的发火矿堆，矿堆铺散后，由于矿堆与周围环境的热交换面积增大，从而散热传热加快，但如果发火矿堆温度较高，当矿堆被耙散后高温矿石与氧气接触更加充分，则矿石在短时间燃烧会更猛烈，短时会产生更多有害气体。

（3）强行挖除火源的方法危险性较大，这种灭火方法也只适应小范围火灾而且人员可接近的情况，当人进入火区前，必须戴好防毒面具，在上风侧接近发火矿堆。

（4）隔绝灭火是比较安全有效的灭火方法，但许多采场、采区往往不能做到完全密闭，而且密闭后要经过比较长时间火灾才会冷却熄灭。当重新打开密闭恢复生产时，必须等矿石完全处于冷却后才能进行，否则矿石会很快复燃。

（5）均压灭火方法对于硫化矿井内因火灾很难有效，因为即使采场没有风流流动，局部区域空气的自然扩散也可以为矿石氧化提供足够的氧气，而在现场上几乎不可能做到完全均压。这种灭火法仅能与隔绝灭火法联合作用，以减少密闭墙的漏风等。

（6）判断火灾是否熄火，必须以矿石堆里的最高温度为依据，当矿石堆里最高温度接近于日常环境温度时，才能认为火灾已经熄灭，不能以火区矿石堆外的气温作为判定依据。

6-1 含硫矿床有哪些特征?

6-2 含硫矿床的发火自燃原因是什么?

6-3 含硫矿床自燃的预防有哪些方法?

6-4 影响硫化矿石自燃的主要因素有哪些?

6-5 防止硫化矿石自燃的基本原则是什么?

7 尾矿库的安全

7.1 尾矿库的危害

7.1.1 尾矿库的构造

矿山开采出来的矿石经过选矿选出有用的矿物后剩下的矿渣称为尾矿。一般地，尾矿以浆状排出，堆存在尾矿库里。尾矿库是筑坝拦截谷口或围地构成的用以贮存尾矿的场所。尾矿库从地形分有山谷型尾矿库、傍山型尾矿库、平地型尾矿库、河谷型尾矿库。无论哪种类型的尾矿库，都由尾矿输送系统、尾矿坝、尾矿堆存和水处理系统构成。

（1）尾矿水力输送系统。该系统包括尾矿浓缩池、尾矿输送管槽、砂泵站和尾矿分散管槽等，用以将选矿厂排出的尾矿浆送往尾矿库堆存。

（2）尾矿回水系统。该系统包括回水泵站、回水管道和回水池等，用以回收尾矿库或浓缩池的澄清水，送回选矿厂供选矿生产重复利用。

（3）尾矿堆存系统。该系统一般简称为尾矿库，包括库区、尾矿坝排洪构筑物和坝的观测设备等，用以贮存选矿厂排出的尾矿。

（4）尾矿水处理系统。该系统包括水处理站和截渗、回收设施等，用以处理不符合重复利用或排放标准要求的尾矿水，使之达到标准。

7.1.1.1 尾矿坝

尾矿坝是贮存尾矿和水的尾矿库外围的坝体构筑物，一般包括初期坝和堆积坝。所谓初期坝是指基建时筑成的、作为堆积坝的排渗体和支撑体的坝；堆积坝是生产过程中在初期坝坝顶以上用尾矿充填堆筑而成的坝。

根据使用的筑坝材料，初期坝有土坝、堆石坝、混合料坝、砌石坝和混凝土坝等。其中，土坝造价低，施工方便，常用于缺少沙石料地区，但是透水性差，浸润线常从坝坡逸出，易产生管涌，导致垮坝，一般需要设置排渗设施；堆石坝由堆石体及其上游面的反滤层和保护层构成（见图7-1），透水性好，可降低尾矿坝的浸润线，加快尾矿固结，有利于尾矿坝的稳定。

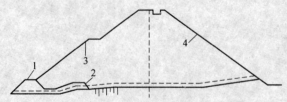

图7-1 堆石坝结构示意图

1—堆石体；2—反滤层；3—下游护坡；4—上游护坡

按堆积坝的堆筑方式，尾矿坝有上游式筑坝、中线式筑坝和下游式筑坝三种。

上游式筑坝采用向初期坝上游方向充填尾矿加高坝的筑坝工艺。上游式筑坝的稳定性较差，抗地震液化性能差，如不采取一定的措施不适于在高地震烈度地区使用，但由于筑坝工艺简单、管理容易、成本低，在国内矿山应用广泛。

中线式筑坝采用在初期坝的坝轴线位置上用旋流粗沙冲积尾矿的筑坝工艺，在生产管理与维护方面比上游式筑坝复杂。

下游式筑坝采用向初期坝下游方向用旋流粗沙冲积尾矿的筑坝工艺，坝体稳定性好，抗地震液化能力较强，适用于高地震烈度地区的筑坝，但筑坝生产管理与维护比较复杂且成本较高。

7.1.1.2 排水系统

排水系统的作用在于排出库内积水，包括尾矿水和洪水。排水系统的排水能力应该保证尾矿库最高洪水位时安全超高和干滩长度满足规程要求。

排水系统主要由排水井或排水斜槽、排水管、排水隧洞、溢洪道和截洪沟等构成。除了溢洪道和截洪沟外，其余排水构筑物都逐渐被厚厚的尾矿所覆盖，承受很大的上覆荷载。因此，除在设计上应该保证它有足够的强度外，对施工质量的要求也很严格。排水系统有井－管（洞）式和槽－管（洞）式两种形式。

井－管（洞）式排水系统以竖向的排水井和横向的排水管（洞）构成（见图7－2）。排水井包括井基、井座和井筒三部分，有窗口式、框架式、叠圈式和砌块式等几种类型，多用钢筋混凝土浇筑而成，高度一般为10~20m之间，特殊情况和地形条件下也可做得高一些。

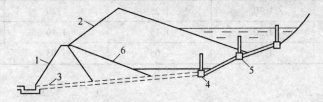

图7－2 井－管（洞）式排水系统

1—初期坝；2—堆积坝；3—排水管；4—第1排水井；5—后续排水井；6—沉积滩

槽－管（洞）式排水系统以沿山坡筑成的排水斜槽和横向的排水管（洞）构成（见图7－3）。排水槽的断面为矩形或圆形，宽度或直径一般为1.0~1.5m左右，高度宜大于宽度，排水量较大时可做成双槽式。随着尾矿库水位的升高，逐渐加盖板将斜槽封闭。斜槽盖板上将覆盖很厚的尾矿，所受土压力和水压力很大，因此盖板厚度很厚。盖板可做成

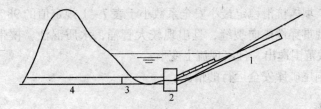

图7－3 槽－管（洞）式排水系统

1—排水斜槽；2—连接井；3—连接管；4—排水洞

平板或圆拱形板，后者受力条件好，可做得稍薄一些。尾矿库的水由盖板上沿和两侧壁溢流至槽内。因溢流沿较长，斜槽的排水量较大，适用于排洪水中等以上的尾矿库排洪。

溢洪道用于洪水流量大的尾矿库排洪，其排水能力大，有正堰式和侧槽式两种。截洪沟的作用是截住沟以上汇流面积的暴雨洪水，减少入库水量，起辅助排洪的作用。

7.1.2　尾矿库的安全等级

尾矿库一般分为危库、险库、病库、正常库四个等级。

7.1.2.1　危库

尾矿库有下列情况的为危库：

（1）尾矿库调洪库容不足，在最高洪水位时不能同时满足设计规定的安全超高和最小干滩长度的要求，不能保证尾矿库的防洪安全；

（2）排洪系统严重堵塞或坍塌，不能排水或排水能力急剧降低；

（3）排水井显著倾斜，有倒塌的迹象；

（4）坝体出现深层滑动迹象；

（5）经验算，坝体抗滑稳定最小安全系数小于表7－1规定值的95%；

（6）其他危及尾矿库安全运行的情况。

表7－1　尾矿坝抗滑稳定最小安全系数

运用情况	坝的级别			
	1	2	3	4
正常运行	1.30	1.25	1.20	1.15
洪水运行	1.20	1.15	1.10	1.05
特殊运行	1.10	1.05	1.05	1.00

7.1.2.2　险库

尾矿库有下列情况的为险库：

（1）尾矿库调洪库容不足，在最高洪水位时不能同时满足设计规定的安全超高和最小干滩长度的要求，但平时对坝体的安全影响不大；

（2）排洪系统部分堵塞或坍塌，排水能力有所降低，达不到设计要求；

（3）排水井有所倾斜；

（4）坝体出现浅层滑动迹象；

（5）经验算，坝体抗滑稳定最小安全系数小于表7－1规定值的98%；

（6）坝体出现贯穿性横向裂缝，且出现较大管涌，水质混浊，挟带泥沙或坝体渗流在堆积坝坡有较大范围逸出，且出现流土变形；

（7）其他影响尾矿库安全运行的情况。

7.1.2.3　病库

尾矿库有下列情况的为病库：

（1）尾矿库调洪库容不足，在最高洪水位时不能同时满足设计规定的安全超高和最小干滩长度的要求。

（2）排洪系统出现裂缝、变形、腐蚀或磨损，排水管接头漏沙；

（3）堆积坝的整体外坡坡比陡于设计规定值，但对坝体稳定影响较小，或虽符合设计规定，但部分高程上堆积边坡过陡，可能出现局部失稳；

（4）经验算，坝体抗滑稳定最小安全系数小于表7－1规定值；

（5）浸润线位置过高，渗透水自高位逸出，坝面出现沼泽化；

（6）坝面出现较多的局部纵向或横向裂缝；

（7）坝体出现小的管涌并挟带少量泥沙；

（8）堆积坝外坡冲蚀严重，形成较多或较大的冲沟；

（9）坝端无截水沟，山坡雨水冲刷坝肩；

（10）其他不正常现象。

7.1.3　正常尾矿库的标准

尾矿库正常运行的标准如下：

（1）尾矿库是经正规建设程序设计和施工建成的；

（2）基础坝稳定，无非正常渗漏、塌陷、裂缝现象，坝体完整无损，堆石坝反浸层工作正常；

（3）排洪设施、排洪能力符合设计标准，保持良好工作状态，或排洪设施、能力虽未达到设计标准，但采取其他排洪措施（如临时溢洪道等）确保库的安全度汛；

（4）后期坝排渗设施运行正常，无流沙（土）、管涌、沼泽化、塌坡现象，坝坡坡度符合设计要求，平整美观，坝面排水系统完好，坝面及滩面无灰尘问题；

（5）未经扩容设计，不超期服役；

（6）尾矿排放合理，干滩长度、坡度符合安全要求，水边线平整，澄清距离能满足排水质量的要求；

（7）有完整的排水、回水系统，且排水、回水符合标准，设施能正常运行；

（8）有健全的监测系统，并能按要求完全正常工作。

7.1.4　尾矿库病害的类型

尾矿库的病害类型，概括起来有以下几种：

（1）库区的渗漏、坍岸和泥石流；

（2）坝基、坝肩失稳和渗漏；

（3）尾矿堆积坝的浸润线逸出，坝面沼泽化、坝体裂缝、滑塌、塌陷、冲刷等；

（4）土坝类的初期坝坝体浸润线高或逸出，坝面裂缝、滑塌、冲刷成沟；

（5）透水堆石类初期坝出现渗漏浑水及渗漏稳定现象；

（6）浆砌石类坝体裂缝、坝基渗漏和抗滑稳定问题；

（7）排水构筑物的断裂、渗漏、跑浑水及下游消能防冲、排水能力不够等；

（8）回水澄清距离不够，回水水质不符合要求；

（9）尾矿库的抗洪能力和调洪库容不够，干滩距离太短等；

（10）尾矿库没有足够的抗震能力；

（11）尾矿尘害及排水污染环境。

上述病害、险情，就某一座库而言，不是同时都存在，而只是存在其中一两种。但病情险情不除，尾矿库就有发生事故的可能。

7.1.5　尾矿库的危害类型

7.1.5.1　尾矿库渗漏

尾矿坝坝体及坝基的渗漏有正常渗流和异常渗漏之分。正常渗流有利于尾矿坝坝体及坝前干滩的固结，从而有利于提高坝的整体稳定性。异常渗漏则是有害的。非正常渗流（渗漏），导致渗流出口处坝体产生流土、冲刷及管涌多种形式的破坏，严重的可导致垮坝事故。

（1）坝体渗漏。土坝坝体单薄，边坡太陡，渗水从滤水体以上逸出；复式断面土坝的黏土防渗体设计断面不足或与下游坝体缺乏良好的过渡层，使防渗体破坏而漏水；埋设于坝体内的压力管道强度不够或管道埋置于不同性质的地基，地基处理不当，管身断裂；有压水流通过裂缝沿管壁或坝体薄弱部位流出，管身未设截流环；坝后滤水体排水效果不良；对于下游可能出现的洪水倒灌防护不足，在泄洪时滤水体被淤塞失效，迫使坝体下游浸润线升高，渗水从坡面逸出等。

土坝分层填筑时，土层太厚，碾压不透致使每层填土上部密实，下部疏松，库内放矿后形成水平渗水带；土料含沙砾太多，渗透系数大；没有严格按要求控制及调整填筑土料的含水量，致使碾压达不到设计要求的密实度；在分段进行填筑时，由于土层厚薄不同，上升速度不一，相邻两段的接合部位可能出现少压或漏压的松土带；料场土料的取土与坝体填筑的部位分布不合理，致使浸润线与设计不符，渗水从坝坡逸出；冬季施工中，对碾压后的冻土层未彻底处理，或把大量冻土块填在坝内；坝后滤水体施工时，沙石料质量不好，级配不合理，或滤层材料铺设混乱，致滤水体失效，坝体浸润线升高等。

还有如白蚁、獾、蛇、鼠等动物在坝身打洞营巢；地震引起坝体或防渗体发生贯穿性的横向裂缝等。

（2）坝基渗漏。对坝址的地质勘探工作做得不够；设计时未能采取有效的防渗措施，如坝前水平铺盖的长度或厚度不足，垂直防渗墙深度不够；黏土铺盖与透水沙砾石地基之间，并无有效的滤层，铺盖在渗水压力作用下破坏；对天然铺盖了解不够，薄弱部位未做处理等。

水平铺盖或垂直防渗设施施工质量差；施工管理不善，在库内任意挖坑取土，天然铺盖被破坏；岩基的强风化层及破碎带未处理或截水墙未按设计要求施工；岩基上部的冲积层未按设计要求清理等。

坝前干滩裸露暴晒而开裂，尾矿库放水等从裂缝渗透；对防渗设施养护维修不善，下游逐渐出现沼泽化，甚至形成管涌；在坝后任意取土，影响地基的渗透稳定等。

（3）接触渗漏。造成接触渗漏的主要原因有：基础清理不好，未做接合槽或做得不彻底；土坝两端与山坡接合部分的坡面过陡，而且清基不彻底或未做防渗漏墙；涵管等构筑物与坝体接触处，因施工条件不好，回填夯实质量差，或未设截流环（墙）及其他止水措施，造成渗流等。

（4）绕坝渗漏。造成绕坝渗漏的主要原因有：与土坝两端连接的岸坡属条形山或覆盖层单薄的山坡而且有透水层；山坡的岩石破碎，节理发育，或有断层通过；因施工取土或库内存水后由于风浪的淘刷，岸坡的天然铺盖被破坏；溶洞以及生物洞穴或植物根茎腐烂后形成的孔洞等。

7.1.5.2　尾矿库裂缝

裂缝是一种尾矿坝较为常见的病患，某些细小的横向裂缝有可能发展成为坝体的集中渗漏通道，有的纵向裂缝也可能是坝体发生滑坡的预兆，应予以充分重视。

土坝裂缝是较为常见的现象，有的裂缝在坝体表面就可以看到，有的隐藏在坝体内部，要开挖检查才能发现。裂缝宽度最窄的不到1mm，宽的可达数十厘米，甚至更大。裂缝长度短的不到1m，长的数十米，甚至更长。裂缝的深度有的不到1m，有的深达坝基。裂缝的走向有的是平行坝轴线的纵缝，有的是垂直坝轴线的横缝，有的是大致水平的水平缝，还有的是倾斜的裂缝。

裂缝的成因，主要是由于坝基承载能力不均衡、坝体施工质量差、坝身结构及断面尺寸设计不当或其他因素等所引起。有的裂缝是由于单一因素所造成，有的则是多种因素所形成。

7.1.5.3　尾矿库管涌

管涌是渗透变形的另一种形式，它是指在渗流作用下土体中的细颗粒在粗颗粒形成的孔隙道中发生移动并被带走的现象。管涌的形成主要决定于土本身的性质，对于某些土，即使在很大的水力坡降下也不会出现管涌，而对于另一些土（如缺乏中间粒径的沙砾料）却在不大的水力坡降下就可以发生管涌。尾矿库管涌是坝身或坝基内的土壤颗粒被渗流带走的现象。管涌发生时，如不及时处理，空洞会在很短的时间内扩大，其势不可挡，从而导致尾矿坝坍塌。

7.1.5.4　尾矿库滑坡

尾矿库滑坡是指尾矿坝斜坡上的土体或者岩体在重力作用下，沿着一定的软弱面或者软弱带，整体地或者分散地顺坡向下滑动的自然现象。

在勘探时没有查明坝基基础有淤泥层或其他高压缩性软土层，未能采取相应的措施；没有避开位于坝脚附近的渊潭或水塘，筑坝后由于坝脚沉陷过大而引起滑坡；坝端岩石破碎、节理发育，未采取适当的防渗措施，产生绕坝渗流，使局部坝体饱和，引起滑坡。

在碾压土坝施工中，由于铺土太厚，碾压不实，或含水量不合要求，干重度没有达到设计标准；抢筑临时拦洪断面和合拢断面，边坡过陡，填筑质量差；冬季施工时没有采取适当措施，以致形成冻土层，在解冻或蓄水后，库水入渗形成软弱夹层；采用风化程度不同的残积土筑坝时，将黏性土填在土坝下部，而上部又填了透水性较大的土料，放矿后，背水坡上部湿润饱和；尾矿堆积坝与初期坝二者之间或各期堆积坝坝体之间没有结合好，在渗水饱和后，造成滑坡等。

强烈地震引起土坝滑坡；持续的特大暴雨，使坝坡土体饱和，或风浪淘刷，使护坡遭破坏，致坝坡形成陡坡以及在土坝附近爆破或者在坝体上部堆有物料等人为因素。

在高水位时期、发生强烈地震后、持续特大暴雨和台风袭击以及回春解冻之际应进行详细检查，从裂缝的形状、裂缝的发展规律、位移观测资料、浸润线观测分析和孔隙水压力观测成果等方面进行滑坡的判断。

7.1.5.5　尾矿库洪水漫坝

尾矿坝多为散粒结构，洪水漫过坝顶时，由水流产生的剪应力和对颗粒的拉拽力作用造成溃坝事故。造成洪水漫坝的主要因素有水文资料短缺造成防洪设计标准偏低、泄洪能力不足、安全超高不足等。此外，施工质量、运行管理也直接影响着尾矿坝的抗洪能力。

7.1.5.6　尾矿库溃坝

尾矿库内存储的尾矿具有很大的势能，一旦尾矿坝发生溃坝事故，大量尾矿顺势而出，危及下游人员、财产和环境安全。尾矿坝溃坝的实质是坝体失稳。坝体要经受筑坝期正常高水位的渗透压力、坝体自重、坝体及坝基中孔隙压力、最高洪水位有可能形成的稳定渗透压力和地震惯性力等载荷作用，当坝体强度不能承受载荷作用时则将失稳。影响尾矿坝稳定性的因素很多，导致尾矿坝溃坝的主要原因有渗透破坏、地震液化和洪水漫顶等。

7.2　尾矿库危害的防治及安全救援

7.2.1　尾矿库渗漏的防治

尾矿库渗漏的防治方法有：

（1）垫层。为了防止渗漏和使渗漏量最小，从而使污染物释放最小，在地下水保护要求严格、选厂废水中毒性组分浓度较高的场合，常采用垫层作为渗漏控制的最后策略。垫层系统的特点是：任何一种垫层的成本都比较高，但如果条件适宜，垫层抗渗效果非常好。这主要因为垫层在地表铺设、可以在控制条件下施工和检查；与渗流障系统和渗流返回系统相比，它不受地下条件的限制，不需考虑地下土壤、岩石性质或地下水条件，可以在任何充分干的地面上进行正常的施工，而渗流障系统和渗流返回系统的效果和施工的可行性完全决定于下部不透水层的存在和所穿过土层的性质。但是垫层必须具有耐废水化学腐蚀和各种物理破裂的性能。

实际上，垫层都会发生一定程度的渗漏，即便是合理设计、规范施工的垫层，也不能保证在整个作业期间起到所预计的作用，或者达到"零排放"。可能发生泄漏的主要原因是：合成薄膜经由缺口和接缝发生渗漏；黏土垫层如果在尾矿排放之前缩干，可能产生收缩裂缝；断裂作用可能增大天然地质垫层的渗透率；垫层必须有足够的柔性，使之经受住应力破坏（在饱和尾矿 30m 深处，总应力约为 600kPa）。

根据垫层材料，垫层可分为三类：尾矿泥垫层、黏土垫层、合成垫层（包括合成橡胶膜、热性塑胶膜、喷射膜、沥青混凝土）。

（2）渗流障。渗流障包括截流沟、泥浆墙和注浆幕，渗流障的使用条件是：尾矿坝设有不透水心墙，而且渗流障要与心墙很好连接，显然，在没有心墙条件下，透水的旋流沙或矿山废石所筑的坝不宜采用渗流障。因此要求上升坝的渗流障必须与初期坝同时施工，将渗流障埋设在下游型坝的上游段、中心线型坝的中心段。渗流障一般不适于上游型坝，因为它没有、也不可能有不透水心墙。事实上，透水基础对上游型坝稳定性具有有利的影响，阻止基础渗流可能引起坝内水面升高。渗流障起到使渗流侧向运动的作用，因此，只有当透水基础地层下覆连续的不透水地层时，渗流障才能充分有效。为了显著地减少渗漏量，渗流障必须穿过透水基础地层达到不透水地层。

（3）渗漏返回系统。渗漏返回系统是将渗漏出坝外的废水汇集起来再返回尾矿库，从而消除或减少地下水中污染物迁移。返回系统作业有两种基本形式：集水沟和集水井。它们的工作原理是相同的，即作为渗漏控制的第一道防线，在尾矿坝下游把渗漏废水集中起来，再泵回沉淀池。

集水沟可以单独使用，也可辅助其他渗漏控制措施一起使用。一般地，沿坝下游坡脚附近开挖集水沟，再将渗漏水汇集到池中泵回尾矿库。其适用条件相似于截流沟，下覆连续的较浅的透水层，集水沟挖穿透水层到达不透水层。因不要求坝体中设置不透水心墙，集水沟可用于透水的上游型坝、下游型坝或中心线型坝。沟内设置反滤层，以防发生管涌。

集水井是沿坝下游打一排水井，截流受污染的渗漏水，从井内抽出，泵回尾矿库。井深应足以拦截污染渗流。集水井很昂贵，一般不为尾矿库渗漏控制所选用，但可作为补救措施，防止已污染的含水层进一步被破坏。

7.2.2　尾矿库裂缝的防治

裂缝的种类很多，如果不了解裂缝的性质，就不能正确地处理，特别是滑动性裂缝和非滑动性裂缝，一定要认真予以辨别，应根据裂缝的特征进行判断。滑坡裂缝与沉陷裂缝的发展过程不同，滑坡裂缝初期发展较慢而后期突然加快，而沉陷裂缝的发展过程则是缓慢的，并到一定程度而停止。只有通过系统的检查观测和分析研究才能正确判断裂缝的性质。

内部裂缝一般可结合坝基、坝体情况进行分析判断。以下现象都可能预示产生内部裂缝：当库水位升到某一高程时，在无外界影响的情况下，渗漏量突然增加的，个别坝段沉陷、位移量比较大的，个别测压管水位比同断面的其他测压管水位低很多，浸润线呈现反常情况的，注水试验测定其渗透系数大大超过坝体其他部位的；当库水位升到某一高程时，测压管水位突然升高的，钻探时孔口无回水或钻杆突然掉落的，相邻坝段沉陷率（单位坝高的沉陷量）相差悬殊的。

发现裂缝后都应采取临时防护措施，以防止雨水或冰冻加剧裂缝的开展。对于滑动性裂缝的处理，应结合坝顶稳定性分析统一考虑，对于非滑动性裂缝，采用开挖回填是处理裂缝比较彻底的方法，适用于不太深的表层裂缝及防渗部位的裂缝；对坝内裂缝、非滑动性很深的表面裂缝，由于开挖回填处理工程量过大，可采取灌浆处理。一般采用重力灌浆或压力灌浆方法。浆液通常为黏土泥浆；在浸润线以下部位，可掺入一部分水泥，制成黏土水泥浆，以促其硬化。对于中等深度的裂缝，因库水位较高不宜全部采用开挖回填办法处理的部位或开挖困难的部位可采用开挖回填与灌浆相结合的方法进行处理。裂缝的上部采用开挖回填法；下部采用灌浆法处理。先沿裂缝开挖至一定深度（一般为2m左右）即进行回填，在回填时按上述布孔原则，预埋灌浆管，然后对下部裂缝进行灌浆处理。

7.2.3　尾矿库管涌的防治

管涌是尾矿坝坝基在较大渗透压力作用下而产生的险情，可采用降低内外水头差、减少渗透压力或用滤料导渗等措施进行处理。

（1）滤水围井。在地基好、管涌影响范围不大的情况下可抢筑滤水围井。在管涌口沙环的外围，用土袋围一个不太高的围井，然后用滤料分层铺压，其顺序是自下而上分别填0.2～0.3m厚的粗沙、砾石、碎石、块石，一般情况下可用三级分配。滤料最好清洗，不含杂质，级配应符合要求，或用土工织物代替沙石滤层，上部直接堆放块石或砾石。围井内的涌水，在上部用管引出。如险处水势太猛，第一层粗沙被喷出，可先以碎石或小块石减小水势，然后再按级配填筑；或铺设土工织物，如遇填料下沉，可以继续填沙石料，直至稳定。若发现井壁渗水，应在原井壁外侧再包以土袋，中间填土夯实。

（2）蓄水减渗。险情面积较大，地形适合而附近又有土料时，可在其周围填筑土埂或用土工织物包裹，以形成水池，蓄存渗水，利用池内水位升高，减少内外水头差，控制险情发展。

（3）塘内压渗。若坝后渊塘、积水坑、渠道、河床内积水水位较低，且发现水中有不断翻花或间断翻花等管涌现象时，不要任意降低积水位，可用芦苇秆和竹子做成竹帘、竹箔、苇箔（或荆笆）围在险处周围，然后在围圈内填放滤料，以控制险情的发展。如需要处理的管涌范围较大，而沙、石、土料又可解决时，可先向水内抛铺粗沙或砾石一层，厚15～30cm，然后再铺压卵石或块石，做成透水压渗台；或用柳枝秸料等做成15～30cm厚的柴排（尺寸可根据材料的情况而定），柴排上铺草垫厚5～10cm，然后再在上面铺沙袋或块石，使柴排潜埋在水内（或用土工布直接铺放），亦可控制险情的发展。

7.2.4　尾矿库滑坡的防治

防止滑坡的发生应尽可能消除促成滑坡的因素。注意做好经常性的维护工作，防止或减轻外界因素对坝坡稳定的影响。当发现有滑坡征兆或有滑动趋势但尚未坍塌时，应及时采取有效措施进行抢护，防止险情恶化；一旦发生滑坡，则应采取可靠的处理措施，恢复并补强坝坡，提高其抗滑能力。

滑坡抢护的基本原则是：上部减载，下部压重，即在主裂缝部位进行削坡，而在坝脚部位进行压坡。尽可能降低库水位，沿滑动体和附近的坡面上开沟导渗，使渗透水能够很快排出。若滑动裂缝达到坝脚，应该首先采取压重固脚的措施。因土坝渗漏而引起的背水坡滑坡，应同时在迎水坡进行抛土防渗。

因坝身填土碾压不实，浸润线过高而造成的背水坡滑坡，一般应以上游防渗为主，辅以下游压坡、导渗和放缓坝坡，以达到稳定坝坡的目的。在压坡体的底部一般可设双向水平滤层，并与原坝脚滤水体相连接，其厚度一般为80～150cm。滤层上部的压坡体一般用沙、石料填筑，在缺少沙石料时，亦可用土料分层回填压实。

对于滑坡体上部已松动的土体，应彻底挖除，然后按坝坡线分层回填夯实，并做好护坡。

坝体有软弱夹层或抗剪强度较低且背水坡较陡而造成的滑坡，首先应降低库水位，如清除夹层有困难时，则以放缓坝坡为主，辅以在坝脚排水压重的方法处理。地基存在淤泥层、湿陷性黄土层或液化等不良地质条件，施工时又没有清除或清除不彻底而引起的滑坡，处理的重点是清除不良的地质条件，并进行固脚防滑。因排水设施堵塞而引起的背水坡滑坡，主要是恢复排水设施效能，筑压重台固脚。

处理滑坡时应注意，开挖回填工作应分段进行，并保持允许的开挖边坡。开挖中，对于松土与稀泥都必须彻底清除。填土应严格掌握施工质量、土料的含水量和干重度必须符合设计要求，新旧二体的结合面应刨毛，以利接合。对于水中填土坝，在处理滑坡阶段进行填土时，最好不要采用碾压施工，以免因原坝体固结沉陷而断裂。滑坡主裂缝一般不宜采取灌浆方法处理。

滑坡处理前，应严格防止雨水渗入裂缝内。可用塑性薄膜、沥青油毡或油布等加以覆盖。同时还应在裂缝上方修截水沟，以拦截和引走坝面的积水。

7.2.5 尾矿库洪水漫坝的防治

尾矿坝多为散粒结构，如果洪水漫顶就会迅速冲出决口，造成溃坝事故。当排水设施已全部使用，水位仍继续上升，根据水情预报可能出现险情时，应抢筑子堤，增加挡水高度。

在堤顶不宽、土质较差的情况下，可用土袋抢筑子堤。在铺第一层土袋前，要清理堤坝顶的杂物并耙松表土。用草袋、编织袋、麻袋或蒲包等装土七成左右，将袋口缝紧，铺于子堤的迎水面。铺砌时，袋口应向背水侧互相搭接，用脚踩实，要求上下层袋缝必须错开。待铺叠至预计水位以上时，再在土袋背水面填土夯实。填土的背水坡度不得陡于1:1。

在缺土、浪大、堤顶较窄的场合下，可采用单层木板或埽捆子堤。其具体做法是先在堤顶距上游边缘约0.5~1.0m处打小木桩一排，木桩长1.5~2.0m，入土0.5~1.0m，桩距1.0m。再在木桩的背水侧用钉子、铅丝将单层木板或预制埽捆（长2~3m，直径约0.3m）钉牢，然后在后面填土加戗。

当出现超过设计标准的特大洪水时，应在抢筑子堤的同时，报请上级批准，采取非常措施加强排洪，降低库水位。如选定单薄山脊或基岩较好的副坝炸出缺口排洪，开放上游河道预先选定的分洪口分洪或打开排水井正常水位以下的多层窗口加大排水能力（这样做可能会排出库内部分悬浮矿泥），以确保主坝坝体的安全。严禁任意在主坝坝顶上开沟泄洪。

对尾矿坝坝顶受风浪冲击而决口的抢护，可采取防浪措施处理。用草袋或麻袋装土（或沙）约70%，放置在波浪上下波动的部位，袋口用绳缝合。并互相叠压成鱼鳞状。当风浪较小时，还可采用柴排防浪。用柳枝、芦苇或其他秸秆扎成直径为0.5~0.8m的柴枕长10~30m，枕的中心卷入两根5~7m的竹缆做芯子，枕的纵向每0.6~1.0m用铅丝捆扎。在堤顶或背水坡签钉木桩，用麻绳或竹缆把柴枕连在桩上，然后推放到迎水坡波浪拍击的地段。可根据水位的涨落，松紧绳缆，使柴排浮在水面上。

挂树防浪是砍下枝叶繁茂的灌木，使树梢向下放入水中，并用块石或沙袋压住；其树干用铅丝、麻绳或竹缆连接于堤坝顶的桩上。木桩直径0.1~0.15m，长1.0~1.5m，布置形式可为单桩、双桩或梅花桩等。

7.2.6　尾矿库溃坝的防治

7.2.6.1　渗透破坏

水的存在增加了滑坡体的重量，渗透力的存在增加了坡体下滑力，所以水的作用会引起坡体下滑力的增加。降雨造成的地表径流和库水会冲刷和切割坝坡，形成裂隙或断口，降低坝体稳定性。同时，水在坝体内的流动引起的冲刷和渗流作用也会降低坝体的稳定性。

尾矿坝的稳定问题不同于一般的边坡稳定问题，在渗流作用下的尾矿强度指标有明显的降低。由于堆积坝加高是在初期坝高的基础之上进行的，随着坝顶标高的增加，库容增加，浸润线抬高而尾矿浸润范围增大，坝体的安全系数减小，溃坝的可能性增加。与天然土类相比，尾矿是一种特殊的散粒状物质，有其特殊的物理和化学性质。它的颗粒表面凹凸不平，内部有孔洞，密度小，级配均匀。尾矿沉积层的密度低，饱和不排水条件下的抗剪强度低。另外，尾矿无黏性，允许渗透压降小，在渗流作用下极易发生管涌等形式的破坏。因此，找出浸润线的高低与尾矿库安全系数之间的关系，对坝体加高工程和安全稳定性具有重要意义。

7.2.6.2　地震液化

构成坝体的尾矿在地震作用下颗粒重新排列，被压密而孔隙率减小，颗粒的接触应力一部分转移给孔隙水，当孔隙水压力超过原有静水压力并与有效应力相等时，动力抗剪强度完全丧失，变成黏滞液体，这种现象称地震液化。地震液化会导致坝体失稳破坏。

影响坝体地震液化的因素很多，主要有尾矿的物理性质、坝体埋藏状况和地震动载荷情况等。尾矿颗粒的排列结构稳定和胶结状况良好、粒径大和相对密度大，则抗液化能力高，较难发生液化。覆盖的有效压力越大，排水条件越好，液化的可能性越小。地震震动的频率越高，震动持续的时间越长，越容易引起液化。此外，对于液化的抵抗能力在正弦波作用时最小，震动方向接近尾矿的内摩擦角时抗剪强度最低，最容易引起液化。

地震应力引起的坝体内部剪应力增大是影响尾矿坝稳定性的另一重要因素。不考虑水对边坡稳定性的影响，将地震看成影响和控制边坡稳定的主要动力因素，由此产生的位移、位移速度和位移加速度同地震过程中地震加速度的变化有着密切的联系。

7.2.6.3　洪水漫顶

洪水主要考虑降雨、融雪或两者共同作用引起的极端事件。洪水可以两种方式危及尾矿库，通过提供过大的入库水量，漫坝而引起坝破坏；或者通过坝址侵蚀，引起坝面损坏或最终破坏。洪水的主要威胁是漫坝的危险，最好是通过合理选择尾矿库址实现入库水量控制。可以考虑在库内蓄积洪水，就是说，尾矿库无论何时都以充足的容积接受设计洪水流入量，而上升坝仍保持适当的超高。另外一种排水方法是根据库基地形、尾矿坝升高和排洪需求，在库内预设一系列排水井，各排水井通过库底基础的排水涵洞排出洪水。

有些地区，地形制约实际坝高和尾矿库容积，并兼有高降雨量和高负荷选矿废水排放量，使得尾矿库不能蓄积洪水量。在此情况下，唯一选择是在选矿废水排入尾矿库之前进行水处理，以防混入洪水后造成污染危险。这时，洪水可以经由溢洪道排泄。引水渠道适于疏导正常径流量，但也可以用作尾矿库周围排洪。不过，如果洪水量较大，可以设计引水渠处理洪水。

与引水渠相关的一种方法是导流堤，就是在尾矿库上游、尽可能靠近尾矿库、横跨尾矿库排水区构筑导流堤。在非常特殊的场合，也可以在尾矿库的上游构筑单独的洪水控制坝。

7.2.7 尾矿库安全救援

7.2.7.1 应急救援预案种类

(1) 尾矿坝垮坝；
(2) 洪水漫顶；
(3) 水位超警戒线；
(4) 排洪设施损毁、排洪系统堵塞；
(5) 坝坡深层滑动。

7.2.7.2 应急救援预案主要内容

(1) 应急机构的组成和职责；
(2) 应急通信保障；
(3) 抢险救援的人员、资金、物资准备；
(4) 应急行动。

7.3 尾矿库安全管理

尾矿库安全检查是尾矿库日常安全管理的重要内容，是发现异常和事故隐患的有效手段。一般地，尾矿库安全检查包括以下方面内容：尾矿库的防洪检查、排水构筑物安全检查、尾矿坝的安全检查、尾矿库库区安全检查。

7.3.1 防洪安全检查

尾矿库的防洪检查主要检查防洪设计标准、尾矿沉积滩的干滩长度和尾矿坝的安全超高等，具体要求如下：

(1) 检查尾矿库设计的防洪标准是否符合本规程规定。当设计的防洪标准高于或等于本规程规定时，可按原设计的洪水参数进行检查；当设计的防洪标准低于本规程规定时，应重新进行洪水计算及调洪演算。

(2) 尾矿库水位检测，其测量误差应小于20mm。

(3) 尾矿库滩顶高程的检测，应沿坝（滩）顶方向布置测点进行实测，其测量误差应小于20mm。当滩顶一端高一端低时，应在低标高段选较低处检测1~3个点；当滩顶高低相同时，应选较低处不少于3个点；其他情况，每100m坝长选较低处检测1~2个点，但总数不少于3个点。各测点中最低点作为尾矿库滩顶标高。

(4) 尾矿库干滩长度的测定，视坝长及水边线弯曲情况，选干滩长度较短处布置1~3个断面。测量断面应垂直于坝轴线布置，在几个测量结果中，选最小者作为该尾矿库的沉积滩干滩长度。

（5）检查尾矿库沉积滩干滩的平均坡度时，应视沉积干滩的平整情况，每100m坝长布置不少于1~3个断面。测量断面应垂直于坝轴线布置，测点应尽量在各变坡点处进行布置，且测点间距不大于10~20m（干滩长者取大值），测点高程测量误差应小于5mm。尾矿库沉积干滩平均坡度，应按各测量断面的尾矿沉积干滩平均坡度加权平均计算。尾矿库沉积干滩平均坡度与设计的平均坡度的偏差应不大于10%。

（6）根据尾矿库实际的地形、水位和尾矿沉积滩面，计算尾矿库水位上升不同高程时的调洪库容。

（7）根据设计洪水、排洪系统泄水能力和调洪库容，进行调洪演算，确定尾矿库最高洪水位。

（8）根据确定的最高洪水位、滩顶标高、沉积干滩平均坡度，检查尾矿库在最高洪水时坝的安全超高和最小干滩长度是否满足相关规定的要求。

7.3.2　排水构筑物安全检查

排水构筑物安全检查主要检查构筑物有无变形、位移、损毁、淤堵，排水能力是否满足要求等，具体要求如下：

（1）排水井检查内容，包括井的内径，窗口尺寸及位置，井壁剥蚀、脱落、渗漏、最大裂缝开展宽度，井身倾斜度和变位，井、管联结部位，进水口水面漂浮物，停用井封盖方法等。

（2）排水斜槽检查内容，包括断面尺寸，槽身变形、损坏或坍塌，盖板放置、断裂，最大裂缝开展宽度，盖板之间以及盖板与槽壁之间的防漏充填物，漏沙，斜槽内淤堵等。

（3）排水涵管检查内容，包括断面尺寸，变形、破损、断裂和磨蚀，最大裂缝开展宽度，管间止水及充填物，涵管内淤堵等。

（4）排水隧洞检查内容，包括断面尺寸，洞内塌方，衬砌变形、破损、断裂、剥落和磨蚀，最大裂缝开展宽度，伸缩缝、止水及充填物，洞内淤堵等。

（5）溢洪道检查内容，包括断面尺寸，沿线山坡滑坡、塌方，护砌变形、破损、断裂和磨蚀，沟内淤堵，溢流坎顶高程，消力池及消力坎等。

（6）截洪沟检查内容，包括断面尺寸，沿线山坡滑坡、塌方，护砌变形、破损、断裂和磨蚀，沟内淤堵等。

7.3.3　尾矿坝安全检查

尾矿坝安全检查内容主要有坝的轮廓尺寸、变形、裂缝、滑坡和渗漏、坝面保护等。尾矿坝的位移监测可采用视准线法和前方交汇法；尾矿坝的位移监测每年不少于3次，位移异常变化时应增加监测次数；尾矿坝的水位监测包括洪水位监测和地下水浸润线监测；地下水监测每季度不少于1次，暴雨期间和水位异常波动时应增加监测次数。

（1）检测坝的外坡坡比。每100m坝长不少于2处，应选在最大坝高断面和坝坡较陡断面。水平距离和标高的测量误差不大于10mm。尾矿坝外坡设计坡比以1:m，实际坡比以1:n表示；实际坡比应满足$(m-n)/m \leqslant 0.03$；当$(m-n)/m > 0.03$时，应进行稳定性复核，若稳定性不足，则应采取措施。

（2）检查坝体位移。要求坝的位移量变化应均衡，无突变现象，且应逐年减小。当位移量变化出现突变或有增大趋势时，应查明原因，妥善处理。

（3）检查坝体有无纵、横向裂缝。坝体出现裂缝时，应查明裂缝的长度、宽度、深度、走向、形态和成因，判定危害程度。

（4）检查坝体滑坡。坝体出现滑坡时，应查明滑坡位置、范围和形态以及滑坡的动态趋势。

（5）检查坝体浸润线的位置。应查明坝面浸润线出逸点位置、范围和形态。

（6）检查坝体排渗设施。应查明排渗设施是否完好、排渗效果及排水水质。

（7）检查坝体渗漏。应查明有无渗漏出逸点，出逸点的位置、形态、流量及含沙量等。

（8）检查坝面保护设施。检查坝肩截水沟和坝坡排水沟断面尺寸，沿线山坡稳定性，护砌变形、破损、断裂和磨蚀，沟内淤堵等；检查坝坡土石覆盖保护层实施情况。

7.3.4 尾矿库库区安全检查

（1）尾矿库库区安全检查主要内容有周边山体稳定性，违章建筑、违章施工和违章采选作业等情况。

（2）检查周边山体滑坡、塌方和泥石流等情况时，应详细观察周边山体有无异常和急变，并根据工程地质勘察报告，分析周边山体发生滑坡可能性。

（3）检查库区范围内危及尾矿库安全的主要内容有违章爆破、采石和建筑，违章进行尾矿回采、取水，外来尾矿、废石、废水和废弃物排入，放牧和开垦等。

7.3.5 尾矿库闭库

对停用的尾矿库应按正常库标准，进行闭库整治设计，确保尾矿库防洪能力和尾矿坝稳定性系数满足尾矿库安全规程要求，维持尾矿库闭库后长期安全稳定。

（1）对坝体稳定性不足的，应采取削坡、压坡、降低浸润线等措施，使坝体稳定性满足本规程要求；

（2）完善坝面排水沟和土石覆盖、坝肩截水沟、观测设施等。

（3）根据防洪标准复核尾矿库防洪能力，当防洪能力不足时，应采取扩大调洪库容或增加排洪能力等措施；必要时，可增设永久溢洪道。

（4）当原排洪设施结构强度不能满足要求或受损严重时，应进行加固处理；必要时，可新建永久性排洪设施。

复习思考题

7-1 尾矿库有几种类型，我国的尾矿库以哪种类型的居多？

7-2 尾矿库主要由哪些部分构成，它们与尾矿库安全有何关系？

7-3 导致尾矿坝溃坝的主要原因有哪些，尾矿坝稳定性分析包括哪些内容？

7-4 评价尾矿库安全等级时主要考察哪些因素？

7-5 如何防止尾矿库事故？

8 矿山安全生产事故

8.1 矿山安全事故的发生

8.1.1 事故因果连锁论

在与各种工业伤害事故斗争中，人们不断积累经验，探索伤亡事故发生规律，相继提出了许多阐明事故为什么会发生、事故是怎样发生的以及如何防止事故发生的理论。这些理论被称为事故致因理论，是指导预防事故工作的基本理论。

事故因果连锁论是一种得到广泛应用的事故致因理论。

8.1.1.1 海因里希事故因果连锁论

海因里希（W. H. Heinrich）在 20 世纪 30 年代首先提出了事故因果连锁的概念。他认为，工业伤害事故的发生是许多互为因果的原因因素连锁作用的结果：人员伤亡的发生是由于事故；事故的发生是因为人的不安全行为或机械、物质的不安全状态（简称物的不安全状态）；人的不安全行为或物的不安全状态是由人的缺点错误造成的；人的缺点起源于不良的环境或先天的遗传因素。

所谓人的不安全行为或物的不安全状态，是指那些曾经引起事故，或可能引起事故的人的行为或机械、物质的状态。人们用多米诺骨牌来形象地表示这种事故因果连锁关系。如果骨牌系列中的第一颗骨牌被碰倒了，则由于连锁作用其余的骨牌相继被碰倒。该理论认为，生产过程中出现的人的不安全行为和物的不安全状态是事故的直接原因，企业安全工作的中心就是防止人的不安全行为，消除机械的或物质的不安全状态。

断开事故连锁过程而避免事故发生。这相当于移去骨牌系列的中间一颗骨牌，使连锁被破坏，事故过程被中止。

该因果连锁论把不安全行为和不安全状态的发生归因于人的缺点，强调遗传因素的作用，反映了时代的局限性。随着科学技术的进步、工业生产面貌的变化，在海因里希因果连锁论的基础上，人们提出了反映现代安全观念的事故因果连锁论。

8.1.1.2 预防事故对策

根据事故因果连锁论，人的不安全行为及物的不安全状态是事故发生的直接原因。因此，应该消除或控制人的不安全行为及物的不安全状态来防止事故发生。一般地，引起人的不安全行为的原因可归结为：

（1）态度不端正。由于对安全生产缺乏正确的认识而故意采取不安全行为，或由于某种心理、精神方面的原因而忽视安全。

（2）缺乏安全生产知识，缺少经验或操作不熟练等。

（3）生理或健康状况不良，如视力、听力低下、反应迟钝、疾病、醉酒或其他生理机能障碍。

（4）不良的工作环境。工作场所照明、温度、湿度或通风不良，强烈的噪声、振动，作业空间狭小，物料堆放杂乱，设备、工具缺陷及没有安全防护装置等。

针对这些问题，可以通过教育提高职工的安全意识，增强职工搞好安全生产的自觉性，变"要我安全"为"我要安全"，通过教育培训增加职工的安全知识，提高生产操作技能。并且，要经常注意职工的思想情绪变化，采取措施减轻他们的精神负担。在安排工作任务时，要考虑职工的生理、心理状况对职业的适应性；为职工创造整洁、安全、卫生的工作环境。

应该注意到，人与机械设备不同，机械设备在人们规定的约束条件下运转，自由度少；人的行为受各自思想的支配，有较大的行为自由性。一方面，人的行为自由性使人有搞好安全生产的能动性和一定的应变能力。另一方面，它也能使人的行为偏离规定的目标，产生不安全行为。由于影响人的行为的因素特别多，所以控制人的不安全行为是一件十分困难的工作。

通过改进生产工艺，采用先进的机械设备、装置，设置有效的安全防护装置等，可以消除或控制生产中的不安全因素，使得即使人员产生了不安全行为也不至于酿成事故。这样的生产过程、机械设备等生产条件的安全被称为本质安全。在所有的预防事故措施中，首先应该考虑消除物的不安全状态，实现生产过程、机械设备等生产条件的本质安全。

受企业实际经济、技术条件等方面的限制，完全地消除生产过程中的不安全因素几乎是不可能的。我们只能努力减少、控制不安全因素，防止出现不安全状态或一旦出现了不安全状态及时采取措施消除，使得事故不容易发生。因此，在任何情况下，通过科学的安全管理，加强对职工的安全教育及训练，建立健全并严格执行必需的规章制度，规范职工的行为都是非常必要的。

8.1.1.3 事故发生频率与伤害严重度

海因里希根据大量事故统计结果发现，在同一个人发生的330起同类事故中，300起事故没有造成伤害，29起发生了轻微伤害，一起导致了严重伤害，即严重伤害、轻微伤害和没有伤害的事故件数之比为1:29:300。该比例说明，同一种事故其结果可能极不相同，事故能否造成伤害及伤害的严重程度如何具有随机性质。

事故发生后造成严重伤害的情况是很少的，轻伤及无伤害的情况是大量的。在造成轻伤及无伤害的事故中包含着与产生严重伤害事故相同的原因因素。因此，有时事故发生后虽然没有造成伤害或严重伤害，却不能掉以轻心，应该认真追究原因，及时采取措施防止同类事故再度发生。

比例1:29:300是根据同一个人发生的同类事故的统计资料得到的结果，并以此来定性地表示事故发生频率与伤害严重度间的一般关系。实际上，不同的人、不同种类的事故导致严重伤害、轻微伤害及无伤害的比例是不同的。

8.1.2 能量意外释放论

8.1.2.1 能量在伤害事故发生中的作用

能量在生产过程中是不可缺少的，人类利用能量做功以实现生产的目的。在正常生产过程中能量受到种种约束和限制，按照人们的意图流动、转换和做功。如果由于某种原因，能量失去了控制，超越了人们设置的约束或限制而意外地逸出或释放，则说明发生了事故。

如果失去控制的、意外释放的能量达及人体，并且能量的作用超过了人体的承受能力，则人员将受到伤害。可以说，所有伤害的发生都是因为人体接触了超过机体组织抵抗力的某种形式的过量能量，或人体与外界的正常能量交换受到了干扰（如窒息、淹溺等）。因此，各种形式的能量构成了伤害的直接原因。

导致人员伤害的能量形式有机械能、电能、热能、化学能、电离及非电离辐射、声能和生物能等。在矿山伤害事故中机械能造成伤害的情况最为常见，其次是电能、热能及化学能造成的伤害。

意外释放的机械能造成的伤害事故是矿山伤害事故的主要形式。矿山生产的立体作业方式使人员、矿岩及其他位于高处的物体具有较高的势能。当人员具有的势能意外释放时，将发生坠落或跌落事故；当矿岩或其他物体具有的势能意外释放时，将发生冒顶片帮、山崩、滑坡及物体打击等事故。除了势能外，动能是另一种形式的机械能。矿山生产中使用的各种运输设备，特别是各种矿山车辆，以及各种机械设备的运动部分，具有较大的动能。人员一旦与之接触，则将发生车辆伤害或机械伤害。据统计，势能造成的事故伤亡人数占井下各种事故伤害人数的一半以上；动能造成的事故伤亡人数占露天矿各类事故伤亡人数的第一位。因此，预防由机械能导致的伤害事故在矿山安全中具有十分重要的意义。

矿山生产中广泛利用电能。当人员意外地接触或接近带电体时，可能发生触电事故而受到伤害。

矿山生产中要利用热能，矿山发生火灾时可燃物燃烧释放出大量热能，矿山生产中利用的电能、机械能或化学能可以转变为热能。人体在热能的作用下可能遭受烫伤或烧灼。

炸药爆炸后的炮烟及矿山火灾气体等有毒有害气体使人员中毒是化学能引起的典型伤害事故。

人体对每一种形式能量的作用都有一定的抵抗能力，或者说有一定的伤害值。当人体与某种形式的能量接触时能否产生伤害及伤害的严重程度如何，主要取决于作用于人体能量的大小。作用于人体的能量越多，造成严重伤害的可能性越大。例如，球形弹丸以4.9N 的冲击力打击人体时，只能轻微地擦伤皮肤；重物以 68.6N 的冲击力打击人的头部，会造成头骨骨折。此外，人体接触能量的时间和频率、能量的集中程度，以及接触能量的部位等也影响人员伤害的发生情况。

该理论提醒人们要经常注意生产过程中能量的流动、转换以及不同形式能量的相互作用，防止发生能量的意外逸出或释放。

8.1.2.2　屏蔽

调查矿山伤亡事故原因发现，大多数矿山伤亡事故都是因为过量的能量，或干扰人体与外界正常能量交换的危险物质的意外释放引起的，并且几乎毫无例外地，这种过量能量或危险物质的意外释放都是由于人的不安全行为或物的不安全状态造成的，即人的不安全行为或物的不安全状态使得能量或危险物质失去了控制，是能量或危险物质释放的导火线。

从能量意外释放论出发，预防伤害事故就是防止能量或危险物质的意外释放，防止人体与过量的能量或危险物质接触。我们把约束、限制能量所采取的措施称为屏蔽（与下面将介绍的屏蔽设施不同，此处是广义的屏蔽）。

矿山生产中常用的防止能量意外释放的屏蔽措施有如下几种：

（1）用安全能源代替危险能源。在有些情况下，某种能源危险性较高，可以用较安全的能源取代。例如，在采掘工作面用压缩空气动力代替电力，防止发生触电事故。但是应该注意，绝对安全的事物是没有的，压缩空气用作动力也有一定的危险性。

（2）限制能量。在生产工艺中尽量采用低能量的工艺和设备。例如，限制露天矿爆破装药量以防止飞石伤人；利用低电压设备防止电击；限制设备运转速度以防止机械伤害等。

（3）防止能量蓄积。能量的大量蓄积会导致能量的突然释放，因此要及时泄放能量防止能量蓄积。例如通过接地消除静电蓄积，利用避雷针放电保护重要设施等。

（4）缓慢地释放能量。缓慢地释放能量以降低单位时间内释放的能量，减轻能量对人体的作用。例如，各种减振装置可以吸收冲击能量，防止伤害人员。

（5）设置屏蔽设施。屏蔽设施是一些防止人员与能量接触的物理实体。它们可以被设置在能源上，例如安装在机械转动部分外面的防护罩；也可以被设置在人员与能源之间，例如安全围栏、井口安全门等。人员穿戴的个体防护用品可看作是设置在人员身上的屏蔽设施。在生产过程中也有两种或两种以上的能量相互作用引起事故的情况。例如矿井杂散电流引爆电雷管造成炸药意外爆炸，车辆压坏电缆绝缘物导致漏电等。为了防止两种能量间的相互作用，可以在两种能量间设置屏蔽。

（6）信息形式的屏蔽。各种警告措施可以阻止人的不安全行为，防止人员接触能量。

根据可能发生意外释放的能量的大小，可以设置单一屏蔽或多重屏蔽，并且应该尽早设置屏蔽，做到防患于未然。

8.1.3 不安全行为的心理原因

根据心理学的研究，人的行为是个人因素与外界因素相互关联、共同作用的结果。个人因素是人的行为的内因，在矿山生产过程中人的行为主要取决于人的信息处理过程。个人的经验、技能、气质、性格等在长时期内形成的特征，以及发生事故时相对短时间里的个人生理、心理状态，如疲劳、兴奋等影响人的信息处理过程。外界因素，包括生产作业条件及人际关系等，是人的行为的外因。外因通过内因起作用。

8.1.3.1 人的信息处理过程

人的信息处理过程可以简单地表示为输入→处理→输出。输入是经过人的感官接受外界刺激或信息的过程。在处理阶段，大脑把输入的刺激或信息进行选择、记忆、比较和判断，做出决策。输出是通过人的运动器官和发音器官把决策付诸实现的过程。

（1）知觉。知觉是人脑对于直接作用于感觉器官的事物整体的反映，是在感觉的基础上形成的。感觉是直接作用于人的感觉器官的客观事物的个别属性在人脑中的反映。实际上，人很少有单独的感觉产生，往往以知觉的方式反映客观事物。通常把感觉和知觉合称为感知。

人的视、听、味、嗅、触觉器官同时从外界接受大量的信息。据研究，在工业生产过程中，操作者每秒钟接受的视觉信息是相当大的。

作为信息处理中心的大脑的信息处理能力却非常低，其最大处理能力仅为100bit/s左右。感觉器官接受的信息量大而大脑处理信息能力低，在大脑中枢处理之前要对感官接受的信息进行预处理，即对接受的信息进行选择。在信息处理过程中人通过注意来选择输入信息。

（2）注意。在信息处理过程中，人们把注意与有限的短期记忆能力、决策能力结合起来，选择每一瞬间应该处理的信息。

注意是人的心理活动对一定对象的指向和集中。注意的品质包括注意的稳定性、注意的范围、注意的分配及注意的转移。

注意的稳定性也称持久性，是指把注意保持在一个对象上或一种活动上所能持续的时间。人对任何事物都不可能长期持久地注意下去，在注意某事物时总是存在着无意识的瞬间。也就是说，不注意是人的意识活动的一种状态，存在于注意之中。据研究，对单一不变的刺激，保持明确意识的时间一般不超过几秒钟。注意的稳定性除了与对象的内容、复杂性有关外，还与人的意志、态度、兴趣等有关。

注意的范围是指同一时间注意对象的数量。扩大注意范围可以使人同时感知更多的事物，接受更多的信息，提高工作效率和作业安全性。注意范围太小会影响注意的转移和分配，使精神过于紧张而诱发误操作。注意的范围受注意对象的特点、工作任务要求及人员的知识和经验等因素的影响。

注意的分配是指在同一时间内注意两种或两种以上不同对象或活动。现代矿山生产作业往往要求人员同时注意多个对象，进行多种操作。如果人员至少能熟练地进行一种操作，则可以把大部分注意力集中于较生疏的操作上。当注意分配不好时，可能出现顾此失彼现象，最终导致发生事故。通过技术培训和操作训练可以提高职工的注意分配能力。

注意的转移是指有目的、及时而迅速地把注意由一个对象转移到另一个对象上。矿山生产作业很复杂，环境条件也经常变化。如果注意转移得缓慢，则不能及时发现异常而导致危险局面的出现。注意转移的快慢和难易取决于对原对象的注意强度，以及引起注意转移的对象的特点等。

注意在防止矿山伤害事故方面具有重要意义。安全教育的一个重要方面就在于使人员懂得，在生产操作过程中的什么时候应该注意什么。利用警告可以唤起操作者的注意，让他们把注意力集中于可能会被漏掉的信息。

（3）记忆。经过预处理后的输入信息被存储于记忆中。人脑具有惊人的记忆能力，正常人的脑细胞总数多达100亿个，其中有意识的记忆容量为1000亿比特，下意识的记忆容量为100亿比特。

记忆分为短期记忆和长期记忆。输入的信息首先进入短期记忆中。短期记忆的特点是记忆时间短，过一段时间就会忘记，并且记忆容量有限，当人员记忆7位数时就会出错。当干扰信息进入短期记忆中时，短期记忆里原有的信息被排挤掉，发生遗忘现象而可能导致事故。经过多次反复记忆，短期记忆中的东西就进入了长期记忆。长期记忆可以使信息长久地甚至终生难忘地在头脑里保存下来。人们的知识、经验都存储在长期记忆中。

（4）决策。针对输入的信息，长期记忆中的有关信息（知识、经验）被调出并暂存于短期记忆中，与进入短期记忆的输入信息相比较，进行识别、判断然后做出决策，选择恰当的行为。

人们为了做出正确的决策，必须获取充足的外界信息，具有丰富的知识和经验，以及充裕的决策时间。一般来说，做出决策需要一定的思考时间。在生产任务紧迫或面临危险的情况下，往往由于没有足够的决策时间而匆匆做出决定，结果发生决策失误。熟练技巧可以使人员不经决策而下意识地进行条件反射式的操作。这一方面可以使人员高效率地从事生产操作；另一方面，在异常情况下，下意识的条件反射可能导致不安全行为。

（5）行为。大脑中枢做出的决策指令经过神经传达到相应的运动器官（或发音器官），转化为行为。运动器官动作的同时把关于动作的信息经过神经反馈给大脑中枢，对行为的进行情况进行监测。已经熟练的行为进行时一般不需要监测，并且在行为进行的同时，可以对新输入的信息进行处理。

为了正确地进行决策所规定的行为，机械设备、用具及工作环境符合人机学要求是非常必要的。

8.1.3.2 个性心理特征与不安全行为

个性心理特征是个体稳定地、经常地表现出来的能力、性格、气质等心理特点的总和。不同的人其个性心理特征是不同的。每个人的个性心理特征在先天素质的基础上，在一定的社会条件下，通过个体具体的社会实践活动，在教育和环境的影响下形成和发展。

能力是直接影响活动效率，使得活动顺利完成的个性心理特征，矿山生产的各种作业都要求人员具有一定的能力才能胜任。一些危险性较高、较重要的作业特别要求操作者有较高的能力。通过安全教育、技术培训和特殊工种培训，可以使职工在原有能力基础上进一步提高，实现安全生产。

性格是人对事物的态度或行为方面的较稳定的心理特征，是个性心理的核心。知道了一个人的性格，就可以预测在某种情况下他将如何行动。鲁莽、马虎、懒惰等不良性格往往是产生不安全行为的原因。但是，人的性格是可以改变的。安全管理工作的一项任务就是发现和发展职工的认真负责、细心、勇敢等良好性格，克服那些与安全生产不利的性格。

气质主要表现为人的心理活动的动力方面的特点。它包括心理过程的强度和稳定性、速度以及心理活动的指向性（外向型或内向型）等。人的气质不以活动的内容、目的或动机为转移。气质的形成主要受先天因素的影响，教育和社会影响也会改变人的气质。

人的气质分为多血质、胆汁质、黏液质和抑郁质四种类型。各种类型的典型特征如下：

（1）多血质型。具有这种气质的人活泼好动，反应敏捷，喜欢与人交往，注意力容易转移，兴趣多变。

（2）胆汁质型。这种类型的人直率热情，精力旺盛，情感强烈，易于冲动，心境变化剧烈。他们大多是热情而性急的人。

（3）黏液质型。具有这种气质的人沉静、稳重，情绪不外露，反应缓慢，注意力稳定且难于转移。

（4）抑郁质型。这种类型的人观察细微，动作迟缓，多半是情感深厚而沉默的人。

气质类型无好坏之分，任何一种气质类型都有其积极的一面和消极的一面。在每一种气质的基础上都有可能发展起某些优良的品质或不良的品质。从矿山安全的角度，在选择人员、分配工作任务时要考虑人员的性格、气质。例如，要求迅速做出反应的工作任务由多血质型的人员完成较合适；要求有条不紊、沉着冷静的工作任务可以分配给黏液质类型的人。应该注意，在长期工作实践中人会改变自己原来的气质来适应工作任务的要求。

8.1.3.3 非理智行为

非理智行为是指那些"明知有危险却仍然去做"的行为。大多数的违章操作都属于非理智行为，在引起矿山事故的不安全行为中占有较大比例。非理智行为产生的心理原因主要有以下几个方面：

（1）侥幸心理。伤害事故的发生是一种小概率事件，一次或多次不安全行为不一定会导致伤害。于是，一些职工根据采取不安全行为也没有受到伤害的经验，认为自己运气好，不会出事故，或者得出了"这种行为不会引起事故"的结论。针对职工存在的侥幸心理，应该通过安全教育使他们懂得"不怕一万，就怕万一"的道理，自觉地遵守安全规程。

（2）省能心理。人总是希望以最小的能量消耗取得最大的工作效果，这是人类在长期生活中形成的一种心理习惯。省能心理表现为嫌麻烦、怕费劲、图方便，或者得过且过的惰性心理。由于省能心理作祟，操作者可能省略了必要的操作步骤或不使用必要的安全装置而引起事故。在进行工程设计、制定操作规程时要充分考虑职工由于省能心理而采取不安全行为问题。在日常安全管理中要利用教育、强制手段防止职工为了省能而产生不安全行为。

（3）逆反心理。在一些情况下个别人在好胜心、好奇心、求知欲、偏见或对抗情绪等心理状态下，产生与常态心理相对抗的心理状态，偏偏去做不该做的事情，产生不安全行为。

（4）凑兴心理。凑兴心理是人在社会群体中产生的一种人际关系的心理反应，多发生在精力旺盛、能量有剩余而又缺乏经验的青年人身上。他们从凑兴中得到心理满足，或消耗掉剩余的精力。凑兴心理往往导致非理智行为。

实际上导致不安全的心理因素很多，很复杂。在安全工作中要及时掌握职工的心理状态，经过深入细致的思想工作提高职工的安全意识，自觉地避免不安全行为。

8.1.4 事故中的人失误

8.1.4.1 人失误的定义及分类

人失误，即人的行为失误，是指人员在生产、工作过程中实际实现的功能与被要求的功能不一致，其结果可能以某种形式给生产、工作带来不良影响。通俗地讲，人失误是人员在生产、工作中产生的差错或误差。人失误可能发生在计划、设计、制造、安装、使用及维修等各种工作过程中。人失误可能导致物的不安全状态或人的不安全行为。不安全行为本身也是人失误，但是，不安全行为往往是事故直接责任者或当事者的行为失误。一般来说，在生产、工作过程中人失误是不可避免的。

按人失误产生原因可以把它分成随机失误、系统失误和偶发失误三类。

（1）随机失误。这是由于人的动作、行为的随机性质引起的人失误。例如，用手操作时用力的大小，精确度的变化，操作的时间差，简单的错误或一时的遗忘等。随机失误往往是不可预测、不会重复发生的。

（2）系统失误。这是由于工作条件设计方面的问题或人员的不正常状态引起的失误。系统失误主要与工作条件有关，设计不合理的工作条件容易诱发人失误。容易引起人失误的工作条件大体上有两方面的问题：其一是工作任务的要求超出了人的承受能力；其二是规定的操作程序方面的问题，在正常工作条件下形成的下意识行动、习惯使人们不能应付突然出现的紧急情况。

在类似的情况下，系统失误可能重复发生。通过改善工作条件及教育训练，能够有效地防止此类失误。

（3）偶发失误。偶发失误是由于某种偶然出现的意外情况引起的过失行为，或者事先难以预料的意外行为。例如，违反操作规程、违反劳动纪律的行为。

8.1.4.2 矿山人失误模型

在矿山生产过程中可能有某种形式的信息，警告人员应该注意危险的出现。对于在生产现场的某人（当事人）来说，关于危险出现的信息称为初期警告。如果在没有关于危险出现的初期警告的情况下发生伤害事故，则往往是由于缺乏有效的检测手段，或者管理人员没有事先提醒人们存在着危险因素，当事人在不知道危险的情况下发生的事故，属于管理失误造成的事故。在存在初期警告的情况下，人员在接受、识别警告，或对警告做出反应方面的失误都可能导致事故。

（1）接受警告失误。尽管有初期警告出现，可是由于警告本身不足以引起人员注意，或者由于外界干扰掩盖了警告、分散了人员的注意力，或者由于人员本身的不注意等原因没有感知警告，因而不能发现危险情况。

（2）识别警告失误。人员接受到警告之后，只有从众多的信息中识别警告、理解警告的含义才能意识到危险的存在。如果工人缺乏安全知识和经验，就不能正确地识别警告和预测事故的发生。

（3）对警告反应失误。人员识别了警告而知道了危险即将出现之后，应该采取恰当措施控制危险局面的发展或者及时回避危险。为此应该正确估计危险性，采取恰当的行为及实现这种行为。

人员根据对危险性的估计采取相应的行为避免事故发生。人员由于低估了危险性将对警告置之不理，因此对危险性估计不足也是一种失误，一种判断失误。除了缺乏经验而做出不正确判断之外，许多人往往麻痹大意而低估了危险性。即使在对危险性估计充分的情况下，人员也可能因为不知如何行为或心理紧张而没有采取行动，也可能因为选择了错误的行为或行为不恰当而不能摆脱危险。在矿山生产的许多作业过程中，威胁人员安全的主要危险来自矿山自然条件。受技术、经济条件的限制，人控制自然的能力是有限的，在许多情况下不能有效地控制危险局面。这种情况下恰当的对策是迅速撤离危险区域，以避免受到伤害。

（4）二次警告。矿山生产作业往往是多人作业、连续作业。某人在接受了初期警告、识别了警告并正确地估计了危险性之后，除了自己采取恰当行为避免伤害事故外，还应该向其他人员发出警告，提醒他们采取防止事故措施。当事人向其他人员发出的警告称为二次警告，对其他人员来说，它是初期警告。在矿山生产过程中及时发出二次警告对防止矿山伤害事故也是非常重要的。

8.1.4.3　心理紧张与人失误

注意是大脑正常活动的一种状态，注意力集中程度取决于大脑的意识水平（警觉度）。

研究表明，意识水平降低而引起信息处理能力的降低是发生人失误的内在原因。根据人的脑电波的变化情况，可以把大脑的意识水平划分为无意识、迟钝、被动、能动和恐慌五个等级：

（1）无意识。在熟睡或癫痫发作等情况下，大脑完全停止工作，不能进行任何信息处理。

（2）迟钝。过度疲劳或者从事单调的作业，困倦或醉酒时，大脑的信息处理能力极低。

（3）被动。从事熟悉的、重复性的工作时，大脑被动地活动。

（4）能动。从事复杂的、不太熟悉的工作时，大脑清晰而高效地工作，积极地发现问题和思考问题，主动进行信息处理。但是，这种状态仅能维持较短的时间，然后进入被动状态。

（5）恐慌。工作任务过重、精神过度紧张或恐惧时，由于缺乏冷静而不能认真思考问题，致使信息处理能力降低。在极端恐慌时，会出现大脑"空白"现象，信息处理过程中断。

在矿山生产过程中人员正常工作时，大脑意识水平经常处在能动和被动状态下，信息处理能力高、失误少。当大脑意识水平处于迟钝或恐慌状态时，信息处理能力低、失误多。人的大脑意识水平与心理紧张度有密切的关系，而人的心理紧张程度主要取决于工作任务对人的信息处理情况。

（1）极低紧张度。当从事缺少刺激的、过于轻松的工作时，几乎不用动脑筋思考。

（2）最优紧张度。从事较复杂的、需要思考的作业时，大脑能动地工作。

（3）稍高紧张度。在要求迅速采取行动或一旦发生失误可能出现危险的工作中，心理紧张度稍高，容易发生失误。

（4）极高紧张度。当人员面临生命危险时，大脑处于恐慌状态，很容易发生失误。

除了工作任务之外，还有许多增加心理紧张度的因素，如饮酒、疲劳等生理因素，不安、焦虑等心理因素，照明不良、温度异常及噪声等物理因素。心理紧张度还与个人经验及技能有关，缺乏经验及操作不熟练的人，其心理紧张度较高。

合理安排工作任务，消除各种增加心理紧张的因素，以及经常进行教育、训练，是使职工保持最优心理紧张度的主要途径。

8.1.4.4　个人能力与人失误

在矿山生产作业中，人员要经常处理各种有关的信息，付出一定的智力和体力来承受工作负荷。如果人的信息处理能力过低，则将容易发生失误，每个人的信息处理能力是不同的，它取决于进行生产作业时人员的硬件状态、心理状态和软件状态。

硬件状态包括人员的生理、身体、病理和药理状态。疲劳、睡眠不足、醉酒、饥渴等，以及生物节律、倒班、生产作业环境中的不利因素等影响人员的生理状态，降低大脑的意识水平，从而降低信息处理能力。人体的感觉器官的灵敏性及感知范围影响人员对外界信息的接收；身体的各部分尺寸、各方向上力量的大小及运动速度等影响行为的进行。疾病、心理变态、精神不正常、脑外伤后遗症等病理状态影响大脑意识水平。服用某些药剂，如安眠药、镇静剂、抗过敏药物等，会降低大脑意识水平。

人员的心理状态直接影响心理紧张度。焦虑、恐慌等妨碍正常的信息处理；家庭纠纷、忧伤等引起的情绪不安定会分散注意力，甚至忘却必要的操作。工作任务、工作环境及人际关系等方面的问题也会影响人的心理状态。

软件状态是指人员在生产操作方面的技术水平，按作业规程、程序操作的能力及知识水平。在信息处理过程中软件状态对选择、判断、决策有重要的影响。矿山生产技术的进步，机械化、自动化程度的提高，对人员的软件状态的要求越来越高了。人的生理、心理状态在短时间内就会发生很大变化，而软件状态要经过长期的工作实践和经常的教育、训练才能改变。

8.1.5 可靠性与安全

8.1.5.1 可靠性的基本概念

可靠性是指系统或系统元素在规定的条件下和规定的时间内，完成规定的功能的性能。可靠性是判断和评价系统或元素的性能的一个重要指标。当系统或元素在运行过程中因为性能低下而不能实现预定的功能时，则称发生了故障。故障的发生是人们所不希望的，却又是不可避免的。故障迟早会发生，人们只能设法使故障发生得晚些，让系统、元素能够尽可能长时间地工作。一般来说，机械设备、装置、用具等物的系统或元素的故障，可能导致物的不安全状态或引起人的不安全行为。因此，可靠性与安全性有着密切的因果关系。

故障的发生具有随机性，需要应用概率统计的方法来研究可靠性。系统或元素在规定的条件下和规定的时间内，完成规定的功能的概率称为可靠度。可靠度是可靠性的定量描述，其数值在 0~1 之间。可靠度与运行时间有关。随着运行时间的增加，可靠度逐渐降低。这符合"旧的不如新的"的一般规律。用 R 表示可靠度，则可靠度随运行时间 t 的变化规律可以表示为：

$$R(t) = \exp\left[-\int_0^t \lambda(t)\,\mathrm{d}t\right]$$

式中，$\lambda(t)$ 为故障率，等于单位时间里发生故障的比率，表明系统、元素发生故障的难易程度。根据故障率随时间变化的情况，把故障分为初期故障、随机故障及磨损故障三种类型。

初期故障发生在系统或元素投入运行的初期，是由于设计、制造、装配不良或使用方法不当等原因造成的，其特点是故障率随运行时间的增加而减少。随机故障发生在系统或元素正常运行阶段，是由于一些复杂的、不可控制的甚至未知的因素造成的，其故障率基本恒定。磨损故障发生在运行时间超过寿命期间之后，由于磨损、老化等原因故障率急剧上升。

　　系统或元素自投入运行开始到故障发生的时间经过称为故障时间。故障时间的平均值 θ 是故障率 λ 的倒数。在故障发生后不再修复使用的场合，故障时间的平均值称为平均故障时间，记为 MTTF；对于故障后经修理重复使用的情况，把它称为平均故障间隔时间，记为 MTBF。

8.1.5.2　简单系统的可靠性

　　系统是由若干元素构成的。系统的可靠性取决于元素可靠性及系统结构。按系统故障与元素故障之间的关系，可以把简单系统分为串联系统和冗余系统两大类。

　　A　串联系统的可靠性

　　串联系统又称基本系统，从实现系统功能的角度，它是由各元素串联组成的系统。串联系统的特征是，只要构成系统的元素中的一个元素发生了故障，就会造成系统故障。

　　B　冗余系统

　　所谓冗余，是把若干元素附加于构成基本系统的元素之上来提高系统可靠性的方法。附加的元素称为冗余元素；含有冗余元素的系统称为冗余系统。冗余系统的特征是，只有一个或几个元素发生故障时系统不一定发生故障。按实现冗余的方式不同，冗余系统分为并联系统、备用系统及表决系统。

　　(1) 并联系统。在并联系统中冗余元素与原有元素同时工作，只要其中的一个元素不发生故障，系统就能正常运行。

　　并联系统的可靠度高于元素的可靠度，并且并联的元素越多，则系统的可靠度越高。但是，随着并联元素数目的增加，系统可靠度提高的幅度却越来越小。

　　(2) 备用系统。备用系统的冗余元素平时处于备用状态，当原有元素故障时才投入运行。为了保证备用系统的可靠性，必须有可靠的故障检测机构和使备用元素及时投入运行的转换机构。

　　(3) 表决系统。构成系统的 n 个元素中有 A 个不发生故障，系统就能正常运行的系统称为表决系统。表决系统的性能处于串联系统和并联系统性能之间，多用于各种安全监测系统，使之有较高的灵敏度和一定的抗干扰性能。

8.1.5.3　提高系统可靠性的途径

　　一般来说，可以从如下几方面采取措施来提高系统的可靠性：

　　(1) 选用可靠度高的元素。高质量的元件、设备的可靠性高，由它们组成的系统可靠度也高。

　　(2) 采用冗余系统。根据具体情况，可以采用并联系统、备用系统或表决系统。

　　(3) 改善系统运行条件。控制系统运行环境中温度、湿度，防止冲击、振动、腐蚀等，可以延长元素、系统的寿命。

　　(4) 加强预防性维修保养。及时、正确的维修保养可以延长使用寿命；在元素进入磨损故障阶段之前及时更换，可以维持恒定的故障率。

8.1.6 人、机、环境匹配

矿山生产作业是由人员、机械设备、工作环境组成的人、机、环境系统。作为系统元素的人员、机械设备、工作环境合理匹配，使机械设备、工作环境适应人的生理、心理特征，才能使人员操作简便、准确、失误少、工作效率高。人机工程学（简称人机学）就是研究这个问题的科学。

人、机、环境匹配问题主要包括机器的人机学设计、人机功能的合理分配及生产作业环境的人机学要求等。机器的人机学设计主要是指机器的显示器和操纵器的人机学设计。这是因为机器的显示器和操纵器是人与机器的交接面：人员通过显示器获得有关机器运转情况的信息；通过操纵器控制机器的运转。设计良好的人机交接面可以有效地减少人员在接受信息及实现行为过程中的人失误。

8.1.6.1 显示器的人机学设计

机械、设备的显示器是一些用来向人员传达有关机械、设备运行状况的信息的仪表或信号等。显示器主要传达视觉信息，它们的设计应该符合人的视觉特性。具体地讲，应该符合准确、简单、一致及排列合理的原则。

（1）准确。仪表类显示器的设计应该让人员容易正确地读数，减少读数时的失误。据研究，仪表面板刻度形式对读数失误率有较大影响。

（2）简单。根据显示器的使用目的，在满足功能要求的前提下越简单越好，以减轻人员的视觉负担，减少失误。

（3）一致。显示器指示的变化应该与机械、设备状态变化的方向一致。例如，仪表读数增加应该表示机器的输出增加；仪表指针的移动方向应该与机器的运动方向一致，或者与人的习惯一致。否则，很容易引起操作失误。

（4）合理排列。当显示器的数目较多时，例如大型设备、装置控制台（或控制盘）上的仪表、信号等，把它们合理地排列可以有效地减少失误。一般地，排列显示器时应该注意，显示器在水平方向上的排列范围可以大于在竖直方向上的排列范围，这是因为人的眼睛做水平运动比做垂直运动的速度快、幅度大。

8.1.6.2 操纵器的人机学设计

操纵器的设计应该使人员操作起来方便、省力、安全。为此，要依据人的肢体活动极限范围和极限能力来确定操纵器的位置、尺寸、驱动力等参数。

（1）作业范围。一般地，按操作者的躯干不动时手、脚达及范围来确定作业范围。如果操纵器的布置超出了该作业范围，则操作者需要进行一些不必要的动作才能完成规定的操作。这给操作者造成不方便，容易产生疲劳，甚至造成误操作。下面分别讨论用手操作和用脚操作的作业范围。

1）上肢作业范围。通常把手臂伸直时指尖到达的范围作为上肢作业的最大作业范围。考虑到实际操作时手要用力完成一定的操作而不能充分伸展，以及肘的弯曲等情况，正常作业范围要比最大作业范围缩小些。

2）下肢作业范围。当人员坐在椅子上用脚操作时，当椅子靠背后倾时，下肢的活动范围缩小。

（2）操纵器的设计原则。设计操纵器时，首先应确定是用手操作还是用脚操作。一般地，要求操作位置准确或要求操作迅速到位的场合，应该考虑用手操作；要求连续操作、手动操纵器较多或非站立操作时需要 98N 以上的力进行操作的场合应该考虑用脚操作。

其次，从适合人员操作、减少失误的角度，必须考虑如下问题：

1）操作量与显示量之比。根据控制的精确度要求选择恰当的操作量与显示量之比。当要求被控制对象的运动位置等参数变化精确时，操作量与显示量之比应该大些。

2）操作方向的一致性。操纵器的操作方向与被控对象的运动方向及显示器的指示方向应该一致。

3）操纵器的驱动力。操纵器的驱动力应该根据操纵器的操作准确度和速度、操作的感觉及操作的平滑性等确定。除按钮之外的一般手动操纵器的驱动力不应超过 9.8N。操纵器的驱动力并非越小越好，驱动力过小会由于意外地触碰而引起机器的误动作。

4）防止误操作。操纵器应该能够防止被人员误操作或意外触动造成机械、设备的误运转。除了加大必要的驱动力之外；可针对具体情况采取适当的措施。例如，紧急停止按钮应该突出，一旦出现异常情况时人员可以迅速地操作；而启动按钮应该稍微凹陷，或在周围加上保护圈，防止人员意外触碰。当操纵器很多时，为了便于识别，可以采取不同的形状、尺寸，附上标签或涂上不同的颜色。

8.1.6.3　人、机功能分配的一般原则

随着科学技术的进步，人类的生产劳动越来越多地为各种机器所代替。例如，各类机械取代了人的手脚，检测仪器代替了人的感官，计算机部分地代替了人的大脑等。用机器代替人，既减轻了人为劳动强度，有利于安全健康，又提高了工作效率。然而，由于人具有机器无法比拟的优点，今后将仍然是生产系统中不可缺少的重要元素。充分发挥人与机器各自的优点，让人员和机器合理地分配工作任务，是实现安全、高效生产的重要方面。

概略地说，在进行人、机功能分配时，应该考虑人的准确度、体力、动作的速度及知觉能力等四个方面的基本界限，以及机器的性能维持能力、正常动作能力、判断能力及成本等四个方面的基本界限。人员适合从事要求智力、视力、听力、综合判断力、应变能力及反应能力的工作；机器适于承担功率大、速度快、重复性作业及持续作业的任务。应该注意，即使是高度自动化的机器，也需要人员来监视其运行情况，另外，在异常情况下需要由人员来操作，以保证安全。

8.1.6.4　生产作业环境的人机学要求

矿山生产过程中存在许多危险因素，其生产作业环境也与一般工业生产作业环境有很大差别。许多矿山伤害事故的发生都与不良的生产作业环境有着密切的关系。矿山生产作业环境问题主要包括温度、湿度、照明、噪声及振动、粉尘及有毒有害物质等问题。这里仅简要讨论矿山生产环境中的照明、噪声及振动方面的问题。

A　照明

人员从外界接受的信息中，80% 以上是通过视觉获得的。照明的好坏直接影响视觉接

受信息的质量。许多矿山伤亡事故都是由于作业场所照明不良引起的。对生产作业环境照明的要求可概括为适当的照度和良好的光线质量两个方面。

（1）适当的照度。在各种生产作业中为使人员清晰地看到周围的情况，光线不能过暗或过亮。强烈的光线令人目眩及疲劳，且浪费能量；昏暗的光线使人眼睛疲劳，甚至看不清东西。一般地，进行粗糙作业时的照明度应在70lx左右，普通作业在150lx左右，较精密的作业应在300lx以上。矿山井下作业环境比较特殊，在凿岩、支护、装载及运输作业中发生的许多事故都与作业场所的照度偏低有关。有些研究资料认为，井下作业场所越亮，事故发生率越低。

井下空气中的水蒸气、炮烟及粉尘等吸收光能并产生散射而降低了作业场所照度。采取通风净化措施消除水雾、炮烟及粉尘，对改善照明有一定的益处。

（2）良好的光线质量。光线质量包括被观察物体与背景的对比度、光的颜色、眩光及光源照射方向等。按定义，对比度等于被观察物体的亮度与背景亮度的差与背景亮度之比。为了能看清楚被观察的物体，应该选择适当的对比度。当需要识别物体的轮廓时，对比度应该尽量大；当观察物体细部时，对比度应该尽量小些。眩光是炫目的光线，往往是在人的视野范围内的强光源产生的。眩光使人眼花缭乱而影响观察，因此应该合理地布置光源。特别是在井下，不要面对探照灯光等强光束作业。

B 噪声与振动

噪声是指一切不需要的声音，它会造成人员生理和心理损伤，影响正常操作。

噪声用噪声级来衡量，其单位是dB。对应于声压 p 的噪声级 L 为

$$L = 20\lg(p/p_0)$$

式中，p_0 为基准声压，一般取 $p_0 = 2 \times 10^{-5}$ Pa。当噪声超过80dB时，就会对人的听力产生影响。

矿山生产作业环境中有许多强烈噪声的噪声源。矿山设备中的扇风机、凿岩机和空气压缩机等工作时都产生很强的噪声。矿井主扇风机入口1m处的噪声可高达110dB以上；井下局部扇风机附近1m处的噪声超过100dB；井下凿岩机的噪声高达120dB以上。

噪声的危害主要表现在以下几个方面：

（1）损害听觉。短时间暴露在较强噪声下可能造成听觉疲劳，产生暂时性听力减退。长时间暴露于噪声环境，或受到非常强烈噪声的刺激，会引起永久性耳聋。

（2）影响神经系统及心脏。在噪声的刺激下，人的大脑皮质的兴奋和抑制平衡失调，引起条件反射异常。久而久之，会引起头痛、头晕、耳鸣、多梦、失眠、心悸、乏力或记忆力减退等神经衰弱症状。长期暴露于噪声环境中会影响心血管系统。

（3）影响工作和导致事故。噪声使人心烦意乱和容易疲劳，分散人员的注意力；干扰谈话及通信。噪声可能使人听不清危险信号而发生事故。

振动直接危害人体健康，往往伴随产生噪声，并降低人员知觉和操作的准确度，不利于安全生产。根据振动对人员的影响，把振动分为局部振动和全身振动两类。

（4）局部振动。工业生产中最常见的和对人危害最大的是局部振动。例如，凿岩机的强烈振动会使凿岩工患振动病。振动病的症状有手麻、发僵、疼痛、四肢无力及关节疼等，其中以手麻最为常见。当症状严重时手指及关节变形、肌肉萎缩，出现白指、白手。

（5）全身振动。全身振动多为低频率、大振幅的振动，可能引起人体器官的共振而

妨碍其机能。在人体受到较强烈全身振动时，可能出现头晕、头痛、疲劳、耳鸣、胸腹痛、口语不清、视物不清甚至内出血等症状。振动对人的影响主要取决于振动频率，频率4~8Hz 的振动对人体危害最大，其次是 10~12Hz 和 20~25Hz 的振动。

控制噪声和振动的措施有隔声、吸声、消声、隔振和阻尼等。

8.2 矿山事故申报、救援、处理

8.2.1 事故等级

根据生产安全事故（以下简称事故）造成的人员伤亡或者直接经济损失，事故一般分为以下等级：

特别重大事故，是指造成 30 人及以上死亡，或者 100 人及以上重伤（包括急性工业中毒，下同），或者 1 亿元以上直接经济损失的事故；

重大事故，是指造成 10 人及以上、30 人以下死亡，或者 50 人及以上、100 人以下重伤，或者 5000 万元以上、1 亿元以下直接经济损失的事故；

较大事故，是指造成 3 人及以上、10 人以下死亡，或者 10 人及以上、50 人以下重伤，或者 1000 万元以上、5000 万元以下直接经济损失的事故；

一般事故，是指造成 3 人以下死亡，或者 10 人以下重伤，或者 1000 万元以下直接经济损失的事故。

8.2.2 矿山事故申报

事故发生后，事故现场有关人员应当立即向本单位负责人报告；单位负责人接到报告后，应当于 1h 内向事故发生地县级以上人民政府安全生产监督管理部门和负有安全生产监督管理职责的有关部门报告。

情况紧急时，事故现场有关人员可以直接向事故发生地县级以上人民政府安全生产监督管理部门和负有安全生产监督管理职责的有关部门报告。

事故报告应当及时、准确、完整，任何单位和个人对事故不得迟报、漏报、谎报或者瞒报。

8.2.2.1 事故报告程序

安全生产监督管理部门和负有安全生产监督管理职责的有关部门接到事故报告后，应当依照下列规定上报事故情况，并通知公安机关、劳动保障行政部门、工会和人民检察院：

特别重大事故、重大事故逐级上报至国务院安全生产监督管理部门和负有安全生产监督管理职责的有关部门；

较大事故逐级上报至省、自治区、直辖市人民政府安全生产监督管理部门和负有安全生产监督管理职责的有关部门；

一般事故上报至设区的市级人民政府安全生产监督管理部门和负有安全生产监督管理职责的有关部门。

安全生产监督管理部门和负有安全生产监督管理职责的有关部门依照前款规定上报事

故情况，应当同时报告本级人民政府。国务院安全生产监督管理部门和负有安全生产监督管理职责的有关部门以及省级人民政府接到发生特别重大事故、重大事故的报告后，应当立即报告国务院。

必要时，安全生产监督管理部门和负有安全生产监督管理职责的有关部门可以越级上报事故情况。

安全生产监督管理部门和负有安全生产监督管理职责的有关部门逐级上报事故情况，每级上报的时间不得超过2h。

8.2.2.2 事故上报内容

报告事故应当包括下列内容：

（1）事故发生单位概况；

（2）事故发生的时间、地点以及事故现场情况；

（3）事故的简要经过；

（4）事故已经造成或者可能造成的伤亡人数（包括下落不明的人数）和初步估计的直接经济损失；

（5）已经采取的措施；

（6）其他应当报告的情况。

事故报告后出现新情况的，应当及时补报。

自事故发生之日起30日内，事故造成的伤亡人数发生变化的，应当及时补报。道路交通事故、火灾事故自发生之日起7日内，事故造成的伤亡人数发生变化的，应当及时补报。

8.2.3 矿山事故救援

《金属非金属矿山安全规程》（GB 16423—2006）规定：矿山企业应建立由专职或兼职人员组成的事故应急救援组织，配备必要的应急救援器材和设备。生产规模较小不必建立事故应急救援组织的，应指定兼职的应急救援人员，并与邻近的事故应急救援组织签订救援协议。矿山企业发生重大生产安全事故时，企业的主要负责人应立即组织抢救，采取有效措施迅速处理，并及时分析原因，认真总结经验教训，提出防止同类事故发生的措施。事故发生后，应按国家有关规定及时、如实报告。

《生产安全事故报告和调查处理条例》规定，事故发生单位负责人接到事故报告后，应当立即启动事故相应应急预案，或者采取有效措施，组织抢救，防止事故扩大，减少人员伤亡和财产损失。

事故发生地有关地方人民政府、安全生产监督管理部门和负有安全生产监督管理职责的有关部门接到事故报告后，其负责人应当立即赶赴事故现场，组织事故救援。

8.2.3.1 事故应急救援的任务

矿山事故发生后应急救援的基本任务包括下述几个方面：

（1）立即组织营救受害人员，组织撤离或者采取其他措施保护危害区域内的其他人员。抢救受害人员是事故应急救援的首要任务，在应急救援行动中，快速、有序、有效地实施现场急救与安全转送伤员是降低伤亡率、减少事故损失的关键。有些矿山事故，如火灾、透水等灾害性事故，发生突然、扩散迅速、涉及范围广、危害大，应该及时指导和组织人员自救、互救，迅速撤离危险区或可能受到危害的区域。事故可能影响到企业周围居民的场合，要积极组织群众的疏散、避难。

（2）迅速控制事态，防止事故扩大或引起"二次事故"，并对事故发展状况、造成的影响进行检测、监测，确定危险区域的范围、危险性质及危险程度。控制事态不仅可以避免、减少事故损失，而且可以为后续的事故救援提供安全保障。

（3）消除事故后果，做好恢复工作。清理事故现场，修复受事故影响的井巷、构筑物，恢复基本设施，将其恢复至正常状态。

（4）查明事故原因，评估危害程度。事故发生后应及时调查事故发生的原因和事故性质，查明事故的影响范围，人员伤亡、财产损失和环境污染情况，评估危害程度。

8.2.3.2 事故应急救援体系

事故应急救援体系主要包括事故应急救援组织，如应急救援指挥机构、应急救援队伍和技术专家组等，以及应急救援保障，如应急救援装备、物资、通信等。

应急救援队伍由专业应急救援队伍，如矿山救护队、医疗队等，以及兼职应急救援队伍组成。应急救援保障包括各种应急装备和物资的储备与供给，如应急抢险装备、工具、物资，应急救护装备、物资、药品，应急通信装备，后勤保障装备、物资等。

矿山企业的事故应急救援以企业为主，充分调动企业内部应急力量，同时矿山企业的事故应急救援体系也是当地区域事故应急救援体系的一部分，因此要与区域的事故应急救援体系相配合，必要时争取外部的应急支援。

县级以上人民政府应当依照《生产安全事故报告和调查处理条例》的规定，严格履行职责，及时、准确地完成事故调查处理工作。事故发生地有关地方人民政府应当支持、配合上级人民政府或者有关部门的事故调查处理工作，并提供必要的便利条件。

事故发生地公安机关根据事故的情况，对涉嫌犯罪的，应当依法立案侦查，采取强制措施和侦查措施。犯罪嫌疑人逃匿的，公安机关应当迅速追捕归案。

安全生产监督管理部门和负有安全生产监督管理职责的有关部门应当建立值班制度，并向社会公布值班电话，受理事故报告和举报。

事故发生后，有关单位和人员应当妥善保护事故现场以及相关证据，任何单位和个人不得破坏事故现场、毁灭相关证据。因抢救人员、防止事故扩大以及疏通交通等原因，需要移动事故现场物件的，应当做出标志，绘制现场简图并做出书面记录，妥善保存现场重要痕迹、物证。

8.2.3.3 事故应急响应

事故应急救援体系应该根据事故的性质、严重程度、事态发展趋势做出不同级别的响应。相应地，针对不同的响应级别明确事故的通报范围，启动哪一级应急救援，应急救援力量的出动和设备、物资的调集规模，周围群众疏散的范围等。应急响应级别应该与应急救援体制的级别相对应，如三级应急响应对应三级应急救援体制。

事故应急响应的主要内容包括信息报告和处理、应急启动、应急救援行动、应急恢复和应急结束等。

（1）信息报告和处理。矿山企业发生事故后，现场人员要立即开展自救和互救，并立即报告本单位负责人。矿山企业负责人接到事故报告后，应该按照工作程序，对情况做出判断，初步确定相应的响应级别，并按照国家有关规定立即如实报告当地人民政府和有关部门。如果事故不足以启动应急救援体系的最低响应级别，则响应关闭。

（2）应急启动。应急响应级别确定后，按所确定的响应级别启动应急程序，如通知应急中心有关人员到位、开通信息与通信网络、通知调配救援所需的应急资源（包括应急队伍和物资、装备等）、成立现场指挥部等。

（3）应急救援行动。有关应急队伍进入事故现场后，迅速开展事故侦测、警戒、疏散、人员救助、工程抢险等有关应急救援工作。专家组为救援决策提供建议和技术支持。当事态超出响应级别，无法得到有效控制，向应急中心请求实施更高级别的应急响应。

（4）应急恢复。应急救援行动结束后，进入临时应急恢复阶段，包括现场清理、人员清点和撤离、警戒解除、善后处理和事故调查等。

（5）应急结束。执行应急关闭程序，由事故总指挥宣布应急结束。

8.2.4　矿山事故应急处理

根据矿山事故及事故抢险工作的特点，矿山企业应该做好以下危害性较大的事故的应急处理工作。

8.2.4.1　矿山井下火灾事故的应急处理

矿领导在接到井下火灾报警后，应按以下程序进行抢救：

（1）迅速查明并组织撤出灾区和受威胁区域的人员，积极组织矿山救护队抢救遇险人员。同时，查明火灾性质、原因、发火地点、火势大小、火灾蔓延的方向和速度，遇险人员的分布及其伤亡情况，防止火灾向有人员的巷道蔓延。

（2）切断火区电源。

（3）正确选择通风方法。处理火灾时常用的通风方法有正常通风、增减风量、反风、风流短路、停止主要通风机运转等。使用这些通风方法应根据已探明的火区地点和范围、灾区人员分布情况来决定。

处理井下火灾的技术要点为：

（1）通风方法的正确与否对灭火工作的效果起着决定性的作用。火灾时常用的通风方法有正常通风、增减风量、反风、风流短路、隔绝风流、停止风机运转等。不论何种通风方法，都必须满足：1）不使瓦斯聚积，煤尘飞扬，造成爆炸；2）不危及井下人员的安全；3）不使火源蔓延到瓦斯聚积的地域；4）有助于阻止火灾扩大，压制火势，创造接近火源的条件；5）防止再生火源的发生和火烟的逆退；6）防止火负压的形成，造成风流逆转。

（2）为接近火源，救人灭火，应及时把弥漫井巷的火烟排除。

（3）扑灭井下火灾。根据发生火灾的地点、发生火灾方式的不同，结合井下具体情况，采用不同的灭火方法，具体的灭火方法已在"4.2.3 火灾的扑灭方法"中进行了详细阐述，具体要求可参照4.2.3节所述内容执行。

8.2.4.2　矿井水灾事故的应急处理

A　处理矿井水灾事故的基本程序

（1）撤出灾区人员，并按规定的安全撤离路线撤离人员。

（2）弄清突水地点、性质，估计突水的积水量、静止水位、突水后的涌水量、影响范围、补给水源影响的地表水体。

（3）根据水情规定关闭水闸门的顺序和负责人，并及时关闭防水闸门。

（4）有流沙涌出时，应构筑滤水墙，并规定滤水墙的构筑位置和顺序。

（5）必须保持排水设备不被淹没。当水和沙威胁到泵房时，在下水平人员撤出后，应将水和沙引向下水平巷道。

（6）有害气体从水淹区涌出以及二次突水事故发生时采取安全措施，在排水、侦察灾情时采取防止冒顶、掉底伤人的措施。

B　抢救矿井水灾遇险人员应注意的问题

井下发生突水事故，常常有人被困在井下，指挥者应本着"积极抢救"的原则，首先应制定营救人员的措施，判断人员可能躲避的地点，并根据涌水量及矿井排水能力，估算排出积水的时间。争取时间，采取一切可能的措施，使被困人员早日脱险。突水后，被困人员躲避地点有两种情况。

一种情况是，躲避地点比外部水位高时，遇险人员有基本生存的空气条件，应尽快排水救人。如果排水时间较长，应采取打钻或掘进一段巷道或救护队员潜水进入灾区送氧气和食品，以维持遇险人员起码的生存条件。

另一种情况是，当突水点下部巷道全断面被水淹没后，与该巷道相通的独头上山等上部巷道如不漏气，即使低于突水后的水位，也不会被水淹没，仍有空间及空气存在。在这些地区躲避的人员具备生存的空间和空气条件。如果避难方法正确（如心情平静、适量喝水、躺卧待救等），能够坚持一段时间。

在上述情况下对遇险人员进行抢救时，严禁向这些地点打钻，防止空气外泄，水位上升，淹没遇险人员。最好的办法是加速排水。

长期被困在井下的人员在抢救时，应注意以下几点：

（1）因被困人员的血压下降，脉搏慢，神志不清，必须轻慢搬运。

（2）不能用光照射遇险人员的眼睛，因其瞳孔已放大，将遇险人员运出井上以前，应用毛巾遮护眼睛。

（3）保持体温，用棉被盖好遇险人员。

（4）分段搬运，以适应环境，不能一下运出井口。

（5）短期内禁止亲属探视，避免兴奋造成血管破裂。

8.2.4.3　矿山冒顶事故的应急处理

冒顶事故是矿井中最常见最容易发生的事故。发生冒顶事故有些属于对客观事物的认识有限，而更多的则是工作中的缺点和错误造成的。其主要原因有思想不集中、麻痹大意、地质构造不清、地压规律不明、支护质量不好、检查不及时等。发生冒顶事故以后，抢救人员首先应以呼喊、敲打、使用地音探听器等与其联络，来确定遇难人员的位置和人数。

如果遇难人员所在地点通风不好，必须设法加强通风。若因冒顶遇难人员被堵在里面，应利用压风管、水管及开掘巷道、打钻孔等方法，向遇难人员输送新鲜空气、饮料和食物。在抢救中，必须时刻注意救护人员的安全。如果觉察到有再次冒顶危险时，首先应加强支护，有准备地做好安全退路。在冒落区工作时，要派专人观察周围顶板变化。在清除冒落矸石时，要小心使用工具，以免伤害遇难人员。在处理时，应根据冒顶事故的范围大小、地压情况，采取不同的抢救方法。

顶板冒落不大时，如果遇难人员被大块岩石压住，可采用千斤顶等工具把其顶起，将人迅速移出。

较大范围顶板冒落，把人堵在巷道中，也可采用另开巷道的方法绕过冒落区将人救出。

8.2.4.4 中毒窒息事故的应急处理

中毒窒息事故一旦发生，如果救护不当，往往增加人员伤亡，导致伤亡事故扩大。特别是在矿山井下，有毒有害气体不容易散发，更易发生重大中毒窒息死亡事故。井下有毒有害气体主要来源于爆破产生的炮烟、电焊等引起的火灾产生的一氧化碳和二氧化碳等。一旦发现人员中毒窒息，应按照下列措施进行救护：

（1）救护人员应摸清有毒有害气体的种类、可能的范围、产生的原因、中毒窒息人员的位置。

（2）救护人员要采取防毒措施才能进行营救工作，如通风排毒、戴防毒面具等。

8.2.4.5 滑坡及坍塌事故的应急处理

（1）首先应撤出事故范围和受影响范围的工作人员，并设立警戒，防止无关人员进入危险区。

（2）积极组织人员抢救被滑落、坍塌埋压的遇险人员。抢救人员要先易后难，先重伤后轻伤。

（3）认真分析造成滑坡、坍塌的主要原因，并对已制定的坍塌事故应急救援预案进行修正。

（4）在抢险救灾前，首先检查采场架头顶部是否存在再次滑落的危险，如存在较大危险应进行处理。

（5）在整个抢险救灾过程中，在采场架头上、下都应选派有经验的人员观察架头情况，发现问题要立即停止抢险工作进行处理。

（6）应采取措施阻止滑落的矿岩继续向下滑动，并积极抢救遇险人员。

（7）在危险区范围内进行抢救工作，应尽可能地使用机械化装备和控制抢险工作人员的人数。

（8）抢险救灾工作应统一指挥，科学调度，协调工作，做到有条不紊，加快抢救速度。

8.2.4.6 尾矿库溃坝事故的应急处理

（1）尽快成立救灾指挥领导小组（由当地政府负责人和矿长为首组成），统一指挥抢险救灾工作。

（2）根据灾情及时对尾矿库溃坝事故应急救援预案进行修改补充，并认真贯彻实施。

（3）溃坝前，应尽快通知可能波及范围内的人员立即撤离到安全地点。

（4）划定危险区范围，设立警戒岗哨，防止无关人员进入危险区。

（5）应尽快抢救被尾矿泥围困的人员，组织打捞遇害人员。

（6）尽快检查尾矿坝垮塌情况，采取有效措施防止二次溃坝。

（7）溃坝后，如果库内还有积水，应尽快打开泄水口将水排除。

（8）采取一切可能采取的措施，防止尾矿泥对农田、水面、河流、水源的污染或者尽量缩小污染。

8.2.5　矿山事故现场急救

现场急救，是在事故现场对遭受意外伤害的人员所进行的应急救治。其目的是控制伤害程度，减轻人员痛苦；防止伤情迅速恶化，抢救伤员生命；然后，将其安全地护送到医院检查和治疗。矿山事故造成的伤害往往都比较急促，并且往往是严重伤害，危及人员的生命安全，所以必须立即进行现场急救。

伤害一旦发生，应该立即根据伤害的种类、严重程度，采取恰当的措施进行现场急救。特别是当伤员出现心跳、呼吸停止时，要及时进行心肺复苏；同时在转送医院途中，对有生命危险者要坚持进行人工呼吸，密切注意伤员的神经、瞳孔、呼吸、脉搏及血压情况。总之，现场急救措施要及时而稳妥，正确而迅速。

8.2.5.1　气体中毒及窒息的急救

（1）进入有毒有害气体场所进行救护的人员一定要佩带可靠的防护装备，以防救护者中毒窒息使事故扩大。

（2）立即将中毒者抬离中毒环境，转移到支护完好的巷道的新鲜风流中，取平卧位。

（3）迅速将中毒者口鼻内妨碍呼吸的黏液、血块、泥土及碎矿等除去，使伤员仰头抬颌，解除舌下坠，使呼吸道通畅。

（4）解开伤员的上衣与腰带，脱掉胶鞋，但要注意保暖。

（5）立即检查中毒人员的呼吸、心跳、脉搏和瞳孔情况。

（6）如伤员呼吸微弱或已停止，有条件时可给予吸纯氧。有毒气体中毒者能做人工呼吸。

（7）对心脏停止跳动者，立即进行胸外心脏按压。

（8）呼吸恢复正常后，用担架将中毒者送往医院治疗。

8.2.5.2　触电急救

触电急救的要点是动作迅速，救护得法。发现有人触电，首先要尽快地使触电者脱离电源，然后根据触电者的具体情况，进行相应的救治。

A　脱离电源

迅速使触电者脱离电源是触电急救的关键。一旦发现有人触电，应立即采取措施使触电者脱离电源。触电时间越长，抢救难度越大，抢救好的可能性越小。使触电者迅速脱离电源是减轻伤害、赢得救护时间的关键。

（1）低压触电事故。如果离通电电源开关较近，要迅速断开开关；如果开关较远，可用绝缘物使人与电线脱离，如用有绝缘柄的电工钳或有干燥木柄的斧头切断电线，或用干木板等绝缘物插触电者身下，以隔断电源。当电线搭落在触电者身上或被压在身上时，可以用干燥的衣服、手套、绳索、木板、木棒等绝缘物拉开绝缘物或挑开电线，使触电者脱离电源。挑开的电线应放置妥善，以防别人再触电。如果触电者的衣服是干燥的，又没有紧缠在身上，可以用一只手抓住他的衣服，拉离电源，但不得触及触电者的皮肤和鞋。

（2）高压触电事故。立即通知有关部门停电；抢救者戴上绝缘手套，穿上绝缘靴，用相应电压等级的绝缘工具拉开开关；抛掷裸金属线使线路短路接地，迫使保护装置动作，断开电源。注意掷金属前，先将金属线的一端可靠接地，然后抛掷另一端。抛掷的一端不可触及触电者和其他人员。

（3）注意事项。救护者不可直接用手或其他金属或潮湿的物体作为救护工具，必须使用绝缘工具；最好使用一只手操作，以防自己触电。如事故发生在夜间，应迅速解决临时照明问题，以利于抢救。

B 现场急救

（1）对触电者应立即就地抢救，解开触电者的上衣纽扣和裤带，检查呼吸、心跳情况。

（2）如果触电者伤势不重，神志清醒，但有心慌、四肢发麻、全身无力等症状，或者触电者一度昏迷，但已清醒过来，应使触电者安静休息，严密观察，并请医生前来诊治或送往医院治疗。

（3）如果触电者伤势较重，已失去知觉，但呼吸、心跳存在者，应使触电者舒适、安静地平卧；周围不要围人，使空气流通；解开他的衣服，以利观察，如天气寒冷，要注意保暖。如果发现触电者呼吸困难、微弱或发生痉挛，立即进行口对口人工呼吸，并速请医生诊治或送往医院治疗。

（4）发现伤员心跳停止或心音微弱，立即进行胸外心脏按压，同时进行口对口人工呼吸，并速请医生诊治或送往医院急救。

（5）有条件的可给伤员吸氧气。

（6）进行各种合并伤的急救，如烧伤、止血、骨折固定等。

（7）局部电击伤的伤口应进行早期清创处理，创面宜暴露，不宜包扎，以防组织腐烂、感染。

急救及护理必须坚持到底，直到触电者经医生做出无法救活的诊断后方可停止。实施人工呼吸或胸外心脏按压等抢救方法时，可以几个人轮流进行，不可轻易中断；在送往医院的途中仍必须坚持救护，直至交给医生。抢救中途，如触电者皮肤由紫变红、瞳孔由大变小，证明抢救有效；如触电者嘴唇微动并略有开合或眼皮微动或喉内有咽东西的微小动作以至脚或手有抽动等，应注意触电者是否有可能恢复心脏自动跳动或自动呼吸，并边救护边细心观察。当触电者能自动呼吸时，即可停止人工呼吸；如果人工呼吸停止后，触电者仍不能自己呼吸，则应继续进行人工呼吸，直到触电者能自动呼吸并清醒过来。

触电者出现下列五个死亡现象，并经医院做出无法救治的死亡诊断后，方可停止抢救。

（1）心跳及呼吸停止；

（2）瞳孔散大，对强光无任何反应；

（3）出现尸斑；

（4）身体僵硬；

（5）血管硬化或肛门松弛。

8.2.5.3 烧伤急救

（1）使伤员尽快脱离火（热）源，缩短烧伤时间。注意避免助长火势的动作，如快跑会使衣服烧得更炽热，站立将使头发着火并吸入烟火，引起呼吸道烧伤等。被火烧者应立即躺平，用厚衣服包裹，湿的更好；若无此类物品，则躺着就地慢慢滚动。用水及非燃性液体浇灭火焰，但不要用沙子或不洁物品。

（2）检查心跳、呼吸情况，确定是否合并有其他外伤和有害气体中毒以及其他合并症状。对爆炸冲击烧伤人员，应检查有无颅胸损伤、胸腹腔内脏损伤和呼吸道烧伤。

（3）防休克、防窒息、防创面感染。烧伤的伤员常常因疼痛或恐惧而发生休克，可用针灸止痛或用止痛药；若发生急性喉头梗阻或窒息时，请医务人员将气管切开，以保证通气；现场检查和搬运伤员时，注意保护创面，防止感染。

（4）迅速脱去伤员被烧的衣服、鞋及袜等，为节省时间和减少对创面的损伤，可用剪刀剪开。不要清理创面，避免其感染。为了减少外界空气刺激创面引起疼痛，暂时用较干净的衣服把创面包裹起来。对创面一般不做处理，尽量不弄破水泡，保护表皮，不要涂一些效果不肯定的药物、油膏或油。

（5）迅速离开现场，立即把严重烧伤人员送往医院。注意搬运时动作要轻柔，行进要平稳，随时观察伤情。

8.2.5.4 溺水急救

（1）立即将溺水人员运到空气新鲜又温暖的地点控水。

（2）控水时救护者左腿跪下，把溺水者腹部放在其右侧腿上，头部向下，用手压背，使水从溺水者的鼻孔和口腔流出。或将溺水者仰卧，救护者双手重叠置于溺水者的肚脐上方，向前向下挤压数次，迫使其腹腔容积减少，水从口腔、鼻孔喷出。

（3）水排出后，进行人工呼吸或胸外心脏按压等心肺复苏，有条件时用苏生器苏生。

8.2.6 矿山伤亡事故调查

《生产安全事故报告和调查处理条例》规定，特别重大事故由国务院或者国务院授权有关部门组织事故调查组进行调查。重大事故、较大事故、一般事故分别由事故发生地省级人民政府、设区的市级人民政府、县级人民政府负责调查。省级人民政府、设区的市级人民政府、县级人民政府可以直接组织事故调查组进行调查，也可以授权或者委托有关部门组织事故调查组进行调查。未造成人员伤亡的一般事故，县级人民政府也可以委托事故发生单位组织事故调查组进行调查。

根据事故的具体情况，事故调查组由有关人民政府、安全生产监督管理部门、负有安全生产监督管理职责的有关部门、监察机关、公安机关以及工会派人组成，并应当邀请人民检察院派人参加。事故调查组可以聘请有关专家参与调查。事故调查组成员应当具有事故调查所需要的知识和专长，并与所调查的事故没有直接利害关系。

事故调查组提交的事故调查报告应当包括下列内容：

（1）事故发生单位概况；

（2）事故发生经过和事故救援情况；

（3）事故造成的人员伤亡和直接经济损失；

（4）事故发生的原因和事故性质；

（5）事故责任的认定以及对事故责任者的处理建议；

（6）事故防范和整改措施。

8.2.7　矿山伤亡事故分析

在整理和阅读调查材料的基础上，首先进行事故的伤害分析，然后分析和确定事故的直接原因和间接原因，最后进行事故的责任分析，确定事故的责任者。

事故伤害分析按照受伤部位、受伤性质、起因物、致害物及伤害方式等方面进行。在事故直接原因分析中要找出直接导致事故的不安全行为和不安全状态。间接原因分析要找出使人的不安全行为和物的不安全状态产生的原因，特别要找出管理方面的缺陷。在实际工作中，可以从以下几个方面寻找间接原因：

（1）技术和设计上的缺陷；

（2）教育培训不够；

（3）劳动组织不合理；

（4）对现场工作缺乏检查或指导错误；

（5）没有安全操作规程或规程内容不具体、不可行；

（6）没有认真采取防止事故措施，对事故隐患整改不力。

8.2.8　矿山伤亡事故处理

根据《生产安全事故报告和调查处理条例》规定，事故发生单位主要负责人有下列行为之一的，处以上一年年收入40%～80%的罚款；属于国家工作人员的并依法给予处分；构成犯罪的依法追究刑事责任：

（1）不立即组织事故抢救的；

（2）迟报或者漏报事故的；

（3）在事故调查处理期间擅离职守的。

事故发生单位主要负责人未依法履行安全生产管理职责导致事故发生的，根据事故严重程度处以上一年年收入30%～80%的罚款；属于国家工作人员的并依法给予处分；构成犯罪的依法追究刑事责任。

事故发生单位及其有关人员有下列行为之一的将被追究责任：

（1）谎报或者瞒报事故的；

（2）伪造或者故意破坏事故现场的；

（3）转移、隐匿资金、财产，或者销毁有关证据、资料的；

（4）拒绝接受调查或者拒绝提供有关情况和资料的；

（5）在事故调查中作伪证或者指使他人作伪证的；

（6）事故发生后逃匿的。

事故发生单位对事故发生负有责任的，由有关部门依法暂扣或者吊销其有关证照；对事故发生单位负有事故责任的有关人员，依法暂停或者撤销其与安全生产有关的执业资格、岗位证书；事故发生单位主要负责人受到刑事处罚或者撤职处分的，自刑罚执行完毕或者受处分之日起，5 年内不得担任任何生产经营单位的主要负责人。

《生产安全事故报告和调查处理条例》还就有关地方人民政府、安全生产监督管理部门和负有安全生产监督管理职责的有关部门、中介机构以及参与事故调查的人员责任追究做了规定。

复习思考题

8 - 1　针对事故发生时人的行为特征，为减少发生事故时人员伤亡，应该如何采取安全措施？

8 - 2　矿内发生水灾、透水事故时，井下人员如何避免伤亡？

8 - 3　矿内发生火灾时井下人员如何进行急救？

8 - 4　矿山应急救援的基本原则是什么，应急救援的主要任务有哪些？

8 - 5　安全事故的等级是如何规定的？

8 - 6　矿山事故的申报程序、响应等级是怎样的？

9 矿产资源的安全与可持续发展

9.1 矿产资源的安全战略

9.1.1 全球金属矿产资源

9.1.1.1 矿产资源的特征

矿产资源是指由地质作用形成并天然赋存于地壳或地表的固态、液态或气态的物质，它是具有经济价值或潜在经济价值的有用岩石、矿物或元素的聚集物。

矿产资源按照其用途分为能源矿产和原料矿产两大类。能源矿产包括煤、石油、天然气等；原料矿产又分为金属矿产与非金属矿产等。金属矿产包括黑色金属矿产（如铁、锰、铬、钒等）和有色金属矿产（如铜、铝、铅、锌等）；非金属矿产包括建筑材料（如云母、石棉等）、化工原料（如硫铁矿、磷等）及其他材料（如石灰石、白云石等）。

矿产资源的基本特征包括：

（1）产出天然性。矿产资源是在漫长的地质过程当中，由于地质作用而形成的以各种形式存在的产物，可以是固体、液体或气体。

（2）经济效用性。矿产资源说到底是一个经济的概念。如果某矿物没有效用价值，开发的成本大于其利用价值，即不能赢利，则就不能作为矿产资源。

（3）资源相对性。矿产资源是目前或可以预见的将来，能被当时的科学技术开发出来，并在经济上合理的天然物质；它的开发利用受科学技术、社会需求、经济条件、政治军事形势以及环境保护等因素的影响，因此，矿产资源既具有客观存在的自然物质的属性，又具有社会、经济、政治，乃至军事的属性。

（4）效用基础性。矿产资源是人类生产和生活资源的基本源泉之一。随着人类对矿产资源开发利用程度的提高，矿产资源对人类的效用和贡献也越来越大；人类社会生产力的每一次巨大进步，都伴随着矿产资源利用水平的巨大飞跃。

（5）不可再生性。这是矿产资源最大的基本特征，矿产资源的形成和富集要经过漫长的地质年代，这就决定了矿产资源的基本特征，如稀缺性、耗竭性等；同时也决定了人类必须十分注意合理开发利用和保护矿产资源。

（6）分布地域性。矿产资源形成需要一定的地质条件，其空间分布是不均衡的，总是相对集中于某些区域。有些区域的资源密度大、质量好、易开发，而有些区域则相反。此外，开发利用的社会经济条件和工艺技术也有地域差异。

（7）储量耗竭性。其耗竭性在微观上表现为矿山保有储量逐年衰减，生产能力逐步消失，这就要求对衰减的储量进行补偿，并保有一定的资源储备；在宏观上表现为人类需求的日益增长，导致矿产资源基础的质量和丰度递降，勘查、开发条件恶化，社会成本递增。

（8）供给稀缺性。矿产资源的供给是有限的，尽管科学技术和社会经济条件在不断发展和改善，这有利于提高资源的利用效率，但任何矿产资源的回收利用程度总是有限度的，因此，人们不得不考虑矿产资源的可持续利用问题。

（9）赋存差异性。矿产资源大多隐伏在地表之下，控制成矿的地质条件极为复杂，其赋存的时间、空间和质量、数量，具有很大的差异性和不确定性，找矿的随机性较大。

9.1.1.2　矿产资源全球战略

矿产资源是人类生存发展和文明进步、国民经济发展和科学技术革命、工业化和现代化不可少的物质基础，矿产资源的安全是国家经济安全和国防安全的重要组成部分。

世界各国工业化的历史表明，经济的高速发展是以大量消耗矿物原料为基础，矿物原料消费量同国家经济发展水平呈正比例关系，矿产资源的不可再生性和耗竭性，决定了世界矿产资源供应的有限性，而世界范围内经济的持续发展，导致人类社会对矿产资源的无限需求，对矿产资源的争夺，一直是国际关系紧张和武装冲突的根源。

世界上的发达国家，可以分为三种类型：第一类是美国、俄罗斯等国，他们既是矿产资源大国也是消费大国；第二类是日本、德国等国，他们资源极为贫乏，但矿产的需求又特别大；第三类是澳大利亚和加拿大等国家，他们是矿产资源大国，大量出口。

美国是世界第一大矿产资源大国，其钼、硼、天然碱、煤等储量居世界第一位，铜、铅、锌、金、银、铂族金属、稀土、硫、磷酸盐、重晶石等的储量居世界前三位，铁矿石、钨、钒、锂、锆等居前五位。美国储量居世界前列的矿种大多数均是大宗的、支柱性的矿产。

美国全球矿产资源战略的特点是：把全球矿产资源战略作为国家全球战略的有机组成部分；依托超级大国地位，利用其经济实力、军事实力和科学技术优势，在政治、经济和技术上开展全方位的"资源外交"；利用经济援助和技术合作，为跨国矿业公司投资创造良好的市场环境和政策环境，打开通道，打开市场，为跨国公司的投资和经营决策，提供充分的信息、服务；通过跨国矿业公司对主要资源国的矿产资源，进行强有力的资本控制和技术控制。

作为全球矿产战略的一部分，美国的资源掠夺更多地采用所谓经济援助的方式，通过大量投资或贷款控制资源国矿产的开采和生产。在燃料矿产中，美国的煤炭生产可以满足国内需求并可出口，石油进口依赖程度约50%，但美国所有需要进口的石油，全部是由自己的跨国石油公司在海外开采的。在非燃料矿产中，美国公司在海外开采并进口到本国，如：铝土矿从非洲的几内亚以及拉美的牙买加、苏里南、委内瑞拉和巴西进口；铜从智利、墨西哥、秘鲁、加拿大等国进口；铁矿石从巴西、墨西哥、委内瑞拉、智利进口；铅从墨西哥和秘鲁进口；镍从加拿大和多米尼加进口；银从墨西哥、秘鲁和智利进口；锌从秘鲁和墨西哥进口。美国还控制了非洲的铬铁矿、钴（赞比亚、刚果（金））、金刚石（博茨瓦纳、南非、刚果（金）、纳米比亚）、锰（南非、加蓬）等。至于石油，美国仍坚持其地缘观点，即立足拉美，争夺中东，渗透非洲和中亚，原则是减少来自于风险国家（地区）的石油供应。由此，美国从全球角度解决了其矿产资源安全供应问题。

日本作为一个岛国，矿产资源极为贫乏。据日本通产省资源厅数据，日本有储量的矿种只有两种。除石灰岩、叶蜡石、硅砂这三种极普通矿产的储量较大外，其他重要矿产的储量极少。日本对进口的依赖程度为石油99.7%，煤92.5%，多种有色金属平均在95%以上。

　　虽然日本本国几乎没有矿产，但作为一个经济大国，其大多数矿产品的需求量却居世界前几位。为了保障矿产供应，确保经济安全，日本一直把全球当成舞台，实施全球矿产资源战略。

　　日本全球矿产资源战略的特点是：把保障矿产资源安全供应列为国家矿业政策的首要目标，通过财政、金融、税收等多种手段鼓励矿业跨国经营，从政治、外交等不同角度支持建立海外矿业基地；大力推行"技术援助、经济援助及合作计划"，建立全球矿产资源信息网，通过财团直接或间接地参与海外矿产资源勘察开发，以实现有效获取海外矿产原料为目标。

　　针对有色金属和贵金属的大量需求，日本采取的战略是：立足拉美，广泛布点，建立稳定供应基地；控制亚洲，渗透非洲。需要指出的是，日本对俄罗斯、中亚等其他新独立的国家，也包括蒙古国，正采取强有力的渗透政策，并已取得了一定的战略控制权。

9.1.2　我国金属矿产资源

9.1.2.1　我国金属矿产资源的现状

　　矿产资源的不可再生性、储量耗竭性、供给稀缺性与人类对矿产资源的需求的无限性形成尖锐的矛盾。任何国家的经济发展都高度依赖矿产资源，所以，矿产资源的可持续发展，对国家经济具有举足轻重的作用。

　　当前，我国已进入工业化快速增长时期，许多矿产资源的消费速度正在接近或超过国民经济的发展速度。矿产资源的供需矛盾日益尖锐，表现为储量增长赶不上产量增长，产量增长赶不上消费增长，一些重要矿产进口量激增，现有矿产资源储量的保证度急降。21世纪，中国的高速工业化、城市化、人口增长、科技发展，对矿产资源的需求巨大。

　　(1) 矿产资源总量丰富，但人均拥有量相对不足。中国是世界上少有的几个资源总量大、矿种配套程度较高的资源大国。我国已经发现171种矿产，探明储量的矿产有156种，矿产资源总量约占世界的12%，居世界第3位，但因国家人口基数大，人均仅为世界平均资源量的58%。对科技、国防十分重要的有色金属也只有世界人均占有量的52%。我国大部分支柱性矿产的人均占有量都很低，所以说中国是一个资源相对贫乏的国家。

　　(2) 用量较少的矿产资源丰富，而大宗矿产储量相对不足。我国经济建设用量不大的部分矿产，如钨、锡、钼、锑、稀土等的探明储量居世界前列，在世界上具有较强竞争力。如我国钨矿保有储量是国外钨矿总储量的3倍左右；稀土资源更丰富，仅内蒙古白云鄂博的储量就相当于国外稀土储量的4倍。然而我国需求量大的铁、铜和铝土矿的保有储量占世界总量的比例则很低，分别只有8%、4.92%和1.44%；铅、锌、镍等其他有色金属的人均拥有量，也明显低于世界人均拥有量。

　　(3) 贫矿多，富矿少，开发利用难度大。我国铁矿的探明储量200多亿吨，但97.5%的是含铁品位仅为33%左右、难以直接利用的贫矿，含铁平均品位为55%左右，能直接入高炉的富铁矿只有2.5%；我国铜矿储量居世界第6位，但平均品位只有0.87%，其中品位在1%以上和2%以上的铜矿，分别占铜总资源储量的35.9%和4%，而大于200万吨以上的大型铜矿床的品位基本上都低于1%；铝土矿几乎全部为难选治的一水硬铝石型。贫矿多就加大了矿山建设投资和生产成本。

（4）中小型矿床多，超大型矿床少，矿山规模偏小。我国储量大于 10 亿吨的特大型铁矿床只有 9 处，而小于 1 亿 t 的有 500 多处；有色金属矿床的规模也都偏小，我国迄今发现的铜矿产地 900 多处，其中大型矿床仅占 2.7%，中型矿床 8.9%，小型矿床达88.4%。我国目前已开采的 320 多个铜矿区累计年产铜精矿（含铜量）只有 43.64 万吨。在总体上，我国小型地下矿山多，大型露天矿山少。

（5）共生伴生矿多，单矿种矿床少，利用成本高。我国 80 多种金属和非金属矿产中，都有共生、伴生有用元素，其中尤以铝、铜、铅、锌等有色金属矿产为甚。我国铜矿床中，单一型占 27.1%，而综合型占 72.9%；以共（伴）生矿产出的汞、锑、钼资源储量，分别占到各自总资源储量的 20% ~33%；我国有 1/3 的铁矿床含有共（伴）生组分，主要有钛、钒、铜、铅、锌、钨、锡、钼、金、钴、镍、钼、稀土等 30 余种。虽然共（伴）生元素多，可以提高矿山的综合经济效益，但由于矿石组分复杂，选矿难度大，也加大了矿山的建设投资和生产成本。

（6）金属矿产资源的区域分布相对不均。铁矿主要分布在辽、川、鄂、冀、蒙等地，占全国储量 60% 以上；铜矿主要分布在赣、皖、滇、晋、鄂、甘、藏等地，合计占全国储量 80% 以上；铝土主要分布在晋、贵、豫、桂四省区，占全国储量 90% 以上；铅、锌主要分布在粤、甘、滇、湘、桂等省区，占全国储量 65% 左右；钨主要分布在赣、湘以及粤、桂等省区，合计占全国储量 80% 以上；锡等优势矿产主要分布在赣、湘、桂、滇等南方省区。

综观我国金属矿产资源现状、供需情况、矿产资源勘察与开采情况，我国矿产资源形势可概括为：资源矿种较齐全、总量较丰富、人均占有量少、找矿潜力大；重要大宗矿产（如石油、富铁、铜、锰、铬、钾盐）国内供应缺口大，某些有色、稀有金属（如钨、锡、铋、钼、锑、锂、铯等）、稀土、非金属矿产（如菱镁石、石墨、滑石、重晶石、石膏、芒硝、萤石等）及煤具有资源优势。未来 20 年，我国经济与社会快速发展，矿产资源需求将成倍增长，金属矿产资源形势将十分严峻。

9.1.2.2　我国金属矿产资源的战略

A　我国金属矿产资源的安全

矿产资源可持续供应能力是国家矿产资源禀赋、科技发展水平、经济发展水平、矿业国际竞争力、矿产资源观、综合国力水平（政策、外交、体制等）的复合体。

我国在矿产资源安全方面存在不少问题。客观上，矿产资源丰度相对较差，因为人均矿产资源储量少，而经济快速增长、人民生活水平提高对矿产资源的压力与日俱增。在主观方面，人们的矿产资源的稀缺意识、有价意识比较淡薄；矿产资源勘察投入不足，商业性勘察市场和矿业权市场不很规范；矿产资源安全保障体系尚未完全建立，资源战略储备才起步；国家对于开发全球资源战略所需的配套政策措施不够到位，开发利用国外矿产资源的步伐起步较晚，供矿渠道相对单一，稳定性不够；在投资、融资或独资方面，有能力控制股本的矿山不多；特别是我国矿产资源的利用率和利用效率低，与世界先进水平有较大差距，这是我国资源安全的最大问题。

对我国来说，一方面，我国矿产资源供求总量失衡，国内矿产资源的保证度呈明显下降趋势，石油、富铁矿、铜矿、钾盐等大宗重要矿产的情况尤为突出；另一方面，从全球范围看，当前国外矿产资源总体上供大于求，发现资源的潜力巨大，与国内资源和市场的互补性很强，为我国的短缺矿产在全球范围内得到良好配置及降低经济发展总成本提供了难得的机会。

我国经过几十年的工业化快速发展，主要矿产资源的人均消费量增加了数倍至十多倍。我们要抓住未来十几年全球资源供应相对充足的有利时机，扩大利用全球资源的空间，建立我国矿产资源供应的安全保障体系。

由于矿产资源的稀缺性、耗竭性和地理分布的不均性，矿产消费大国实施矿产资源全球化战略是必然的，我国也不能例外。因此，在向世界提供大量加工产品的同时，必然需要大量利用世界资源。

各国之间互通有无是人类利用自然资源、促进共同发展的必然选择。经济全球化的本质就是资源与市场的全球配置，因此，当前资源利用战略的定位已经不限于立足国内或以国内为主的问题，而是亟待树立起利用全球资源的观念。

矿产资源安全是国家政治、经济、国防安全的重要物质基础，各自确定战略矿产资源的储备，一般分为两类：一类是战略储备，主要供战争时期使用；另一类是国家经济安全储备，以保障和平时期经济发展需要。

我国自20世纪80年代开始，比较系统地研究矿产资源的安全问题，这对传播矿产资源安全观念、提高安全意识起了很好的作用。但是，自发研究的多，结合政府决策研究的少；单项资源安全研究的多，多种资源安全综合研究的少；资源部门研究的多，综合部门研究的少；在国家层面研究的多，行业层面研究的少。今后应加强以下问题的研究：矿产资源安全理念、意识、属性及类型的研究；矿产资源安全识别和评价方法，国家及区域矿产资源安全态势与世界矿产资源安全态势的评价研究；国家矿产资源安全保障体系的研究，包括资源管理、资源储备、资源效率、资源替代、资源贸易等；矿产资源安全机制研究，包括矿产资源安全激励机制、约束机制、风险机制以及矿产资源跨国开发机制等。

　　B　我国矿产资源的发展

多年来，我国一直在探索自己的矿业发展道路，经历了曲折的历程，如今在矿业开发指导方针上已逐步形成了具有我国特色的矿产资源开发的发展战略。

（1）扩大资源与节约资源并举。加强对矿产资源勘察、开发利用的宏观调控，促进矿产资源勘查和开发利用的合理布局；对战略性矿产资源实行保护性开采，健全矿产资源有偿使用制度。

依靠科技进步和科学管理，提高资源利用效率，实行适度消费原则，加强循环消费，促进稀缺资源的替代和替代产品开发，建立节约资源和回收资源的全社会意识。

（2）新矿区找矿与老矿区挖潜并举。要科学地探索和总结矿床地质理论，不断发明新的探矿方法与技术，积极开拓资源新区。

寻找新型矿产资源，要积极开展大洋与极地矿产资源的调查研究，加强老矿区挖潜，要实施战略性矿产储备战略，以应对国内紧缺支柱矿产供应中断和国际市场的突发事件，保障国家经济安全。

（3）国际、国内两个市场并举。在经济全球化条件下，要以资源全球观来认识我国的矿产资源形势，要加强国内资源勘察与开发，既要自主开发与合作开发并举，又要加大"走出去"的力度，要由过去以国内资源供应为主，向立足国内资源安全，最大限度分享国外资源转变，并逐步增加高端产品的进口，努力保障我国资源安全。

（4）提高资源回收和利用程度。依靠科技进步开发、利用高新技术，推广新的采、选、冶技术，是大力提高矿产资源回收利用能力、有效解决矿产资源供应问题的重要途径。向利用二次资源和替代资源并重方面转变。

（5）开发矿业加强环境保护。矿业开发模式从粗放式经营向集约化经营转变，发展现代装备技术，实行科学采矿、安全生产，减少资源浪费；坚持以人为本，促进矿产资源开发利用与生态建设和环境保护协调发展。

进一步发挥市场在配置各类要素资源中的基础性作用。走资源配置市场化道路，实现资源管理法制化，要正确处理好资源开发利用者和资源监督管理者的法律关系，建立资源管理法律法规体系，维护好国家主权。

矿业要从单一发展向多元发展转变。努力开发高附加值的高端矿产品；要加大资源开发的宏观调控力度，特别要控制初级原料和低附加值矿物产品的出口，将资源优势切实转变为市场优势和经济优势。

9.2　矿产资源的可持续发展

9.2.1　可持续发展理念

9.2.1.1　可持续发展的内涵

可持续发展理念既包括古代文明的哲理精华，又蕴涵现代人类活动的实践总结，是对"人与自然关系"、"人与人关系"这两大主题的正确认识和完美的整合。它始终贯穿着"人与自然的平衡、人与人的和谐"这两大主线，并由此出发，不断探求"人类活动的理性规则、人与自然的协同进化、发展轨迹的时空耦合、人类需求的自控能力、社会约束的自律程度以及人类活动的整体效益准则和普遍认同的道德规范"等等，并理性地通过平衡、自制、优化、协调，最终达到人与自然之间的协同和人与人之间的公正。

可持续发展的含义丰富，涉及面很广。侧重于生态的可持续发展，其含义强调的是资源的开发利用不能超过生态系统的承受能力，保持生态系统的可持续性；侧重于经济的可持续发展，其含义则强调经济发展的合理性和可持续性；侧重于社会可持续发展，其含义则包含了政治、经济、社会的各个方面，是个广义的可持续发展含义。尽管其定义不同，表达各异，但其理念得到全球范围的共识，其内涵都包括了一些共同的基本原则。

（1）公平性原则。所谓的公平性是指机会选择的平等性，即可持续发展不仅要实现当代人之间的公平，而且也要实现当代人与未来各代人之间的公平。从伦理上讲，未来各代人应与当代人一样有权力提出他们对资源与环境的需求，因为人类赖以生存的自然资源是有限的。这是可持续发展与传统发展模式的根本区别之一。

（2）持续性原则。资源环境是人类生存与发展的基础和条件，资源的持续利用和生态系统持续的保持，是人类社会可持续发展的首要条件。可持续发展要求人们根据可持续性的条件调整自己的生活方式，在生态可能的范围内确定自己的消耗标准。它从另一个侧面反映了可持续发展的公平性原则。

（3）和谐性原则。可持续发展要求具有和谐性，从广义上说，可持续发展的战略就是要促进人类之间及人类与自然界之间的和谐。如果每个人都能真诚地按"和谐性"原则行事，则人类与自然之间就能保持一种互惠共生的关系，也只有这样，可持续发展才能实现。

（4）需求性原则。传统发展模式所追求的目标是经济的增长，立足于市场发展生产，忽视了资源的有限性，因此世界资源承受着前所未有的压力，环境在不断恶化，致使人类需求的一些基本物质不能得到满足。而可持续发展则坚持公平性和长期性，是立足于满足所有人的基本需求的发展，是强调人的需求而不是市场需求的发展。

9.2.1.2 可持续发展的目标

可持续发展理念的核心，在于正确规范两大基本关系，即人与自然之间的关系和人与人之间的关系。人与自然之间的相互适应和协同进化是人类文明得以可持续发展的"外部条件"；而人与人之间的相互尊重、平等互利、互助互信、自律互律、共建共享以及当代发展不危及后代的生存和发展等等，是人类得以延续的"内在根据条件"。唯有这种必要与充分条件的完整组合，才能真正地构建出可持续发展的理想框架，完成对传统思维定式的突破，可持续发展战略才有可能真正成为世界上不同社会制度、不同意识形态、不同文化背景的人们的共同发展战略。具体表述如下：

（1）不断满足当代和后代人生产、生活的发展对物质、能量、信息、文化的需求。这里强调的是"发展"。

（2）代与代之间按照公平性原则去使用和管理属于人类的资源和环境。每代人都要以公正原则担负起各自的责任。当代人的发展不能以牺牲后代人的发展为代价。这里强调的是"公平"。

（3）国际和区际之间应体现均富、合作、互补、平等的原则，去缩小同代之间的差距，不应造成物质上、能量上、信息上乃至心理上的鸿沟，以此去实现"资源—生产—市场"之间的内部协调和统一。这里强调的是"合作"。

（4）创造与"自然—社会—经济"支持系统相适宜的外部条件，使得人类生活在一种更严格、更有序、更健康、更愉悦的环境之中。因此应当使系统的组织结构和运行机制不断地优化。这里强调的是"协调"。

事实上，只有当人类向自然的索取被人类给予自然的回馈所补偿，创造了一个"人与人"之间的和谐世界时，可持续发展才能真正被实现。

9.2.1.3 我国可持续发展战略

中国作为世界上人口最多的发展中国家，坚定地走可持续发展道路，把可持续发展作为国家基本战略，其核心内容是发展，要实现人口、资源、环境与经济社会发展的协调，实现经济和社会的可持续发展。

（1）可持续发展总体战略。从总体上论述了中国可持续发展的背景、必要性、战略与对策等。其内容包括：建立中国的可持续发展法律体系，通过立法保障社会各阶层参与可持续发展以及相应的决策过程；制定和推进有利于可持续发展的经济政策、技术政策和税收政策；加强现有信息系统的联网和信息共享，加强教育建设、人力资源开发与高科技能力等。

（2）社会可持续发展。其内容包括：控制人口增长、提高人口素质、引导民众采用新的消费和生活方式；在工业化、城市化过程中发展中小城市和小城镇、扩大就业容量、大力发展第三产业；加强城乡建设规划和合理利用土地；增强贫困地区自身经济发展能力，尽快消除贫困；建立与社会经济发展相适应的自然灾害防治体系等。

（3）经济可持续发展。其内容主要包括：利用市场机制和经济手段，推动可持续综合管理体系；推广清洁生产，发展环保产业；提高能源效率与节能，开发利用新能源和可再生能源。

（4）生态可持续发展。其内容包括：对重点区域和流域进行综合开发整治，完善生物多样性保护法规体系，建立和扩大国家自然保护区网络；建立全国土地荒漠化监测的信息系统，采用先进技术控制大气污染和防治酸雨；开发消耗臭氧层物质的替代产品和替代技术，大面积造林；建立有害废物处置与利用的法规及技术标准等。

9.2.2　我国矿产资源的生产

9.2.2.1　矿业开发的负效应

人类大规模开发矿产资源、推进现代科技进步的同时，也导致了矿区生态与环境的严重破坏。矿产开发带来的环境负效应十分严重，突出表现在以下几方面：

（1）自然景观破坏，地质灾害严重。通常，矿产开发区在开采之前都是森林、草地或植被覆盖的山体，一旦开采后，植被消失，山体破坏，尾矿、废石堆置占用大量土地，严重破坏自然景观。与此同时，随着地下矿产开发的推进，还可能不断出现矿井突水、冒顶及地面塌陷、滑坡、泥石流等事故；遇到干旱多风季节，由尾砂库引发的沙尘暴也造成严重的地质灾害。

（2）土壤基质恶化，严重影响植物繁殖。重金属毒害是矿产开发地区普遍严重存在的问题，尾矿中有害成分对植物生长起着严重的抑制作用。尾矿的污染是高度酸化，高含量的重金属与强酸度，严重影响矿区周围的植被及农作物的繁殖。

（3）下游水质污染，毒害水栖生物和危及人畜用水安全。由于矿床开采过程中受污染水的任意排放，以及堆置固体废物受雨水的淋溶作用，重金属与有机化合物等有害物质随雨水渗入到矿区水系，污染下游水域；此外，由于矿床开采造成地下水的枯竭，以及矿坑水蓄水池的建立，都可能使水的渗透速度与方向发生根本变化，使下游水质受到污染，以致破坏水域生态环境，威胁人类健康。

（4）土壤结构恶化，生物多样性遭受破坏。矿区经过表土剥离和大型设备的重压，留下的是坚硬、板结的基质，极不利于植物生长和动物定居。

9.2.2.2　我国矿产生产现状

采矿是矿产资源开发和利用的前端工序。按照传统的认识，在矿床开采过程中，人们通常注重于矿床开采的经济活动，较少结合开采过程考虑矿床开采对自然环境的严重负面影响；往往在出现生态破坏和环境污染后再进行末端治理，较少按照矿产资源开采与生态环境相协调的理念，将矿床开采的各个工序作为一个系统从源头解决矿山环境污染问题。因而，我国因矿产资源开发利用造成了大量的土地受到破坏，排放的固体废料达工业行业排放固体废料总量的85%。矿山固体废料的排放占用了大量宝贵的土地，造成生态环境恶化,同时也造成大量有价金属与非金属资源的流失。特别是我国大多数矿山生产规模小,数量众多,技术水平差别大,较多矿山的环境保护工作滞后,矿山生态环境严重恶化。矿山的环境污染和破坏给当地自然生态环境、社会经济生活带来了很大的负面影响。可见,我国矿产资源开发与利用引发的环境破坏显著增加了地球环境的负荷,已成为亟待解决的重大课题。

(1) 资源浪费。我国金属矿产资源的开采损失比较严重。我国金属矿产资源的综合利用率比国外先进水平低10~20个百分点。当代被采矿体的围岩也极有可能含有远景矿产资源,能在将来得到利用。但按照目前通常的认识,它们在现有技术条件下不能被利用,或还不能被认识到将来的工业价值。因而,在当代采矿活动中很少考虑这些远景资源在将来的开发利用。事实上,在远景资源还不能被明确界定的条件下也难以进行综合规划。因此,在开发资源的过程中,远景资源往往受到极大破坏,很难被再次开发,或者即使能开发也增加了很大的技术难度。此外,我国矿床的一个显著特点是共生、伴生矿床多,80%的矿床伴生多种有用组分,铜的25%、金的40%、钼的25%是赋存于伴生矿床中。目前不少矿山废弃物中的伴生矿物的价值甚至高于主矿物的几倍至几十倍。大量的资源在采选过程中损失浪费,使人类可利用资源的紧缺程度进一步加剧。

(2) 地表塌陷。采矿工业在索取资源的同时,因开采而在地下形成大量采空区,即矿石被回采后遗留在地下的回采空间。用崩落采矿法回采时,在覆盖岩石下出矿,回采空间需要崩落上部矿岩进行填充,造成地表塌陷。采用空场采矿法回采时,出矿后留下采空区。采空区的存在使岩体中的应力重新分布,在空区的周边产生应力集中形成地压,使空区顶板、围岩和矿柱发生变形、破坏和移动,产生顶板冒落,或者强制崩落上部围岩填充采空区,造成地表塌陷。无论是崩落采空区顶板,还是采空区失稳塌陷,都会造成地表和植被遭受破坏;矿山开采诱发的地面崩塌、滑坡、塌陷等地质灾害已十分普遍。

(3) 排放废料。目前的采矿工业体系实际上是一个开采资源和排放废料的过程。矿业开发活动是向环境排放废弃物的主要来源,我国在矿产资源开发利用过程中产生的尾砂、废石、煤矸石、粉煤灰和冶炼渣已成为排放量最大的工业固体废弃物,占全国工业固体废弃物排放总量的85%。可见,现在的采矿工业模式显著增加了地球环境的负荷,不能满足可持续发展原则。

(4) 安全隐患。矿床开采留下的采空区、排放的废石场和构筑的尾砂库带来严重的安全隐患。诸如采空区产生或诱发矿区塌陷、崩塌、滑坡、地震、矿井突水、顶板冒落等地质灾害,废石场引发泥石流以及尾砂库溃坝等灾害事故时有发生,严重威胁矿山正常生产和矿区人民的生命财产安全,带来了大量人员伤亡和经济损失。

(5) 没有有效治理方法。人类在采矿工业的发展进程中已认识到矿产资源开采所引发的生态问题与环境问题,矿产资源的大量开发遗留给人类的生存环境日趋恶化。近年来,世界各国一直采取措施来治理污染和恢复生态,生产过程的末端治理治标不治本,从长远来看,生产过程末端治理所需的资金极大,废物料还必须进行最终处理。

9.2.3 我国矿产可持续发展

9.2.3.1 矿产可持续发展目标

合理使用、节约和保护资源,提高资源利用率和综合利用水平;建立重要资源安全供应体系和实施重要战略资源储备，最大限度地保证国民经济建设对资源的需要。在矿产资源利用上，进一步健全矿产资源法律法规体系；科学编制和严格实施矿产资源规划，加强对矿产资源开发利用的宏观调控，促进矿产资源勘察和开发利用的合理布局；进一步加强矿产资源调查评价和勘查工作，提高矿产资源保证程度；对战略性矿产资源实行保护性开采；健全矿产资源有偿使用制度，依靠科技进步和科学管理，促进矿产资源利用结构的调整和优化，提高资源利用效率；充分利用国内外资金、资源和市场，建立大型矿产资源基地和海外矿产资源基地；加强矿山生态环境恢复治理和保护；在矿产资源战略储备方面，建立战略矿产资源储备制度，完善相关经济政策和管理体制；建立战略矿产资源安全供应的预警系统；采用国家储备与社会储备相结合的方式，实施石油等重要矿产资源战略储备。

多年来，我国实施可持续发展战略成绩显著，主要表现在以下几个方面：普遍提高了公众的可持续发展意识；初步建立了可持续发展战略实施的组织管理体系；逐步将可持续发展战略纳入国民经济和社会发展计划；进一步加强了法制建设，建立和完善了可持续发展战略的法律法规；在经济、社会全面发展和人民生活水平不断提高的同时，人口过快增长的势头得到了控制；进一步加强了自然资源保护和生态系统管理，生态建设和环境污染整治步伐加快；进一步加强了资源保护、合理开发和资源综合利用水平；发展了环境保护产业；拓宽并加强了可持续发展领域的国际合作。

9.2.3.2   矿产可持续发展模式

我国必须研究、确立并实施适合我国国情的矿产资源发展战略，以实现矿产资源可持续发展。我国成矿条件有利，金属矿产资源潜力大，特别是西部广大地区及东部深部地带的勘察程度低，找矿潜力大，只要加强勘察工作，并充分利用国外资源，我国完全可以改变当前矿产资源供应的严峻形势。

目前，国内金属矿产资源后备储量正处于危机状态。当务之急就是要进一步推进体制改革，按照市场需求和规划要求，有效有序地增加矿产资源的后备储量与资源量，并充分利用国外矿产资源。要实现金属矿产资源的可持续发展，必须采取适合国情的行之有效的政策与措施。

（1）加强勘察工作，增加储备量。在经济全球化、矿业全球化的今天，要树立矿产资源全球观。建立稳定、安全、经济、多元化的矿产资源供应体系。对于某些具有战略意义或储量不多的矿产，应优先利用国外资源。同时加大勘察力度，加强金属矿产勘察资金投入，以期获得足够的储备量，以免受制于人。

（2）建立市场机制，增加国家投入。在矿业发达国家，在矿产勘察、开发中引入市场机制，形成市场，并吸引企业、个人投资矿业，形成矿产勘察与开发自我发展的良性循环，这已是成功的经验，它符合矿业市场运转的规律。另外，政府应在政策和经济上给予支持。要建立国家矿产勘察风险基金制度，实行优惠的税收政策，鼓励和吸引社会资金投向矿产勘察与开发。

（3）充分利用国际市场。要充分发挥优势矿产的作用。对国际市场所需的我国优势矿产，在国内要保持一定供应期限的后备储量，由政府指导、监督、把关，协会组织有序生产，有节制出口，控制国际市场价格，并逐步增加深加工矿产品的出口，使资源优势充分转变为外汇优势。

要充分利用国外矿产资源。从国际矿业市场进口矿产品，在国外购买矿产地、矿山，与当地企业或国际矿业公司合资经营或独资勘察和开发，通过投资与受援国联合勘察和开发矿山等。要跟踪市场、研究对策、制定规划，促进我国的矿业发展。

（4）寻找新型矿产，研究替代产品。为了人类社会及我国的可持续发展，必须致力于开拓、发现新的矿产资源，开发新的能源，充分利用水力、风力、潮汐、地热等能源，发展外太空领域。开拓国内矿产资源勘察研究的新领域的同时，大力开发替代金属原料的非金属矿产资源，还要开展大洋与极地矿产资源的勘察。

（5）完善并认真实施法律法规。完善矿产资源法律、法规，合理利用矿产资源。从1986年矿产资源法公布实施以来，矿产资源的管理开始有法可依，找矿、开矿秩序有所好转。

9.2.3.3　发展生态型矿业和循环发展模式

A　矿产生态型开采

a　生态学观念

工业生态学能有效地解决矿床开采的负面问题，它是一个将工业体系模仿生物界的生态规则运行的类比概念，属于可持续发展科学范畴。工业生态学完全推翻了末端治理的传统观念，传统的工业体系是一些相互不发生关系的线形物质流的叠加，每一道制造工序都独立于其他工序。其运行方式，简单地说就是开采资源和抛弃废料，这是环境问题的根源。按照传统的工业体系不可能实现可持续发展，只有通过一种更为一体化的工业生产方式来代替简单化的传统生产方式，才能实现可持续发展，这就是工业生态系统。

为了将工业体系真正转变成为可持续的形态，就必须以完全循环的方式运行。在这种形态下，不再区分资源与废料。对一个有机体来说是废料的物质，但对另一个有机体却是资源，只有太阳能是来自外部的支援。矿产资源的开发必须走生态型开采、循环经济、可持续发展之路。

b　矿山环境问题新观念

环境问题的传统观念认为解决的方案是采取措施来治理环境，也即末端治理。这是自20世纪60年代以来，工业化发达国家广泛采用的技术手段。但是，这些国家的经验表明，生产过程末端治理方法不是有效的解决方案。环境问题是工业生态学研究的一个方面。工业生态学认为，在节约资源的同时又减少污染源的处理成本是可能的。在一些情况下，运用工业生态学方法可以把费用昂贵的废料处理转变成企业的一个新的利益源，因为一道工序或一个企业所产生的废料物质，或许正是其他工序或企业所要购买或使用的原材料。

减轻采矿工业对自然环境的破坏，充分回收利用有限的矿产资源，是我国乃至世界范围内需要有计划地完成的一项重大环保任务和资源战略。工业生态学为全面解决环境污染和资源利用，以及提高企业的竞争力，提供了理论方法和实施策略。

针对矿床开采造成地表塌陷、排放尾砂、排放废石和浪费资源等四大危害，可以按照工业生态学的观念，通过重构生产系统，结合开采过程消除环境污染和生态破坏，使矿山工程与生态环境融为一体；并使采矿过程和谐地纳入自然生态系统物质循环利用过程，形成以产品清洁生产、资源高效利用和废料循环利用为特征的生态经济发展形态。这样，就可以从根本上解决传统开采方式所带来的资源浪费、破坏生态、污染环境和安全隐患问题。

　　c　生态型开采模式

　　按照工业生态学的基本观点，工业生态型开采模式可描述为：以采矿活动为中心，将矿区资源利用、人文环境、生态环境和经济因素相互联系起来，构成一个有机的工业系统；在采矿过程中，以最小的排放量和对地表生态的破坏量为代价，获取最大的资源量和企业经济效益；在采矿活动结束后，通过最小的末端治理使矿山工程与生态环境融为一个整体。

　　工业生态型开采模式的具体内涵，应考虑到矿产资源的不可再生，因而矿床开采必须充分回采利用和保护矿产资源；应考虑最大限度地减少矿山废石的产出量；应考虑最大限度地将矿山废石、尾砂或赤泥作为二次资源充分地利用起来，减少废料排放污染环境，消除地表塌陷，保护人文环境与生态环境。

　　在经济因素方面，通过提高表内采矿回收率和降低采矿贫化率可以使矿山获得直接经济效益，特殊条件下可以减少地表构建筑物搬迁或改造节省支出。

　　矿床开采给矿产资源和生态环境带来负面效应的四大主要危害源是：资源损失、地表塌陷、排放废石、排放尾砂（赤泥）。其中第一项危及资源，后三项对生态环境造成重大危害。现代矿床开采应该研究符合生态型开采的参考方法和采矿工艺。近年来按照工业生态型开采模式，并结合矿床开采工艺控制和消除危害源理论，通过采用保护性充填采矿工艺与技术最大限度地回采矿产资源，并保护地表不塌陷破坏；通过低成本大宗量利用废石与尾砂（赤泥）的矿山充填技术，在开采过程中实现固体废料少排放或零排放，实现走生态型开采、循环经济、可持续发展的道路逐渐变为现实。

　　我们有理由相信，经过广大采矿技术人员、科研人员的努力，具备生态型开采、循环经济、可持续发展要求的采矿方法、采矿技术会相继成功与应用，为环境保护做出应有的贡献。

　　B　矿业循环经济

　　a　循环经济的特征

　　循环经济的主要特征可归纳如下：

　　（1）物质流动多重循环性。循环经济的经济活动按自然生态系统的运行规律和模式、组织成为一个"资源—产品—再生资源"的物质反复循环流动的过程，最大限度地追求废弃物的零排放。循环经济的核心是物和能的闭环流动。

　　（2）科学技术先导性。循环经济的实现是以科技进步为先决条件的。依靠科技进步，积极采用无害或低害新工艺、新技术，大力降低原材料和能源的消耗，实现少投入、高产出、低污染。对污染控制的技术思路不再是末端治理，而是采用先进技术实施全过程的控制。

　　（3）生态、经济、社会效益的协调统一性。循环经济把经济发展建立在自然生态规律的基础上，在利用物质和能量的过程中，向自然界索取的资源最小化，向社会提供的效用最大化，向生态环境排放的废弃物趋零化，使生态效益、经济效益、社会效益达到协调统一。

（4）清洁生产的导引性。清洁生产是循环经济在企业层面的主要表现形式，生产全过程污染控制的核心，就是把环境保护策略应用于产品的设计、生产和服务中，通过改善产品设计的工艺流程，尽可能不产生有害的中间产物，同时实现废物（或排放物）的内部循环，以达到污染最小化及节约资源的目的。

（5）全社会参与性。推行循环经济是集经济、科技与社会于一体的系统工程，它需要建立一套完备的办事规则和操作规程，并有督促其实施的管理机制。要使循环经济得到发展，光靠企业的努力是不够的，还需要政府的财力和政策支持，需要消费者的理解和支持，才能使经济社会整体利益最大化。

b 矿业循环经济模式

最近十年，国内外循环经济的实践取得了重要进展。我国不少大中型企业在循环经济理论的驱动下，创造出各种适合实情、可操作、有实效的循环经济模式。

（1）企业内部循环型。它的主要做法是在企业内部贯彻清洁生产，使资源在各生产环节之间循环使用。按照这种模式运作的矿山企业在开采阶段必须精心设计，以减少采矿损失，提高回采率；对不同品级的矿石应合理规划，贫富兼采；采出废石应当尽量回填，破坏的土地应该复垦绿化；尾矿回填井下或用作建材。在选冶阶段，需要不断根据矿石特征调整工艺，采用先进技术提高选冶回收率，强化共生伴生组分的综合回收。

（2）企业自身延伸型。企业通过自身产业延伸，将废物作为再生资源包容在延伸后的企业内部加以消化，使经济总量扩大。

（3）企业资源交换型。在多种矿产的集中区，各产业部门分别建立了各自的矿山和矿产品加工企业，形成了区域性矿业群体。企业间交叉供应不同的产品或副产品，作为原料、技术和工艺互为补充，最大限度地利用矿产资源。

（4）产业横向耦合型。矿业与发电、化工、轻工、建材等不同产业部门横向耦合，组成生态工业网络。矿产资源在网内流转、复合、再生，最终大部分或全部被消化吸收。由于网络由不同产业的企业构成，具有广泛的材料需求和完备的加工能力，因此对矿产资源开发利用的程度较之单一矿业要深广得多。

（5）区域资源整合型。即将矿业全面纳入社会循环经济系统，与区域社会经济融为一体。在区域统筹规划下，通过物质、水系统、能源、信息的集成，各类资源的整合，构建区域性（区、市、省经济区）循环经济系统。矿业不仅与工业发生关系，还介入农牧业、环保业、旅游业及公共事业，为社会提供矿产品、材料、能源、水、气与服务，废弃矿井开发为多种用途的场所，恢复生态的矿山成为旅游和科教的景点。矿业与整个社会经济进入可持续发展的态势。

上述几种模式代表着循环经济发展的不同层次：企业内部循环属于微循环，是整个循环经济的基础；企业群体之间的耦合，是循环经济的主要组成部分；社会整合则标志着循环经济发展到了较高阶段。矿业纳入循环经济后，将作为有机整体的一部分参与社会的新陈代谢，吐故纳新，保持着持久的生命力。矿业纳入循环经济具有矿产资源企业不能组成闭合大循环，只能形成循环链和循环网，实现矿产资源循环利用，必须依靠其他产业的联动与支持等特点。

将矿业纳入循环经济是我国产业结构调整的一部分，是发展矿业、加快建设资源节约型、环境友好型社会的重要战略举措。

复习思考题

9 - 1　矿产资源有哪些特征?

9 - 2　我国矿产资源的安全战略方针是什么?

9 - 3　可持续发展的概念、内涵是什么?

9 - 4　矿业循环经济的特征、方针模式是怎样的?

9 - 5　矿业开发有哪些负效应?

参 考 文 献

[1] 古德生，李夕兵. 现代金属矿开采科学技术［M］. 北京：冶金工业出版社，2006.

[2] 陈宝智. 矿山安全工程［M］. 北京：冶金工业出版社，2010.

[3] 陈国芳. 矿山安全［M］. 北京：化学工业出版社，2009.

[4] 山东招远黄金集团. 矿山事故分析及系统安全管理［M］. 北京：冶金工业出版社，2006.

[5] 王从陆. 矿山工人安全生产必读［M］. 北京：化学工业出版社，2009.

[6] 陈国山. 矿山通风与环保［M］. 北京：冶金工业出版社，2008.

[7] 戚文革. 矿山爆破技术［M］. 北京：冶金工业出版社，2010.

[8] 国务院. 生产安全事故报告和调查处理条例.

[9] 国家安全生产监督管理总局. 金属非金属矿山主要负责人、安全生产管理人员培训大纲及考核标准（试行）.

[10] GB 16423—2006 金属非金属矿山安全规程［S］. 北京：中国标准出版社，2007.

[11] 中华人民共和国国家质量监督检验检疫总局. GB 6722—2003 爆破安全规程［S］. 北京：中国标准出版社，2004.

[12] 中华人民共和国国家质量监督检验检疫总局. GB 18152—2000 选矿安全规程［S］. 北京：中国标准出版社，2000.

[13] 国家安全生产监督管理总局令第 6 号. 尾矿库安全监督管理规定.

[14] 国家安全生产监督管理总局. AQ 2006—2005 尾矿库安全技术规程［S］. 北京：煤炭工业出版社，2006.

[15] 国家安全生产监督管理总局. 特种作业人员安全技术培训考核管理规定.

冶金工业出版社部分图书推荐

书　名	作　者	定价(元)
中国冶金百科全书·安全环保卷	本书编委会	120.00
中国冶金百科全书·选矿卷	本书编委会	140.00
中国冶金百科全书·采矿卷	本书编委会	180.00
现代金属矿床开采科学技术	古德生	260.00
采矿工程师手册（上、下册）	于润沧	395.00
中国典型爆破工程与技术	汪旭光	260.00
爆破手册	汪旭光	180.00
采矿手册（第6卷）矿山通风与安全	本书编委会	109.00
矿山安全工程（本科国规教材）	陈宝智	30.00
系统安全评价与预测（第2版）（本科国规教材）	陈宝智	26.00
地质学（第4版）（本科国规教材）	徐九华	40.00
矿产资源开发利用与规划（本科教材）	邢立亭	40.00
金属矿床露天开采（本科教材）	陈晓青	28.00
高等硬岩采矿学（第2版）（本科教材）	杨鹏	32.00
矿山环境工程（本科教材）	韦冠俊	22.00
防火与防爆工程（本科教材）	解立峰	45.00
磁电选矿（第2版）（本科教材）	袁致涛　王常任	39.00
矿井通风与防尘（高职高专教材）	陈国山	25.00
安全系统工程（高职高专教材）	林　友　王育军	24.00
安全评价（本科教材）	刘双跃	36.00
安全学原理（本科教材）	金龙哲	27.00
矿山充填力学基础（第2版）（本科教材）	蔡嗣经	30.00
工艺矿物学（第2版）（本科教材）	周乐光	32.00
矿石学基础（第2版）（本科教材）	周乐光	32.00
采矿概论（高校教材）	陈国山	28.00
采矿技术	陈国山	49.00
矿山事故分析及系统安全管理	山东招金集团有限公司	28.00
现代矿山企业安全控制创新理论与支撑体系	赵千里	75.00
矿产资源开发与可持续发展	科技部农社司	50.00
金属矿山尾矿综合利用与资源化	张锦瑞	16.00
矿山通风与环保（技能培训教材）	陈国山	28.00
矿山测量技术（技能培训教材）	陈步尚	39.00
矿山地质技术（技能培训教材）	陈国山	48.00
露天采矿技术（技能培训教材）	陈国山	36.00
地下采矿技术（技能培训教材）	陈国山	36.00
矿山爆破技术（技能培训教材）	戚文革	38.00
井巷施工技术（技能培训教材）	李长权	26.00
凿岩爆破技术（技能培训教材）	刘念苏	45.00